设 / 计 / 人 / 类 / 学 / 丛 / 书

主　编：段胜峰　执行主编：李敏敏　执行副主编：王胜利

设计人类学：

理论与实践

DESIGN ANTHROPOLOGY
THEORY AND PRACTICE

[英]温迪·冈恩（Wendy Gunn） [英]托恩·奥托（Ton Otto）
[英]蕾切尔·夏洛特·史密斯（Rachel Charlotte Smith） 编
李敏敏　罗　媛　译

中国轻工业出版社

图书在版编目（CIP）数据

设计人类学：理论与实践 /（英）温迪·冈恩，（英）托恩·奥托，（英）蕾切尔·夏洛特·史密斯编；李敏敏，罗媛译 .— 北京：中国轻工业出版社，2021.9

ISBN 978-7-5184-3471-8

Ⅰ . ①设… Ⅱ . ①温… ②托… ③蕾… ④李… ⑤罗… Ⅲ . ①设计学－应用人类学 Ⅳ . ① TB21

中国版本图书馆 CIP 数据核字（2021）第 068052 号

Design Anthropology: Theory and Practice
by Wendy Gunn, Ton Otto and Rachel Charlotte Smith / ISBN: 978-0-85785-369-1

责任编辑：毛旭林　张　晗　　责任终审：劳国强　　整体设计：锋尚设计
策划编辑：毛旭林　　　　　　责任校对：吴大朋　　责任监印：张　可

出版发行：中国轻工业出版社（北京东长安街6号，邮编：100740）
印　　刷：艺堂印刷（天津）有限公司
经　　销：各地新华书店
版　　次：2021年9月第1版第1次印刷
开　　本：710 × 1000　1/16　印张：20
字　　数：320千字
书　　号：ISBN 978-7-5184-3471-8　定价：58.00元
邮购电话：010-65241695
发行电话：010-85119835　传真：85113293
网　　址：http://www.chlip.com.cn
Email：club@chlip.com.cn
如发现图书残缺请与我社邮购联系调换
181403K2X101HYW

布卢姆斯伯里出版公司
伦敦·新德里·纽约·悉尼
布卢姆斯伯里学术出版社
布卢姆斯伯里出版公司旗下出版社

英国伦敦贝德福德广场50号WC1B 3DP
美国纽约百老汇1385号NY10018
网址：www.bloomsbury.com
2013年第1版

大英图书馆在出版物中编目的数据
本书的目录记录可从大英图书馆获得
ISBN：ePDF：978-1-4725-1823-1

美国国会图书馆在出版物中编目的数据
本书的目录记录可以从国会图书馆获得

投稿人

布兰登·克拉克（Brendon Clark）是瑞典互动研究所的高级研究员和项目经理。自20世纪90年代后期在玻利维亚从事社区发展工作以来，他在博士和博士后期间的研究重点，主要集中在公共和私营部门的技术和服务设计过程中的知识再生产实践。他在丹麦联合主持了设计人类学创新模型（DAIM）项目，并一直在开发一个名为“语言参与”的语境化的语言学习项目。他在丹麦和瑞典教授硕士生和博士生的设计民族志及协作设计课程。

克利斯蒂安·克劳森（Christian Clausen）是哥本哈根奥尔堡大学的设计、创新和可持续转型方向的教授。他结合了制造工程的工程背景和对科学技术研究（STS）及组织的洞察力，发表了大量关于技术的社会塑造和设计与创新的社会技术维度方面的论文。

亚当·德拉津（Adam Drazin）是伦敦大学学院的一名人类学家，他组织了一门以文化、材料和设计为主题的硕士课程。他曾在惠普实验室和英特尔数字健康集团进行过衰老和记忆等各种主题的人类学设计工作。他目前的研究主要涉及三个方面：设计人类学、跨国家庭以及关于价值的物质文化。

伊恩·伊沃特（Ian Ewart）在学习人类学之前曾做过多年的工业工程师。2012年，在英国和婆罗洲进行田野调查后，他获得了牛津大学的哲学博士学位。目前，作为雷丁大学的一名研究人员，他的研究方向集中在技术设计、生产和使用的文化及物质交叉领域。

卡洛琳·加特（Caroline Gatt）是阿伯丁大学的人类学教授。她的著作《全球环境保护主义的民族志：成为地球的朋友》，于2014年由英国劳特利奇出版社出版。加特对“地球之友”的研究是基于研究员和项目协调员的身份进行的为时9年的人类学研究。从2001年到2006年，加特还与马耳他和意大利的两个戏剧研究小组合作，对结构化表演作品中的即兴创作进行了基于实践的研究。

温迪·冈恩（Wendy Gunn）是南丹麦大学麦斯·克劳森研究所的一名设计人类学副教授。她的主要研究方向是熟练实践、环境感知、系统开发和知识转化。冈恩拥有丰富的协作过程和设计实践经验，这是她研究和教学的重要组成部分。最近的出版物有《设计与人类学》（Ashgate Publishing Ltd., 2012，与Jared Donovan合著）。

伊丽莎白·哈勒姆（Elizabeth Hallam）是阿伯丁大学人类学系的高级研究员，也是牛津大学人类学和博物馆民族志学院的研究员。她的研究方向和出版物内容集中在对身体历史的人类学研究；死亡与临终；物质文化和视觉文化；收藏和博物馆的历史；解剖学人类学；三维建模以及综合材料雕塑。

约阿希姆·哈尔瑟（Joachim Halse）是丹麦皇家美术学院设计学院的助理教授。约阿希姆的研究结合了人类学和交互设计的学科背景，探索了与外部行业伙伴和公共部门密切合作中的参与式认知和制作过程。2008年，约阿希姆凭借论文《设计人类学：参与、表现和情境干预的边界实验》获得了哥本哈根信息技术大学的博士学位。

蒂姆·英戈尔德（Tim Ingold）是阿伯丁大学的社会人类学教授。他在拉普兰进行了民族志田野调查，撰写了关于环北极地区的环境、技术和社会组织，以及进化论、人与动物关系、语言和工具使用、环境感知和熟练实践方面的文章。他目前正在探索人类学、考古学、艺术学和建筑学交叉领域的问题。

凯尔·库伯恩（Kyle Kilbourn）是美敦力公司的资深人类因素科学家。他从事福利技术创新方面的研究工作，包括丹麦的医院设备自动消毒（DEFU-STEPP）项目，该项目与公共部门和私营部门合作。他的研究方向包括理解设计体验、设计与人类学的交叉领域，以及医疗保健的交互设计。

梅泰·吉斯勒夫·基耶斯卡德（Mette Gislev Kjærsgaard）从事人类学的工业设计以及学术研究近15年。2011年，她获得了奥尔胡斯大学文化与社会学系的博士学位，她目前在奥尔胡斯大学从事基于社区的创新和社交媒体的博士后研究。

乔治·E. 马库斯（George E. Marcus）是加州大学欧文分校校长讲席人类学教授。在莱斯大学工作多年后，他于2005年来到加州大学欧文分校，成立了一个民族志研究中心，专门研究当代不同背景下的民族志研究状况和前景。该中心对合作的气氛和条件非常感兴趣，这两个因素对田野调查研究的建立和过程有特别大的影响。该中心十分关注民族志与设计实践和思维的结合，他们在首批项目中就使用了这种教学方法培训民族志学者。最近，马库斯与詹姆斯·福比昂（James Faubion）合著了《田野调查不再是过去的样子》（2009），并参与了与保罗·拉比诺（Paul Rabinow）出版的一系列对话的撰稿工作，题为《当代人类学的设计》（2008）。

克里斯塔·梅特卡夫（Crysta Metcalf）是摩托罗拉移动应用研究中心的交互媒体用户研究经理，领导着一个由应用研究科学家组成的跨学科团队。克里斯塔是一位应用文化人类学家，她在南佛罗里达大学获得学士学位之后，先后在韦恩州立大学获得硕士和博士学位。她的研究方向包括设计人类学、经济人类学、商业和组织人类学。自2000年以来，她一直在摩托罗拉从事应用研究工作，利用基于团队的跨学科方法进行体验创新和交互设计研究。她的工作重点是研究新兴媒体和通信技术，以及家庭和移动领域的消费者。克里斯塔定期针对如何将严格的民族志式研究技术作为发明过程的一部分这一主题，发表文章或进行演讲。

基思·M. 墨菲（Keith M. Murphy）是加州大学欧文分校的人类学助理教授。他对瑞典和美国的语言、设计及政治之间的关系进行了探索性研究。

托恩·奥托（Ton Otto）是澳大利亚詹姆斯·库克大学的教授和研究负责人，也是丹麦奥尔胡斯大学的人类学和民族志教授。自1986年以来，他在巴布亚新几内亚进行民族志研究，并广泛发表了关于社会和文化变革主题的论文。他的研究方向包括民族志研究的认识论和方法论，还包括视觉人类学及其与创新、干预和设计的关系。他最近的著作有合编的《整体主义的实验：当代人类学的理论与实践》（*Holism: Theory and Practice in Contemporary Anthropology*，Wiley-Blackwell出版社，2010，与Nils Bubandt合著）。他还联合执导了两部电影：《恩加特死了——丧葬传统研究：马努斯，巴布亚新几内亚》（*Ngat is Dead—Studying Mortuary Traditions: Manus, Papua New Guinea*）（DER[①]纪录片教育资源，2009年，与克里斯蒂安·苏尔·尼尔森和斯蒂芬·达尔斯加德共同执导）和《通过文化的统一》（*Unity through Culture*）（DER纪录片教育资源，2012年，与克里斯蒂安·苏尔·尼尔森共同执导）。

蕾切尔·夏洛特·史密斯（Rachel Charlotte Smith）是一位人类学家，同时也是与詹姆斯·库克大学合作的奥尔胡斯大学文化与社会研究所，以及参与式IT研究中心的人类学和交互设计博士研究员。她的研究重点是文化、设计和技术之间的关系，特别是数字文化、表现和参与性技术的设计。她主持的“数字原住民”是一个互动研究和展览项目，创造了数字文化遗产研究的新形式。

伊丽莎白·多丽·汤斯顿（Elisabeth Dori Tunstall）是斯文本科技大学的设计人类学副教授。她的研究重点是基于文化的创新研究。多丽在学术界和工业界担任用户体验策略师已经超过10年。她拥有斯坦福大学人类学博士学位。

克里斯蒂娜·沃森（Christina Wasson）在接受培训后成为一名语言人类学家。完成博士学位后，她在E-Lab公司工作，这是一家利用人类学研究开发新产品创意的设计公司。目前，她在美国一所大学的人类学系教授该系开设的唯一一门设计人类学课程。这门课的课程项目的客户包括摩托罗拉、微软和达拉斯–沃斯堡国际机场。沃森也是行业会议指导委员会民族志实践的创始成员之一。

---

① DER为Documentary Educational Resources的缩写，该机构为1968年成立的一个美国非盈利的人类学和民族学电影和录像制作、发行机构。

前　言

本书是2010年8月在爱尔兰梅努斯国立大学（National University of Ireland Maynooth）举行的第十一届两年一度的欧洲社会人类学家协会会议（The 11th Biennial European Association of Social Anthropologists Conference）上的一个小组讨论会的成果。该小组讨论的主题是“设计人类学：将不同的时间线、尺度和运动交织在一起”，希望扩展民族志实践的概念，并为设计人类学的研究进程做出贡献。本书大约有一半的章节来源于这个讨论会上首次宣读的论文，而其他的章节则随后由编者组稿。

设计人类学是一个新兴的研究领域，其实践方式因个人的方法论定位而异。设计实践试图在过去、现在和未来之间建立联系（尽管是部分的）。理想的情况是，在当下具备历史的视野，以便从日常生活中创造未来。设计人类学的实践者关注动态的情境和社会关系，关注人们如何通过日常活动感知、创造和改造他们的环境。这种观点挑战了这样一种想法，即设计和创新只涉及对社会和文化变革过程极为重要的新事物的产生。设计人类学实践跨越不同的尺度和时间线，涉及许多学科，每个学科都有自己独特的认识和实践方式。

受人类学以过程、批判和行动为导向的方法论的启发，本书的编者关注设计人类学实践的潜力，为方法论和理论的结合提供了反思的场所。因此，本书着重强调概念、工具和方法论，试图重新考虑设计人类学理论和实践之间的关系。从下决心开拓一个理论领域开始，虽然还在初步阶段，但我们概述了所涉及的理论和方法论问题。考虑到设计人类学中理论与实践的关系，我们提出了这个问题：你能否把理论发展成实践的一部分？本书的许多投稿都是以展示合作参与过程中产生的理论的情境性，以及从田野调查中涌现出来的理论的特殊性为基础。此外，本书的作者还展示了如何在设计过程中使用这种方法生成理论。作为编者，我们认为设计人类学的理论正在不断地被建构。也许这就解释了为什么本书需要编者和撰稿者之间的持续协作，其持续程度远远超出了普通编者的投入程度。

在人类学家和他们的同事之间的即时互动中，人类学家将隐性的知识变为显性的知识。民族志的方法带来的是对比和联系，它通过把背景中的事物带到前景中，来展示那些被认为是理所当然的事物。人类学理论将显示对比作为建构意义差异的一种方式。设计人类学是一种从人类学描述转向行动的举动。从方法论的角度看，这对这一新兴领域的理论与实践关系有何影响？人类学理论在设计人类学中起着什么作用？设计人类学知识的有效性是如何建立的？为了解决这些问题，本书汇集了一群正积极为这一领域做出贡献的人类学家的观点。

本书的编者和撰稿人在两年多的时间内进行了合作，概述了人类学家在这一新兴领域所采取的各种立场。我们想强调的是，这里提出的方法是人类学家在某一特定时刻构想出来的设计人类学的组成部分。因此，不同的定位并不意味着这些方法是如何实践设计人类学的决定性例子，而是为设计人类学的实践者提供了探索的线索。所有这些定位的核心是对设计人类学家以某种方式参与推动变革的关注。这里的民族志不仅仅是一种方法；准确地说，与人交往作为一种回应形式（见Gatt and Ingold，在本书中的阐述）成为转变的核心。因此，民族志的方法可以发展为以过程的、整体的方法为基础，从而实现参与者的能动性。

组成本书的四个主题是在詹姆斯·库克大学凯恩斯研究所（The Cairns Institute，James Cook University）拟订的，奥托在编写该卷期间正在该研究所工作。我们感谢奥尔胡斯大学研究基金会（Aarhus University Research Foundation）和南丹麦大学麦斯·克劳森研究所的SPIRE中心（SPIRE Centre，Mads Clausen Institute，University of Southern Denmark）为冈恩（2010）和史密斯（2012）前往凯恩斯研究所进行研究访问时提供的资金支持，他们二人与奥托合作编写了本书并准备了手稿。最后，我们要感谢与所有撰稿人的合作。三位编者对出版本书做出了同等的贡献。事实证明，这项任务比预期的要艰巨得多，但在学术上也很有价值。

温迪·冈恩、托恩·奥托、蕾切尔·夏洛特·史密斯

2013年3月

目 录

第1章　设计人类学：一种独特的认知风格

托恩·奥托　蕾切尔·夏洛特·史密斯

设计和人类学

这是一本关于设计人类学的书。设计人类学是一个快速发展的学术领域，结合了设计学和人类学的元素。以下各章包含创新案例研究和理论反思，从参与这一领域发展的人类学家的角度介绍了这一学术领域。在这一介绍性的章节中，我们勾勒了这个新领域的轮廓，并回溯了它的兴起是源于20世纪70年代末民族志在设计中的早期应用，这一应用一直延续到现在。我们认为，设计人类学作为一门独立的（子）学科正在走向成熟，它有自己的概念、方法、研究实践和实践者，简而言之，它有自己独特的知识生产方式和实践方式。但首先，我们要讨论这门新学科发展的两种不同学科的知识传统。

设计（Design）在现代社会中无处不在，拥有大量的实践者和广泛的子研究领域，如工业设计、建筑学、系统设计、人机交互设计、服务设计、战略设计与创新。设计作为一个思考和规划的过程，常常被描述为一种将人类与自然区分开来的普遍人类能力（Cross 2006；Friedman 2002；Fry 2009；本书第8章）①。设计就是构思一个想法，并将其规划出来，“赋予这个想法以形式、结构和功能”（Nelson和Stolterman 2003：1），然后再付诸实施[1]。从一

① 括号中的表述是指行文中引用的参考文献的作者及年代。

般意义上说，设计是人类实践的一个普遍方面，但是在不同的社会和文化中，设计的实施方式却有很大的不同（本书第5章）。在当代（后）工业和数字社会中，设计已经成为一个独立的活动领域，因为经济和组织的发展产生了一批专业的设计师。这些专家在不同的社会和经济背景下创造出各种各样的解决方案：他们为工业大规模生产的产品提供创意；他们开发了在工作场所和私人住宅中执行新的功能的数字系统；他们为公共机构设计服务；他们还为商业和市场创新制定策略；他们还为城市和农村的发展以及可持续的生活方式制订计划。设计专业人员在设计学校和其他高等教育机构以及公司内部接受培训，并越来越多地得到以学术为基础的设计研究的支持。在强调创新和变革并往往将其视为内在价值（Suchman 2011）的现代社会，设计可以说已经成为与科学、技术和艺术同等重要的文化生产和变革场所之一。

人类学[2]是基于具体社会环境下的详细实证研究的，对社会和文化的比较研究。当人类学在19世纪末作为一门学术学科建立时，其重点是研究非西方社会的文化制度和实践。今天，人类学家在几乎所有可以想象得到的社会环境中进行研究，从城市中心的高科技公司和科学实验室到发展中国家偏远的农村。该学科在20世纪的一个主要特点是发展了参与式观察作为实地调研的主导方法。参与式观察被认为是民族志的核心[3]，是对文化的描述。参与式观察包括研究者长期沉浸在社会环境中，目的是全面、详细地观察和记录日常实践。为了了解日常事件和行为，并理解它们对参与者的意义，研究人员必须花时间与人们在一起，参与他们的生活。民族志研究的结果是民族志——通常是一份书面报告或一本书，但也可能是一部电影或展览——代表一个特定的社会背景和文化环境，并提出关于它的理论依据。因此，民族志这个术语既指沉浸在社会生活中理解和描述它的探究过程，又指其产物：最终的民族志描述。

人类学作为社会和文化的比较研究，对社会和文化变迁、人类创造力和创新的过程有着明显而长期的研究兴趣（Barnett 1953；Hallam和Ingold 2007；Liep 2001）。其中包括设计，即使将设计作为一种现代现象，针对该现象的人类学研究仍处于起步阶段。然而，设计和人类学之间的主要关系一直是通过民族志产生。从20世纪70年代末开始，设计师意识到民族志数据和方法的价值，特别在为了更好地理解用户的需求和体验方面，以及更好地理解产品和计算机系统使用的环境方面的价值（Blomberg，Burell和Guest 2003；Reese2002）。但在这里，至关重要的不仅是民族志研究和信息对于设计的有用性；而且还有设计和民族志之间似乎存在的一种真正的密切关系，因为研究和发现的过程是相互联系的，这个过程包括迭代的方式、过程和产品以及研究人员和设计师的具有反思性的参与（见本书第14章）。国际设计与创新公司艾迪欧（IDEO）首席执行官蒂姆·布朗（Tim Brown）在他的文章中明确承认了这种密切关系，他写道，设计师需要走出去，观察人们在现实世界中的体验，而不是依赖大量的定量数据来发展他们的洞察力。他继续写道："任何人类学家都会证明，观察依赖于数据的质量，而不是数量。"（2011：382）和民族志学者一样，设计师必须沉浸于现实生活中，才能洞察经验和意义，从而形成反思、想象和设计的基础（Nelson和Stolterman，2012：18）。或者正如弗里德曼（Friedman）所言："设计过程必须将特定领域的知识与对设计对象、设计行为发生的社会环境以及使用设计制品的人类环境的更大理解相结合"（2002：209–210）。

当然，设计和人类学之间也有很大的差异。人类学就像大多数学科一样，目的是在基于（但同时又超越）民族志个案研究的特殊性的基础上，得出对人类社会的概论和理论。另外，设计是面向未来的，是创造特定的产品和解决方案，是一个"终极的特殊"（Stolterman 2008）。虽然设计过程可能从"邪恶"或定义不清的问题开始（Buchanan 1992；Gaver 2012），融合了与人类学类似的观察和反思过程，其目的是创造改变现实的产品、过程和服务。一个设计的成功是由特定解决方案的物质和社会影响来衡量的，而非其简单的有效性。

由于设计与人类学之间的差异赋予了设计人类学特殊性质，我们现在将概述我们所看到的这两个领域对这个新的子学科的主要贡献。本引言的最后一节和以下各章将讨论设计人类学实践和概念的更多详细信息。在这里，我们仅简要描述构成差异的部分，这些差异在这个新领域中产生了创造性的张力，并成为设计人类学发展的挑战，同时也是其发展潜力的条件。

首先，设计是面向未来的；它的成功是由设计的产品和概念、解决方案与人们日常生活的相关性来衡量的。虽然人类学对社会变化和人们对未来的想象很感兴趣，但作为一门学科，它缺乏工具和实践来积极参与和合作，以形成人类学的发展前景。设计人类学的挑战之一是开发这种协作未来制造的工具和实践。其次，虽然人类学家的参与式观察可能被认为是一种干预形式，但其最终目的是观察和记录，而不是影响变化。一般而言，人类学家一直非常关注如何最大程度地减少对研究对象的影响。然而在设计中，情况却完全不同，设计的过程和产品都专门针对现有现实进行干预。设计人类学家从设计实践中学习，正在采用开发各种形式的干预手段的方法，既创造情境知识，又开发具体的解决方案。因此，与以往传统的人类学相比，设计人类学领域更加注重干预和转变社会现实[4]。最后，设计是不同学科和利益相关者（包括设计师、研究人员、生产者和用户）之间的协作过程。（传统的）人类学仍然保持着一种发展缓慢的传统，即研究者从事个人田野调查并获得了一项单独的科研基金。设计人类学从根本上打破了这一传统，因为它的从业者在多学科团队中工作，并且在设计和创新的过程中扮演着如研究人员、推动者和创造者的复杂角色（所有章节，特别是本书第四部分）。

人类学也为设计人类学带来了三个关键的构成要素。首先是理论和文化诠释的关键作用。虽然构思，即设计概念的产生，是设计的一个核心元素，但它并没有一个理论化的使用环境和解释事物的文化意义的持续传统[5]。这一点正是人类学的强项，通过跨文化比较和理论概念的发展，人类学有着悠久的文化解释（Geertz 1973）、语境化（Dilley 1999）和整体解释的历史（Otto和Bubandt 2010）。设计人类学将人类学中丰富的语境化和解释传统整合到了设计任务中，强调了理论在发展设计概念和批判性地检查现有的，往往是隐含的概念框架中的生成作用。其次，相对于设计对创造、创新和“创造未来”的关注（Bjorgvinsson, Ehn和Hillgren 2010），人类学通过系统地研究过去以理解现在，包括它对未来的预测模式。设计人类学面临的巨大挑战是这一领域需要向前和向后扩展时间范围，将未来的影像锚定在过去可靠的建构中，从而避免设计固有的“毁灭”（defuturing）风险（Fry 2011），以及对创新和变革的现代价值观的普遍化和主流化的风险（Suchman 2011）（见本书第7章和第三节）。最后，人类学通过其标志性的、一直为设计师们所推崇的民族志实践，赋予了设计人类学一种对受到设计项目影响的各种群体——包括被剥夺权力的群体、消费者、生产者和受众——的价值取向的独特敏感性。设计人类学的任务是将这些传统的品质整合并发展成新的研究与合作模式，在不牺牲同理心和深度理解的前提下，朝着转变的方向努力。

设计人类学的兴起

在这一节中，我们指出了人类学与设计合作的核心历史发展，这反映了人类学的优势和我们对该领域的兴趣。一般来说，设计界和产业界更倾向于采用民族志的社会研究方法，并邀请人类学家进入他们的领域，而非与之相反。[6] 早在20世纪30年代，管理研究人员和设计师就在产业环境中与人类学家合作，从社会和物质方面研究工人生产力。最早的案例是劳埃德·华纳（Lloyd Warner）参与的著名的霍桑研究（Hawthorne study）[7]（Baba 1986；Reese 2002；Schwartzman 1993）。这项研究首次展示了非正式的社会研究过程是如何影响工厂工人的产出和效率的。随后在20世纪40年代和50年代进行了一系列人类学产业研究，发展了互动分析技术，以预测人际行为的要素，并为企业管理创造了视角。在第二次世界大战之前，产业人类学家主要参与商业管理。第二次世界大战时出现了新的军事专业领域，社会科学家通过所谓的工程心理学和人类因素分析，更广泛地参与产品开发过程（Reese 2002：1920）。这些研究集中于工人或飞行员的行为和心理因素，以获得对机器的控制，防止事故并开发各种工业产品和设备。在美国和欧洲，劳工运动的影响促进了社会科学家对工人健康和安全的关注（Helander 1997；Reese 2002：

20），对工程、人为因素和工作场所行为的研究，为社会科学家参与工业设计和企业管理铺平了道路。

20世纪80年代，露西·萨奇曼（Lucy Suchman1987）和施乐帕洛阿尔托研究中心工作实践和技术小组（Practice and Technology Group at Xerox Palo Alto Research Center，PARC）的其他人的基础性工作，通过研究工作场所计算机周围的人类行为，促进了软件设计中的民族志研究（Blomberg，Burrell和Trigg 1997；Blomberg等1993）。从20世纪80年代开始，民族志研究成为计算机支持的合作工作（CSCW），以及人机交互（HCI）的跨学科设计和研究社区的一部分。社会科学家、计算机科学家和系统设计师在此共享在工作实践中使用的技术知识（Wasson 2000：380）。这些领域的研究主要集中在人机交互和系统设计的工作场所，民族志作为一种数据收集方法，用以获得用户的真实体验和需求（Bentley等1992；Harper 2000；Heath和Luff 1992）。计算机支持的协同工作和人机交互的计算机科学基础非常强调认知和行为科学，以理解工业和企业环境中的用户。因此，在这一领域发展起来的民族志方法主要是民族志方法论的分析框架，它特别关注的是将人类行为的情境行为和可观察模式转化为抽象的概念价值和设计方向（Button 2000；Garfinkel 1967，2002；Shapiro 1994）。萨奇曼的专著《计划与情境行为》（*Plans and Situated Action* 1987）是专门研究设计与人类学之间关系的首批研究成果之一，该书的研究重点是人机之间的交互作用。受民族志方法论、对话分析和活动理论（Vygotsky 1978）的启发，萨奇曼通过全面的民族志调查，绘制了工作流程、计划和情境行为，并展示了文化概念如何影响技术的设计和重构。

在20世纪90年代早期，E-Lab公司、Doblin集团和一些其他美国咨询和设计公司，受到施乐帕洛阿尔托研究中心的启发，在将民族志方法引入工业设计和产品开发方面发挥了重要作用。E-Lab的独特之处在于，这家公司以民族志研究方法（参与式观察、日常消费行为的视频记录、定性访谈和分析）为主要研究策略，雇用了数量相同的研究人员和设计师进行团队合作

（Wasson 2000：379）。该领域的其他核心人物有IDEO公司的简·富尔顿·苏里（Jane Fulton Suri）和索尼克瑞姆（SonicRim）设计调研公司的利兹·桑德斯（Liz Sanders）。二人在该领域内一直保持着很高的影响力，他们运用创新的参与式设计方法以及实验心理学中的生成工具和框架与用户一起工作，了解消费者的需求和行为。到20世纪90年代中期，对工业和商业设计中的民族志的兴趣浪潮已经导致美国和欧洲的许多公司雇用人类学家、心理学家和社会学家来研究用户和消费者的行为和需求。在这一时期，更分散的行为和心理方法逐渐被整体的、与环境更广泛相关的、民族志的方法所取代，以理解产品及其使用（Reese 2002：21；Wasson2000）。[8]

这一领域主要的人类学家和社会学家已经集中研究了民族志在产业和企业合作中发展起来的设计实践和挑战，如萨奇曼（Suchman 1987，2007，2011）；布隆伯格及其同事（Blomberg和colleagues 1993，2003）；特里格（Trigg）；安德森（Anderson 1994）；夏皮罗（Shapiro 1994）；福赛斯（Forsythe 1999）；斯塔尔（Star 1999）；沃森（Wasson 2000，2002）；以及范维格尔（Van Veggel 2005）。这些研究的贡献和它们内在批评的共同之处在于，它们认为民族志与设计的关联，不仅仅是作为一种研究设计工作室之外的现成的用户世界的方法。他们质疑了在交付给设计师、工程师或其他专业人员之前，从田野调查中获得的数据被按惯例收集、分析和转化为“终端用户需求说明”（Anderson 1994：151），或杜里西（Dourish 2006，2007）批判地称其为“对设计的暗示”的方式。他们进一步谈论了合作面临的挑战和企业环境中的权力关系问题，在这种关系中，被吸引到设计领域的人类学家与设计师、工程师和其他从业者的关系并不平等（Blomberg等2003；Veggel 2005）。在这些产业背景下，对人类学家的期望通常预先确定了其对设计过程做出贡献的有限前提。沃森（Wasson 2002）对蝴蝶结模型的描述已经被广泛用于对民族志融入设计的阐释，他在描述中提到的研究和设计之间的中间阶段或“结”被用来创建共享的理解框架，将学科联系在一起。布隆伯格和他的同事（1993，2003）提出了一份关于设计的民族志基本原则的指南以及一些工具，如体验模型和用户简介，以促进共享的分析框架，他们还提出了一些让用户参与设计过程的方法。因此，他们没有区分描述性、观察性的民族志和创造性的设计工作，而是建议使用场景、用户简介、机会地图和体验模型作为跨学科的方式，来弥合理解当前实践和为未来的实践进行的设计之间的差异。他们认为，人类学家和设计师作为"变革推动者"在研究和设计活动中进行了合作（Blomberg等1993：141）。

布隆伯格及其同事所强调的让用户参与设计过程的原则，在参与式设计的领域中得到了最清晰的阐述，这种设计主要出现在美国和欧洲，尤其是斯堪的纳维亚半岛（Kensing和Blomberg 1998；Muller 2002；Schuler和Namioka 1993；Simonson和Robertson 2012）。斯堪的纳维亚参与式设计的传统（Bjerknes，Ehn和Kyng 1987；Ehn 1988，1993；Greenbaum和Kyng1991）是从20世纪70年代和80年代的一些批判新技术对人们工作条件的负面影响的工会项目（DUE、DEMOS和UTOPIA）发展而来。代表斯堪的纳维亚传统的最突出的理想是工作场所民主，其重点是让所有雇员积极参与并创造他们自己的工作条件（Bansler 1989；Bjerknes，Ehn和Kyng 1987）。从这一政治意义上说，参与式设计的方法提倡技术和工作进程，以提高工人的技能和改进工具，使工人能够控制其工作实践，而不是提高旨在取代工人的技术（Ehn 1988）。因此这些项目在开发设计技术和方法方面付出了很大努力，如设计游戏，模拟工作—技术的关系，合作的原型（Bødker 1991，Greenbaum和Kyng 1991），这将使被剥夺权力的团体能够积极参与设计过程并为之做出贡献。由于用户行为中商业利益的增加，因而导致用户参与价值丧失的现象引起了人们的关注（Beck 2002；Kyng 2010）。斯堪的纳维亚参与式设计的传统继续得到改进和发展，部分原因是政府资助的科研拨款用于学术研究人员与公共和私营组织之间的合作（Binder等2011；Iversen和Smith 2012）。这一传统为本书的许多写作内容提供了一个重要的背景（参见本书第3、4、7和10章），涉及产品开发、公共部门卫生服务、废物处理和博物馆展览实践等各个领域。

随着人机交互设计领域的扩展，其范围已超越了工作场所研究和系统开发，朝价值观和经验的转向在人机交互领域中更为普遍。为了应对工业和商业对普适计算的兴趣的增长，这个领域的学术研究人员已经提出了将人类价值整合到批判性和反思式设计方法中的需求（Bannon 2005；Dourish 2007；McCarthy和Wright 2004；Sellen等2009；Sengers等2005；Zimmerman 2009）。这些以人为本的方法，从以技术和系统为中心的设计实践，以及将用户理解为技术的最终用户或评估者，转变为更激进的设计实践，即共同创造，处理更大的社会关系、经验、价值和伦理。这些更具批判性的声音呼应了萨奇曼（2007）的关注，它们关注日常行为和想象力，而不是认知和预期的实践；它们关注人们在日常生活中对技术的不断使用，而不是传统地关注可用性和界面设计。参与式设计的强烈从属关系（Muller 2002）反映了对用户角色的明确关注，以及设计师如何在协作过程中，参与到利益相关者和参与者当中并做出应对。它也为批判性反思和更普遍的关于人类经验的对话创造了空间（Hunt 2011）。杜里西（2006，2007）提出了设计和批判性反思之间的联系，以及在这一联系中潜在的人类学。很明显，他批评了在设计中和为了设计而有限地关注民族志方法的做法，并指出古典人类学研究在重新理解人和技术之间的关系的变革潜力。

在以用户为中心的设计和创新的商业和企业环境（Brown 2009）以及组织发展和商业管理领域，对用户和参与式设计的兴趣也得到了更好的体现。与这些背景相关的重要学术贡献包括产业和企业文化中的民族志、设计和客户体验（如Cefkin 2010；Nafus和Anderson 2006；Sanders 2008；Squires和Byrne 2002；Suri 2011）。斯夸尔斯（Squires）和伯恩（Byrne）编辑的《创造突破性的想法》（*Creating Breakthrough Ideas*）一书是对人类学和设计之间的相互关系问题最详尽的讨论之一，关注了民族志的价值以及文化视角在设计、产品开发、商业和创新的应用过程中的作用。人类学家在企业和商业环境中的工作显然与人类学研究组织和企业文化的悠久传统（Gellner和Hirsch 2001；Jiménez 2007；Orr 1996；Schwartzman 1993；Wallman 1979；

Wright 1994），以及商业人类学（Business Anthropology）（Baba 2006；Cefkin 2012；Jordan 2003；Ybema等2009）有关。在20世纪80年代，商业人类学这个术语被用来描述在学术界之外从事消费者行为和市场营销工作的人类学家，但是现在，它涉及"人类学在以商业为导向的问题上的任何应用"（Gray 2010：1）。应用人类学领域，如商业人类学和企业人类学以及设计人类学，有许多交集。这些企业和学术兴趣的中心场所是跨学科的民族志工业实践会议（EPIC），自2005年起每年举行一次，旨在促进商业和工业中的民族志实践和原则。[9]

正在出现的关于设计和人类学的跨学科著述，其重点是关注人与物体、生产和使用之间的关系。最值得注意的是，克拉克（Clarke 2011）编写的《设计人类学：21世纪的对象文化》（*Design Anthropology: Object Culture in the 21st Century*）和冈恩（Gunn）与多纳文（Donovan 2012）编写的《设计与人类学》（*Design and Anthropology*）分别讨论了设计转向用户的问题，和这一变化对理解对象和产品及其创造和使用的影响。克拉克的著作除了深深根植于设计之中，还建立在人类学研究的基础之上，包括物质和消费、物品和品味，以及塑造体验和产品的文化过程（Appadurai 1986；Bourdieu 1979；Gell 1998；Henare，Holbraad和Wastell 2007；Miller 2005）。冈恩和多纳文（2012）将重点转移到设计、生产和使用之间更广泛的语境关系上，并强调了设计和事物塑造过程中创造力的社会性和突现性。他们从人类学、设计学和哲学三个不同的方法论立场来处理这些问题（Ingold 2012；Redström 2012；Verbeek 2012），从而扩大了跨学科合作的范围。

无论人类学和设计之间的联系的重点或目的是什么，对具体实践和反思行动的信奉对两者都是至关重要的。蒂姆·英戈尔德（Tim Ingold）和唐纳德·朔恩（Donald Schön）的显著影响分别体现在人类学和设计领域，他们现在也激励着设计人类学的实践者。英戈尔德提出的（2000，2011；Hallam和Ingold 2007）关于沿着社会生活的生命线、路径和流动的现象学概念是理解创造力、即兴创作和创新作为文化过程的核心，在本书（第8章）中也是如此。英格尔德和加特以此为基础将设计概念化（以及通过设计手段进行人类学研究），作为一种与不断变化的环境和人、物与环境间的纠缠相适应的实践。朔恩（1987，1991[1983]）将设计实践突出地描述为一种行动中的反思，通过与现有条件和材料的对话来应对设计情况，这与杜威（Dewey）的实用主义（1980[1934]）以及诸如杜里西（Dourish 2001）和森尼特（Sennett 2008）等人的贡献一同，基于知与行之间的内在联系，进一步将设计理解为一种与具体经验相关的现实存在。

一种独特的认知风格

随着与设计相关的人类学研究领域的出现，问题出现了，我们是否可以谈论一个以不同的对象、方法、程序和培训实践为特征的新的研究领域。包括保罗·拉比诺、乔治·马库斯（George Marcus）和蒂姆·英格尔德（见Rabinow等2008，以及本书第8章和第14章）在内的许多著名的人类学家都提出，设计为人类学提供了开发研究实践的灵感，以便更好地研究当代世界。他们认为人类学作为一门学科应该改变，而设计实践和思维可以为这种改变指明方向。露西·萨奇曼的职业生涯中，大部分时间都在设计团队工作，她的立场则不同。她批评了盛行于主流设计界对创新和改变过于乐观的方法，她认为“我们需要的与其说是重新发明的作为（为了）设计的人类学，不如说是设计的批判人类学（a critical anthropology of design）”（2011：3）。她没打算要改变人类学的实践，而是希望将这一研究传统的关键潜力用于设计和技术创新的研究和情境化实践，作为现代社会变革的一种特定模式和场所。

我们的第三个观点是，设计人类学作为一种研究人类学的独特风格正在走向成熟，它具有特定的研究和培训实践。越来越多的人类学家参与设计工作或与设计界合作，他们的博士学位论文涉及设计人类学的关键词[10]，这个领域的会议和出版物，以及越来越多的大学课程和研究中心探讨了设计人类学（见本书第12和第14章），以上均可以为这一新领域的出现提供证据[11]。

在拉比诺、马库斯和英戈尔德的努力下，我们希望并期待这种风格将对人类学产生更广泛的影响。它的发展是由当代世界的挑战推动的，这些挑战更加强调设计师的思维模式和规划方式（见本章后文）。和萨奇曼一样，我们希望设计人类学也能对设计产生重要的影响，希望通过采用我们之前确定的特定人类学属性，使设计成为更广泛的人性化和"去殖民化"实践（参见本书第13章）。这些实践包括理论和语境化的批判性运用；延长时间范围，包括过去和长远未来，以确保可持续发展；以及提高对那些受设计影响的人的价值观和观点的敏感度，尤其是将这些价值观和观点融入设计中。

我们使用"风格"（style）一词的灵感来自哲学家伊恩·哈金（Ian Hacking）和科学历史学家A. C. 克龙比（A. C. Crombie）。后者确定了现代科学和艺术发展中的六大"科学思维方式"（styles of scientific thinking）（Crombie 1988，1994）。哈金（1992）更喜欢用"推理风格"（styles of reasoning）这个词，因为推理既可以在公开场合进行，也可以私下进行，既可以通过思考的方式进行，也可以通过交谈、辩论和展示的方式进行。我们选择"认识风格"（style of knowing）这个术语，是为了表明知识的产生不仅包括思考和推理；它还包括对产生特定知识形式的世界采取行动的实践，而正是在这些实践中，我们看到了一个重大的转变[12]。哈金认为，风格有很多特点。首先，它们有一段历史，也就是说，它们是在某个时间点被发明并随后发展起来的——它们也可能再次变得不那么流行甚至完全消失。其次，每种风格都引入了一些新奇的东西，包括研究对象的类型、使用的证据形式、评估真理或有效性的方法，以及识别普遍性、模式和可能性的方式。最后，每一种风格都要有一定的稳定性才能被认可，这主要是指质量评估和验证的持久标准。

虽然我们所说的设计人类学还很年轻，但我们相信它符合哈金对新风格的定义。设计人类学介绍了从人类学和设计师实践的实验整合中产生的一些新奇的东西。这些内容包括田野调查和设计的介入形式，通过迭代循环的反思和行动，并采用方法和工具，如视频反馈、场景、实物模型、道具、演示和原型，有形的互动，以及各种形式的游戏、表演和扮演产生作用。设计人类学还包括设计工作室内外的各种形式的跨学科合作，以产生概念和原型，与利益相关者和各种公众协作的框架，有意识地专注于促进或促成变革。最后，设计人类学的特点是对理论的特殊运用，旨在产生概念和新的框架或观点。

在本章的后面，我们将在本书的四个部分的标题下，进一步阐述设计人类学的这些风格元素：概念、方法和实践；设计的物质性；设计的时间性；以及设计的关联性。但是我们首先对人类学研究的关键方法——通过参与式观察进行田野调查的四种不同模式，进行了初步概述，随着时间的推移，设计人类学的新研究实践似乎指向了一种新兴的理论范式，从而发展出某种或多或少稳定的质量评估和验证标准，这是设计人类学风格的特征。这一切都合情合理。

民族志田野调查的早期形式，被认为是一种比以往人类学依靠旅行者、探险家、商人和常驻传教士的报告更可靠的数据收集方法，这通常归功于布罗尼斯瓦夫·马林诺夫斯基（Bronislaw Malinowski）（Stocking 1983，1991）。它研究的重点在于第一手的观察数据，理论背景是由主流的实证主义范式提供的，在迪尔凯姆（Durkheim）的构想中，实证主义范式将社会事实视为事物（Holy 1984）。质量评估和验证是通过学术界的辩论进行的。20世纪60年代，克利福德·吉尔茨（Clifford Geertz）等人倡导的解释学方法是民族志研究方法的进一步发展的基础，他们认为文化可以被解读为一种文本。社会事实不是一件可以观察到的事物，而是一种需要人类学家解释的文化建构，在共享文化传统的共同体中生效。随着20世纪80年代后现代主义的转向和实践理论作为主导理论范式的兴起（Ortner 2006），人类学家与他们工作的社区之间的认识论立场和政治立场得到了更多的关注。社会事实被看作是人类行为的结果，人类通过他们的行为复制并影响着他们的运行所处的结构。由于在研究领域中被剥夺了准客观或疏远的立场，人类学的验证方式现在包括对话、多重性和环境行动主义等方面（Marcus 1998）。这种发展的一部分是对民族志田野调查方法论的持续反思，特别是田野本身的概念，它包含了民族志学者参与的复杂的社会关系和研究问题：例如，处理多个现场站点，与专业受调查者合作，以及使用现代形式的互动和交流，如互联网（Faubion和Marcus 2009；Rabinow等2008）。这些评论为我们所看到的下一阶段的有意介入的民族学方法铺平了道路。

作为设计人类学田野调查的一部分，介入主义策略的引入，使我们看到了一种新范式的兴起的可能性，这种范式更重视通过有意设计来改变人类的能力。这可以看作是实践理论的进一步发展，但更强调变化的条件。实践理论似乎更关注社会再生产而不是变化，而新范式则严肃对待人类社会现实中的出现（emergence）（Mead 2002［1932］）。由于现在既包括过去的潜力，也包括未来的潜力，人类学家必须设法将对新形式的预测和创造囊括在他们的民族志描述和理论之中。加特和英戈尔德（本书第8章）指出了一种通过"回应"与人们未来联系的可能方式。因此，社会事实不再像实践理论中那样仅仅被看作是人类行为的结果，而是在其执行过程中具有变革潜力的东西。衡量成功的新标准将是，设计人类学家如何能够与人们沟通与合作，共同创造美好的未来，并成为知识创造和有意义实践的推动者，从而改变现在。

对人类学家来说，在社会和文化背景下进行设计和介入，在很多方面都是一个巨大的飞跃。然而，我们认为这是面对当代本地——全球转变的必要步骤，也是发展响应性概念框架和介入主义做法的相应学术要求。越来越多的著述从一种更具变革性和想象力的立场来探讨文化与设计的纠缠（Balsamo 2011；Dourish和Bell 2011）。这些跨学科的技术和变革方法所产生的结果是，文化和设计不是彼此独立的分析领域，或作为双方间学科的扩展。相反，它们是深深纠缠的，复杂的，而且往往是一种混乱的形式和意义、空间以及人、物和历史之间的相互作用的转换。现在似乎有一个公认的前提，即文化已经是设计实践中根深蒂固的一部分，但反过来也是同样有效和相关的：通过设计对象、技术和系统，我们实际上是在设计未来的文化（Balsamo 2011）。

设计师的思维方式和行为方式在当代社会越来越受到人们的追捧。创意产业、政府机构、大学和设计学院越来越关注设计和创新对解决紧迫的社会问题的潜在影响。这与全球经济从西方向东方的根本性转变、信息技术的快速进步和发展，以及对可持续发展的伦理、政治、社会和生态关注的日益增长有关（Friedman 2012；Fry 2011）。在不同的本地和全球背景下，这些新兴的设计市场既引人注目，又令人担忧。他们的承诺是为世界各地的社会经济问题创造可持续、创新和强有力的财政解决方案。然而，正如评论家指出的（本书第13章；Hunt 2011；Latour 2008；Suchman 2011），这些企业需要设置适度和现实的目标，建立人文方法，并培养对当地居民的文化和社会经济环境以及价值观的敏感性，创造可持续的和道德的变化，避免将用户重铸为原住民和复制殖民主义形式，那曾是20世纪人类学的一个组成部分。正是在这样的背景下，设计人类学找到了自己的位置、机遇和挑战。

设计人类学概述

本节讨论设计人类学的关键方面，作为一种知识生产和实践介入的风格，它跨越了具有明显不同的目标、认知假设和方法的两种知识传统。我们概述了这种风格的主要方面，并介绍了本书四个部分的标题，提供了本书的总体结构。

概念、方法和实践

与传统民族志不同，设计人类学家一般不会在特定的社会文化背景下进行长期的田野调查，他们选择在不同的社会文化背景下进行一系列较短的田野调查和介入。此外，他们对理论的运用和新概念的产生有独特的方法。马林诺斯基指出了理论概念在民族志研究中的关键作用（1922：9）。对他来说，这些概念应该提醒研究人员注意“潜在的问题”（foreshadowed problems），这些问题需要进一步的被质疑和调查[13]。在后来的方法论文献中，这些概念被命名为“敏化概念”（sensitizing concepts）（Van den Hoonaard 1997）。虽然这些概念指导着实证研究过程和民族志描述，但概念在设计人类学中的作用已从分析和描述上升到设计概念的生成层面。

亚当·德拉津（Adam Drazin，本书第2章）仔细分析了这些设计概念的作用，并得出结论：它们发生在设计过程的某个阶段。设计项目开始时的数据收集和分析被称为信息或数据，而设计概念发生在下一个阶段，此时设计师和研究人员一起绘制新出现的想法，将主题分组并讨论开发的可能性。这个阶段的设计概念有一个短暂和物质的存在性，因为它们通过图画、网络示意图和演示文稿幻灯片中被表达出来。它们不断地在变化，最终为原型的生产所取代。德拉津的分析与由E-Lab公司生产并由沃森描述的领结模型（2002：82–83，尤其是第二个模型）有相似之处，在这个模型中，从数据收集和分析，到框架（领带上的结）、设计概念，再到原型，都有明显的过渡。但是，与E-Lab模型相反，德拉津将设计概念的开发描述为所有团队成员在整个研究和设计过程中的共同努力。

梅特·基耶斯卡德（Mette Kjærsgaard，本书第3章）分析了一个丹麦游乐场的设计项目，就设计师、设计人类学家和其他各种领域的专家之间持续的互动提出了一个类似的观点。她专注于设计工作坊，在这里将不同的观点、信息类型、材料和兴趣融合在一起，产生共同的设计概念。她强调这些她称之为不同的“知识碎片”的东西，并不像拼图游戏那样整齐地组合在一起。相反，通过一个仪式化的创造性并置、辩论和蒙太奇的过程，这些碎片被转化为共享的设计概念，形成了制定设计策略和准备原型的基础。虽然从收集数据，到整理知识碎片，再到开发原型的整个过程，设计人类学家所做的工作仅是其中一部分，但基耶斯卡德却为他们保留了一个基于他们的学科技能和取向的特定角色：确定隐式假设、框架分析的数据和设计思想的发展，因此，通过对这些假设的重新定义，为替代解决方案打开设计过程（Suchman 2011）。

凯尔·基尔伯恩（Kyle Kilbourn，本书第4章）发展了设计人类学作为一种不同的认知风格的思想。他认为，设计人类学家的思维方式与包括人类学和设计学在内的其他专业领域风格的不同之处在于，人类学家的思维方式引导我们关注人类与社会现实互动的工具。基尔伯恩区分了一些（非文本的）工具，这些工具描述了该领域中，设计的人类学介入模式。首先，他指出通过视觉手段的概念联想和综合形式（“感知综合”）；其次，他描述了通过游戏和其他方式比较经验的方式（“经验并置”）；最后，他提到了表现的各种形式作为探索可能的未来实践的社会嵌入性的方法（“潜在关系”，本书第10章）。基尔伯恩进一步讨论了理论实践的具体形式，他发现了设计人类学的特点，通过研究者的连续移动，首先进入了一个特定的合作和实践的环境（“移入”），然后是与第一个环境相关的其他环境（“前进”），最后是“移出”，获得对潜力的批判性探索。因此，他描述了设计人类学的一个重要转变，即从最初使用理论来分析和解释，到使用概念替代和未来可能性的产生。

设计的物质性

在最近的人类学和哲学理论化中，物质甚至是物质的作用对于理解人类实践和文化的重要性日益凸显出来（Henare，Holbraad和Wastell 2007；Ingold 2007；Latour 1999；Miller 2005；Verbeek 2005）。虽然这为分析物质对象在人类社会中的影响和功能提供了重要的理论背景，但在这里我们更关注的是设计过程本身的物质性。在这一点上，我们既指对材料和物体的操作是如何成为设计的一部分并影响设计的可能性的，也指构成设计过程的交换和交互的具体实践。前面我们提到了设计和设计人类学如何依赖于除语言和文本以外的一系列形式来产生和交流知识，特别是可视化、原型和性能的物质实践（本书第4章）。第2章和第3章对设计过程的民族志描述，清楚地说明了物质维度在设计中的中心地位：设计空间及其物质工具的重要性，具体物的使用，“知识块”的材料效果图，以及总体设计概念的物质质量。设计人类学介入的主要产品不一定是文章或民族志专著——尽管这些可能是受欢迎的产品——而是在（物质）现实中进行的设计建议。

第5章和第6章是关于设计过程的民族志案例研究，而不是人类学家参与设计介入的例子。这两章的内容增加了我们对设计如何工作的理论的理解，并有助于设计人类学的反思实践。伊恩·尤尔特（Ian Ewart，本书第5章）通过比较婆罗洲克拉比特高地（Kelabit highlands of Borneo）的两座不同桥梁的施工情况，研究了生产和设计之间的关系。一座是竹桥，这种桥是村民们经常习惯性地根据具体直观的设计而不是明确的规划来建造的。另一座是一种新型的悬索桥，其建造始于在纸上绘制的明确设计，但因对无法预见的问题提出实际解决方案而在很大程度上进行了修改。尽管这两种过程之间存在明显的差异，尤尔特认为两者的共同点是，设计是在生产过程中“随时随地”进行的，而不是在制造过程之前的独立阶段进行的。

伊丽莎白·哈勒姆（Elizabeth Hallam，本书第6章）通过关注设计和在医学学生教学中使用解剖模型之间的关系，也强调了物质性在设计过程中的重要性。正是通过在教学中不断使用这些三维模型，才揭示了它们的局限性，促使进一步的设计活动，并以一种师生对话的方式改良模型。哈勒姆展示了特定材料的特性，在本例中是连接线，如何通过批判性反思和具体实践相互影响的过程，从物理和概念上影响到设计实践。

第7章由蕾切尔·夏洛特·史密斯（Rachel Charlotte Smith）撰写，是一个设计人类学介入项目的案例研究。在数字时代，通过挖掘传统上以实物展品为主的文化遗产博物馆所面临的挑战，构成了整体设计框架。为了应对这一挑战，这位设计人类学家和她的设计合作者开发了一个实验性展览项目，以调查并塑造所谓的数字原住民的新兴遗产——年轻人完全沉浸在信息技术和数字社交媒体的使用中。该项目促进了包括青少年、人类学家和设计师在内的对话设计过程，并通过各种互动装置，以物质—数字的方式代表了年轻人中新出现的认同感和传统。这个案例挑战了传统的物质和虚拟、物质和非物质遗产之间的区别，并清楚地说明了设计人类学介入一个合作展览项目的至关重要性。

设计的时间性

正如前文所述，设计稳健的未来定位，无论在理论上还是方法论上都对设计人类学提出了巨大的挑战。理解变化是如何发生的，以及如何由人的能动作用来指导变化，是其重要的理论任务之一。因此，概念和方法框架必须超越因果关系的基本概念和统计趋势对未来的预测，以便充分把握当前变化的新特点。根据哲学家G. H. 米德（G. H. Mead）（2002[1932]）关于“现在是现实的轨迹”（*locus of reality*）的观点，我们只存在于当下，当下总是处于一种新兴的状态。这并不意味着米德削弱了过去和未来的存在性和相关性，不过，他强调，即使我们把它们想象成独立的、不可撤销的实体，它们也只能作为现在的维度存在。在塑造未来的过程中，我们唤起了使未来成为可能的过去。[14]这并不意味着在设计未来的意义上有任何进展。相反，所设想的未来必须包括一个可能的过去，一个不否认过去的目前所造成的限制条件的过去。与米德的观点一致，以下章节以各种方式将设计人类学的目光转向未来，同时允许过去成为未来制作的关键部分。这对于改变设计师“傲慢”（Suchman 2011：16）和实际上“破坏未来”的情况（Fry 2011；Hunt 2011）至关重要，这是时间视野收缩到不久的将来和一个不远的过去的结果。

在第8章中，卡洛琳·加特和蒂姆·英戈尔德论述了设计人类学时代取向的变化所带来的理论和实践挑战。他们认为，以民族志的方法进行人类学研究（*anthropology-by-means-of-ethnography*）必须被以设计的方法进行人类学研究（*anthropology-by-means-of-design*）所取代。他们认为民族志主要是对描述感兴趣，一旦它作为一个产品完成，它就会成为可追溯的。相比之下，他们认为，以设计的方法进行的人类学研究应该被理解为一种对应（*correspondence*）实践。对应是指按照事件的发展方向，与人们一起前进，追求他们的梦想和抱负，而不是沉湎于过去。对应是即兴创作而不是创新，是预见而不是预测。这是参与者观察的自然组成部分，但强调的是在田野调查之中而不是之后产生的东西，比如社会关系、实践知识，以及相关人员的新实践（Glowczewski等2013）。加特和英戈尔德称这些产品为“对话设计的人类学人工制品”，其有助于参与者观察的转换效果，或者更确切地说，是“观察者的参与”。

对应并不总是容易建立的，而且参与设计的人对于如何预测未来有不同的看法。温迪·冈恩和克里斯汀·克劳森（本书第9章）探讨了在室内气候产品和控制系统的设计中发挥作用的隐性和对比性时间形式。这一工业领域主要由工程师和制造商主导，他们偏爱定量和技术方法，这与设计人类学家强调的与用户兼生产者合作的即兴创作和设计不同。冈恩和克劳森在一个历时三年的合作设计项目中分析了这些不同的知识传统之间的影响和参与。同样专注于具体案例研究的约阿希姆·哈尔瑟（本书第10章）提出了这样一个问题：应该思考设计人类学如何能够成为变革行动的一部分，而不仅仅是研究它们。他受米德和卡普费雷尔（Kapferer）的启发，并在斯堪的纳维亚参与式设计的传统下工作，专注于设计事件，将其作为人们试验可能的未来的特殊时刻。他描述了协作玩偶场景和全面制定的技术，并展示了这些技术如何将地点和时间的特性带入设计过程。这样，设计人类学可以通过开发特定的"想象技术"来帮助人们在特定的环境中批判性地评估、竞争和开发新想法。

设计的关联性

设计人类学的一个重要特点是，它的实践者与不同的利益相关者（包括设计师、来自其他学科的研究人员、赞助商、用户和公众）在多种关系中工作，并常常扮演复杂的角色。虽然人类学参与者的观察总是涉及与赞助者、守门人和合作者在不同的层次上建立关系——有时是敏感的或不稳定的——但设计人类学家面临的挑战似乎更为复杂，因为设计注重介入和改变。因此，设计人类学家发现他们自己（主要）在多学科的设计团队中工作，在设计过程中交替扮演研究者、推动者和共同创造者的角色。虽然许多章节都讨论了这些复杂的关系（请参阅本书的第3、4、7、8、9、10章），但是本部分的章节特别讨论了这些关系的一些问题。

在第11章中，布兰登·克拉克提出了为设计创新创造公众的重要性，这可以从不同的社会角度对这些想法的积极和消极影响提供批判性的反馈。受到迪萨沃（DiSalvo 2009）、杜威和高夫曼（Goffman）的启发，克拉克认为这些公众不是被指定的，开发生成这些公众的方法可以成为设计人类学工作的一部分。他以瑞典第二语言学习项目为例说明了这一点。通过组织一系列涉及各种表现形式的合作设计活动，他能够产生关于潜在的设计行动和方向的额外经验信息。

克里斯蒂娜·沃森和克里斯塔·梅特卡尔夫（本书第12章）讨论了希望跨组织合作的人类学家和设计师所面临的挑战，特别是产业和大学之间的合作。他们认为，由于涉及知识产权的法律和行政定义，以及实施的特定交易障碍，新的产、学、研合作模型的开发不一定会使这种合作变得更容易。这一章建立在他们的成功合作的经验之上。7年时间里，一位教授设计人类学的大学教授和一位研究科学家以及她的团队在一家私人公司合作了5个项目。有趣的是，他们声称他们所使用的模型是基于骨干研究员们之间的个人关系，而不是基于合同义务，实际上比新的产、学、研合作模型更有效。

多丽·汤斯顿（Dori Tunstall，本书第13章）批评西方的设计可能延续了在历史上困扰人类学的新殖民主义态度，从而证实了现存的全球不平等。在她看来，设计人类学的主要任务是发展一种方法，使设计和人类学的参与去殖民化，并有助于社会关系的真实和人道的转变。她尤其将设计人类学理解为人类学的主要追求，即通过关注设计如何将价值转化为有形的体验，从而定义人类的意义。以参与原住民智慧艺术计划为例，她开发了一个去殖民化、人性化的设计人类学计划，其价值观是在人类内部创造具有同情心的条件，与更广阔的环境和谐相处。

在结语中，基思·墨菲（Keith Murphy）和乔治·马库斯（George Marcus）探讨了另一个与设计人类学作为一种新兴的认知风格相关的关系问题，即设计与人类学这两个领域之间的整体关系。他们观察到，这种关系在历史上一直是片面的，主要强调人类学，尤其是民族志的方法如何支持设计，而不是设计支持民族志研究。他们发现，现在是时候扭转这一局面了，看看设计实践如何有益于人类学的发展，使其能够应对当代世界的复杂挑战。在加州大学欧文分校的民族志研究中心（Center for Ethnography at the University of

California，Irvine），他们尝试运用各种设计工作室的方法来改变民族志实践。这种设计对人类学学科的反馈，对于一本声称设计人类学作为一种独特的认知风格已经成熟的书来说是一个有价值的结论，对设计和人类学都有意义。

致谢

我们感谢托马斯·宾德尔、温迪·冈恩和梅特·基耶斯卡德提出的关于本书导言初稿至关重要的意见和有用的建议。所有剩下的不足和瑕疵当然完全是我们的责任。

注释

[1] Design一词在英语中有着悠久的使用历史，这里给出的简短定义旨在捕捉现代用法中的流行含义（见2012年10月3日在线版《牛津英语词典》）。

[2] 在下文中，我们用人类学来指代社会和文化人类学，而不是美国流行的包含四个领域的研究方法，其他分支学科为：生物人类学、考古学和语言学。

[3] 民族志还包括其他研究，如不同形式的采访和对文物和文献的系统研究。

[4] 也有一些值得注意的例外，包括行动研究（Huizer 1979；Tax 1952）；应用与发展人类学（Gardner和Lewis 1996；Van Willigen，Rylko-Bauer和McElroy 1989），以及人类学去殖民化运动（Harrison 2010）。参见弗吕夫布耶格（Flyvbjerg 2001）。

[5] 我们知道，为了使我们的论点更清楚，我们在本简介中做了一些广泛的概括。即使此处和别处也有可能发现这些一般特征的例外情况。在当前情况下，个别例外情况可以指向建筑理论和批评式设计等。

[6] 关于民族志和设计之间的合作，特别是在工业设计、商业民族志和用户驱动的创新领域，请参阅沃森（Wasson 2000）和里斯（Reese 2002）

的历史综述。

[7] 在霍桑（Hawthorne）的研究中，人类学家劳埃德·华纳（Lloyd Warner）和精神病学家埃尔顿·梅奥（Elton Mayo）与哈佛大学和芝加哥西部电力公司的员工进行了合作。他们后来在芝加哥大学成立了产业人际关系委员会（Human Relations in Industry）和社会研究咨询公司，专注于企业管理（Reese 2002）。

[8] 英特尔公司、美国国际商用机器公司、微软、施乐和沙宾特公司在他们的实验室和用户体验研究小组中雇用了大量的人类学家。其中著名的例如人类学家梅丽莎·塞弗金（Melissa Cefkin），他受雇于美国国际商用机器公司，以及人类学家吉纳维·贝尔（Genevieve Bell），他自1998年以来受雇于英特尔公司，现在在英特尔公司位于俄勒冈州波特兰市的数字家庭组中领导用户体验组。

[9] 它继续扩大其范围，从学术和产业背景到公司和非政府组织（NGO）和政府组织，以及与核心机构的伙伴关系，如美国人类学协会（American Anthropological Association，AAA）和国家实践人类学家协会（National Association of Practicing Anthropologists，NAPA）。

[10] 在丹麦我们可以提到克拉克（2007），佩德森（2007），哈尔瑟（2008），库伯恩（Kilbourn 2010），基耶斯卡德（Kjærsgaard 2011）和万基德（Vangkilde 2012）。

[11] 本文撰写时，许多大学包括斯文本科技大学（Swinburne University of Technology）、阿伯丁大学（University of Aberdeen）、北德克萨斯大学（University of North Texas）、南丹麦大学麦斯克劳森研究所（University of Southern Denmark，Mads Clausen Institute）、奥尔胡斯大学（Aarhus University）、哈佛大学设计研究生院（Harvard Graduate School of Design）、伦敦大学学院（University College London）的文化、材料和设计硕士课程，以及邓迪大学（University of Dundee）的理科硕士课程“设计民族志”，都开设了设计人类学课程。此外，由设计、建筑和艺术学

校开设的众多课程，将各种形式的民族志研究方法、经验研究和社会科学方法作为课程的一部分。

[12] 科瓦（Kwa 2011）在发展并普及了克龙比（Crombie）的科学思想史的同时，也选择了“认知风格”这个术语。

[13] 理论概念应该小心地与不加批判的假设区分开来，因为这些假设实际上阻碍了研究。马林诺斯基（Malinowski）明确表示：“先入为主的思想在任何科学工作中都是有害的，但是先入为主的问题是科学思想家的主要天赋，这些问题首先是通过他的理论研究向观察者揭示的。”（1922：9）

[14] 以下引文很好地表达了这一点：“鉴于突发事件，它与先前过程的关系成为条件或原因。这种情况是目前的情况。它指出并从某种意义上选择了使其特殊性成为可能的原因。它以其独特性创造了过去和未来。”（Mead 2002[1932]：52）

参考文献

Anderson, R. J. (1994), "Representations and Requirements: The Value of Ethnography in System Design," *Journal of Human-Computer Interaction*, 9(3): 151–182.

Appadurai, A. (1986), *The Social Life of Things*, Cambridge: Cambridge University Press.

Baba, M. (1986), *Business and Industrial Anthropology: An Overview*, Washington, DC: National Association for the Practice of Applied Anthropology.

Baba, M. (2006), "Anthropology and Business," in H. J. Birx (ed.), *Encyclopedia of Anthropology*, Thousand Oaks, CA: Sage Publications, 83–117.

Balsamo, A. (2011), *Designing Culture: The Technological Imagination at Work*, Durham, NC and London: Duke University Press.

Bannon, L. J. (2005), "A Human-centred Perspective on Interaction Design," in A. Pirhonen, H. Isomaki, C. Roast, and P. Saariluoma (eds.), Future Interaction Design,

London: Springer.

Bansler, J. (1989), "System Development in Scandinavia: Three Theoretical Schools," *Scandinavian Journal of Information Systems,* 1: 3–20.

Barnett, H. G. (1953), *Innovation: The Basis of Cultural Change,* New York: McGraw-Hill.

Beck, E. (2002), "P for Political: Participation Is Not Enough," *Scandinavian Journal of Information Systems,* 14(1): 25–44.

Bentley, R., Hughes, J., Rodden, T., Sawyer, P., Shapiro, D., and Sommerville, I. (1992), "Ethnographically-informed Systems Design for Air Traffic Control," in *Proceedings of the CSCW '92 Conference on Computer-Supported Cooperative Work*, New York: ACM Press, 123–129.

Binder, T., De Michelis, G., Ehn, P., Jacucci, G., Linde, P., and Wagner, I. (2011), *Design Things,* Cambridge, MA: MIT Press.

Bjerknes, G., Ehn, P., and Kyng, M. (eds.) (1987), *Computers and Democracy: A Scandinavian Challenge*, Aldershot, England: Avebury.

Björgvinsson, E., Ehn, P., and Hillgren, P. A. (2010), "Participatory Design and 'Democratizing Innovation,' " in *PDC '10: Proceedings of the 11 th Biennial Participatory Design Conference*, New York: ACM Press, 41–50.

Blomberg, J., Burrell, M., and Guest, G. (2003), "An Ethnographic Approach to Design," in J. Jacko and A. Sears (eds.), *Human Computer Interaction Handbook: Fundamentals, Evolving Technologies and Emerging Applications*, Hillsdale, NJ: Lawrence Erlbaum Associates, 964–986.

Blomberg, J., Giacomi, J., Mosher, A., and Swenton-Wall, P. (1993), "Ethnographic Field Methods and Their Relation to Design," in D. Schuler and A. Namioka (eds.), *Participatory Design: Principles and Practices*, Hillsdale, NJ: Lawrence Erlbaum Associates, 123–155.

Blomberg, J., Suchman, L., and Trigg, R. (1997), "Back to Work: Renewing Old Agenda for Corporative Design," in M. Kyng and L. Mathiassen (eds.), *Computers and Design in Context*, Cambridge, MA: MIT Press.

Bødker, S. (1991), "Cooperative Prototyping: Users and Designers in Mutual Activity," *International Journal of Man-Machine Studies*, 34(3): 453–478.

Bourdieu, P. (1979), *Distinction: A Social Critique of the Judgement of Taste*, London: Routledge and Kegan Paul.

Brown, T. (2009), *Change by Design*, New York: Harper Collins Publishers.

Brown, T., with Katz, B. (2011), " Change by Design," *Journal of Product Innovation Management,* 28(3): 381–383.

Buchanan, R. (1992), " Wicked Problems in Design Thinking," *Design Issues*, 8(2): 5–21.

Button, G. (2000), " The Ethnographic Tradition and Design," *Design Studies*, 21(4): 319–332.

Cefkin, M. (ed.) (2010), *Ethnography and the Corporate Encounter: Reflections on Research in and of Corporations*, New York and Oxford: Berghahn Books.

Cefkin, M. (2012), " Close Encounters: Anthropologists in the Corporate Arena," *Journal of Business Anthropology*, 1(1): 91–117.

Clark, B. (2007), "Design as Sociopolitical Navigation: A Performative Framework for Action-orientated Design," PhD dissertation, Mads Clausen Institute, University of Southern Denmark.

Clarke, A. (ed.) (2011), *Design Anthropology: Object Culture in the 21st Century,* Wien and New York: Springer.

Crombie, A. C. (1988), " Designed in the Mind: Western Visions of Science, Nature and Humankind," *History of Science*, 2: 1–12.

Crombie, A. C. (1994), *Styles of Scientific Thinking in the European Tradition: The History of Argument and Explanation Especially in the Mathematical and Biomedical Sciences and Arts,* 3rd edition, London: Duckworth.

Cross, N. (2006), *Designerly Ways of Knowing*, London: Springer.

Dewey, J. (1980 [1934]), *Art as Experience*, New York: Berkeley Publishing Group.

Dilley, R. (ed.) (1999), *The Problem of Context*, New York and Oxford: Berghahn Books.

DiSalvo, C. (2009), " Design and the Construction of Publics," *Design Issues*, 25(1): 48–63.

Dourish, P. (2001), *Where the Action Is: The Foundations of Embodied Interaction*, Cambridge, MA: MIT Press.

Dourish, P. (2006), "Implications for Design," in *CHI'06 Proceedings of the Conference on Human Factors in Computing Systems*, New York: ACM Press, 541–550.

Dourish, P. (2007), " Responsibilities and Implications: Further Thoughts on Ethnography and Design," in *DUX '07 Proceedings of the Conference on Designing for User Experience*, New York: ACM Press, 2–16.

Dourish, P., and Bell, G. (2011), *Divining a Digital Future: Mess and Mythology in Ubiquitous Computing*, Cambridge, MA: MIT Press.

Ehn, P. (1988), *Work-oriented Design of Computer Artifacts*, Stockholm: Arbetslivscentrum.

Ehn, P. (1993), "Scandinavian Design: On Participation and Skill," in D. Schuler and A. Namioka (eds.), *Participatory Design: Principles and Practices*, Hillsdale, NJ: Lawrence Erlbaum Associates, 41–77.

Faubion, J. D., and Marcus, G. E. (eds.) (2009), *Fieldwork Is Not What It Used to Be: Learning Anthropology's Method in a Time of Transition*, Ithaca, NY and London: Cornell University Press.

Flyvbjerg, B. (2001), *Making Social Science Matter: Why Social Inquiry Fails and How It Can Succeed Again*, Cambridge: Cambridge University Press.

Forsythe, D. E. (1999), "It Is Just a Matter of Common Sense: Ethnography as Invisible Work," *Computer Supported Cooperative Work*, 8: 127–145.

Friedman, K. (2002), " Conclusion: Towards an Integrative Design Discipline," in S. Squires and B. Byrne (eds.), *Creating Breakthrough Ideas: The Collaboration of Anthropologists and Designers in the Product Development Industry*, Westport, CT and London: Bergin and Garvey, 199–214.

Friedman, K. (2012), " Models of Design: Envisioning a Future Design Education," *Visible Language*, 46(1/2): 132–153.

Fry, T. (2009), *Design Futuring: Sustainability, Ethics and New Practice*, Oxford: Berg.

Fry, T. (2011), *Design as Politics*, New York: Berg.

Gardner, K., and Lewis, D. (1996), *Anthropology, Development and the Post-Modern Challenge*, London: Pluto Press.

Garfinkel, H. (1967), *Studies in Ethnomethodology*, Englewood Cliffs, NJ: Pren- tice-Hall Inc.

Garfinkel, H. (2002), *Ethnomethodology's Program: Working Out Durkheim's Aphorism*, Lanham, MD: Rowman and Littlefield.

Gaver, W. (2012), "What Should We Expect from Research through Design," in *CHI ' 12 Proceedings of the Conference on Human Factors in Computing Systems*, New York: ACM Press, 937–946.

Geertz, C. (1973), *The Interpretation of Cultures*, New York: Harper Collins.

Gell, A. (1998), *Art and Agency: An Anthropological Theory*, Oxford and New York: Oxford University Press.

Gellner, D., and Hirsch, E. (eds.) (2001), *Inside Organizations: Anthropologists at Work*, Oxford: Berg.

Glowczewski, A., Henry, R., and Otto, T. (2013), "Relations and Products: Dilemmas of Reciprocity in Fieldwork," *The Asia Pacific Journal of Anthropology*, 14(2): 113–125.

Gray, P. (2010), " Business Anthropology and the Culture of Product Managers," AIPMM, Association of International Product Marketing and Management, Newsletter, August 10, 2010. Availableat:www.aipmm.com/html/newsletter/archives/BusinessAnt

hroAndProductManagers.pdf. Accessed October 23, 2012.
Greenbaum, J., and Kyng, M. (eds.) (1991), *Design at Work: Cooperative Design of Computer Systems,* Hillsdale, NJ: Lawrence Erlbaum Associates.
Gunn, W., and Donovan, J. (eds.) (2012), *Design and Anthropology*, Farnham: Ashgate.
Hacking, I. (1992), " ' Style' for Historians and Philosophers," *Stud. Hist. Phil. Sci.*, 23(1): 1–20.
Hallam, E., and Ingold, T. (eds.) (2007), *Creativity and Cultural Improvisation,* Oxford: Berg.
Halse, J. (2008), "Design Anthropology: Borderline Experiments with Participation, Performance and Situated Intervention," PhD dissertation, IT University Copenhagen.
Harper, R. H. (2000), "The Organisation in Ethnography: A Discussion of Ethnographic Fieldwork Programs in CSCW," *Computer Supported Cooperative Work*, 9: 239–264.
Harrison, F. (2010), "Anthropology as an Agent of Transformation," in F. Harrison (ed.), *Decolonizing Anthropology: Moving Further toward an Anthropology for Liberation,* 3rd edition, Arlington, VA: Association of Black Anthropolo- gists, American Anthropological Association, 1–14.
Heath, C., and Luff, P. (1992), "Collaboration and Control: Crisis Management and Multimedia Technology in London Underground Control Rooms," *Computer Supported Cooperative Work,* 1: 69–94.
Helander, M. G. (1997), "The Human Factors Profession," in G. Salvendy (ed.), *Handbook of Human Factors and Ergonomics*, New York: John Wiley and Sons, 1637–1688.
Henare, A., Holbraad, M., and Wastell, S. (2007), *Thinking through Things: Theorizing Artefacts Ethnographically*, London and New York: Routledge.
Holy, L. (1984), "Theory, Methodology and the Research Process," in R. Ellen (ed.), *Ethnographic Research: A Guide to General Conduct,* London: Academic Press, 13–43.

Huizer, G. (1979), "Research-through-Action: Some Practical Experiences with Peasant Organisations," in G. Huizer and B. Mannheim (eds.), *The Politics of Anthropology: From Colonialism and Sexism toward a View from Below,* The Hague: Mouton, 395–420.

Hunt, J. (2011), " Prototyping the Social: Temporality and Speculative Futures at the Intersection of Design and Culture," in A. Clarke (ed.), *Design Anthropology: Object Culture in the 21st Century*, Wien and New York: Springer, 33–44.

Ingold, T. (2001), " Beyond Art and Technology: The Anthropology of Skill," in B. Schiffer (ed.), *Anthropological Perspectives on Technology*, Albuquerque: University of New Mexico Press, 17–31.

Ingold, T. (2007), " Materials against Materiality," *Archaeological Dialogues*, 14(1): 1–16.

Ingold, T. (2011), *Being Alive: Essays on Movement, Knowledge and Description,* London: Routledge.

Ingold, T. (2012), " Introduction: The Perception of the User-producer," in W. Gunn and J. Donovan (eds.), *Design and Anthropology*, Farnham: Ashgate, 1–17.

Iversen, O. S., and Smith, R. C. (2012), " Scandinavian Participatory Design: Dialogic Curation with Teenagers," in *IDC'12 Proceedings of the 11th International Conference on Interaction Design and Children*, New York: ACM Press, 106–115.

Jiménez, A. (ed.) (2007), *The Anthropology of Organizations*, Aldershot: Ashgate.

Jordan, A. (2003), *Business Anthropology*, Long Grove, IL: Waveland Press.

Kensing, F., and Blomberg, J. (1998), " Participatory Design: Issues and Concerns," *Computer Supported Cooperative Work*, 7(3/4): 167–185.

Kilbourn, K. (2010), " The Patient as Skilled Practitioner, " PhD dissertation, Mads Clausen Institute, University of Southern Denmark.

Kjærsgaard, M. (2011), " Between the Actual and the Potential: The Challenges of Design Anthropology," PhD dissertation, Department of Culture and Society, Aarhus

University.

Kwa, C. (2011), *Styles of Knowing: A New History of Science from Ancient Times to the Present,* Pittsburgh, PA: University of Pittsburgh Press.

Kyng, M. (2010), "Bridging the Gap between Politics and Techniques," *Scandinavian Journal of Information Systems*, 22(1): 49–68.

Latour, B. (1999), *Pandora's Hope, An Essay on the Reality of Science Studies,* Cambridge, MA: Harvard University Press.

Latour, B. (2008), "A Cautious Prometheus? A Few Steps toward a Philosophy of Design (with special attention to Peter Sloterdijk)," Keynote lecture for the Networks of Design meeting of the Design History Society (UK), Falmouth, Cornwall, September 3, 2008. Available at: www.bruno-latour.fr/sites/default/files/112-DESIGN-CORNWALL-GB.pdf. Accessed November 17, 2012.

Liep, J. (ed.) (2001), *Locating Cultural Creativity,* London: Pluto Press.

Malinowski, B. (1922), *Argonauts of the Western Pacific*, London: George Routledge & Sons.

Marcus, G. E. (1998), *Ethnography through Thick and Thin*, Princeton, NJ: Princeton University Press.

McCarthy, J., and Wright, P. (2004), *Technology as Experience*, Cambridge, MA and London: MIT Press.

Mead, G. H. (2002 [1932]), *The Philosophy of the Present*, Amherst, NY: Pro- metheus Books.

Miller, D., (ed.) (2005), *Materiality,* Durham, NC and London: Duke University Press.

Muller, M. J. (2002), "Participatory Design: The Third Space in HCI," in J. A. Jacko and A. Sears (eds.), *The Human Computer Interaction Handbook*, Mahwah, NJ: Lawrence Erlbaum Associates, 1051–1068.

Nafus, D., and Anderson, K. (2006), "The Real Problem: Rhetorics of Knowing in Corporate Ethnographic Research," in *EPIC 2006, Proceedings of the Ethnographic*

Praxis in Industry Conference, 244–258.

Nelson, H. G., and Stolterman, E. (2003), *The Design Way: Intentional Change in an Unpredictable World*, Englewood Cliffs, NJ: Educational Technology Publications.

Nelson, H. G., and Stolterman, E. (2012), *The Design Way: Intentional Change in an Unpredictable World*, 2nd edition, Cambridge, MA: MIT Press.

Orr, J. (1996), *An Ethnography of a Modern Job,* Ithaca, NY: Cornell University Press.

Ortner, S. (2006), *Anthropology and Social Theory: Culture, Power, and the Acting Subject*, Durham, NC and London: Duke University Press.

Otto, T., and Bubandt, N. (eds.) (2010), *Experiments in Holism: Theory and Practice in Contemporary Anthropology*, Oxford: Wiley-Blackwell.

Pedersen, J. (2007), "Protocols of Research and Design: Reflections on a Participatory Design Project (Sort Of)," PhD dissertation, IT University Copenhagen.

Rabinow, P., and Marcus, G. E., with Faubion, J. D., and Rees, T. (2008), *Designs for an Anthropology of the Contemporary*, Durham, NC: Duke University Press.

Redström, J. (2012), "Introduction: Defining Moments," in W. Gunn and J. Donovan (eds.), *Design and Anthropology*, Farnham: Ashgate, 83–99.

Reese, W. (2002), "Behavioral Scientists Enter Design: Seven Critical Histories," in S. Squires and B. Byrne (eds.), *Creating Breakthrough Ideas: The Collaboration of Anthropologists and Designers in the Product Development Industry,* Westport, CT and London: Bergin and Garvey, 17–44.

Sanders, L. (2008), "An Evolving Map of Design Practice and Design Research," *Interactions*, 15(6): 13–17.

Schön, D. A. (1987), *Educating the Reflective Practitioner: Toward a New Design for Teaching and Learning in the Professions*, San Francisco, CA: Jossey-Bass Publishers.

Schön, D. A (1991 [1983]), *The Reflective Practitioner: How Professionals Think in Action*, New York: Basic Books.

Schuler, D., and Namioka, A. (1993), *Participatory Design: Principles and Practices,*

Hillsdale, NJ: Lawrence Erlbaum Associates.
Schwartzman, H. (1993), *Ethnography in Organizations*, London: Sage Publications.
Sellen, A., Rogers, Y., Harper, R., and Rodden, T. (2009), "Reflecting Human Values in the Digital Age," *Communications of the ACM*, 52(3): 58–66.
Sengers, P., Boehner, K., David, S., and Kaye, J. (2005), "Reflective Design," in *CC '05, Proceedings of the 4th Conference on Critical Computing*, New York: ACM Press, 49–58.
Sennett, R. (2008), *The Craftsman*, New Haven, CT: Yale University Press.
Shapiro, D. (1994), "The Limits of Ethnography: Combining Social Sciences for CSCW," in *CSCW' 94, Proceedings of the Conference on Computer Supported Cooperative Work*, Chapel Hill, NC: ACM Press, 417–428.
Simonsen, J., and Robertson, T. (eds.) (2012), *Routledge International Handbook of Participatory Design*, London: Routledge.
Squires, S., and Byrne, B. (eds.) (2002), *Creating Breakthrough Ideas: The Collaboration of Anthropologists and Designers in the Product Development Industry,* Westport, CT and London: Bergin and Garvey.
Star, S. L. (1999), "The Ethnography of Infrastructure," *American Behavioral Scientist*, 43(3): 377–391.
Stocking, G. W. (1983), "The Ethnographer's Magic: Fieldwork in British Anthropology from Tylor to Malinowski," in G. W. Stocking (ed.), *Observers Observed: Essays on Ethnographic Fieldwork, History of Anthropology Series*, Madison: University of Wisconsin Press, 1: 70–120.
Stocking, G. W. (ed.) (1991), *Colonial Situations: Essays on the Contextualization of Ethnographic Knowledge, History of Anthropology Series*, Vol. 7. Madison: University of Wisconsin Press.
Stolterman, E. (2008), "The Nature of Design Practice and Implications for Interaction Design Research," *International Journal of Design*, 2(1): 55–65.
Suchman, L. (1987), *Plans and Situated Actions,* Cambridge: Cambridge University

Press.
Suchman, L. (2007), *Human-machine Reconfigurations : Plans and Situated Actions*, 2nd edition, New York: Cambridge University Press.
Suchman, L. (2011), "Anthropological Relocations and the Limits of Design," *Annual Review of Anthropology*, 40: 1–18.
Suchman, L., Trigg, R., and Blomberg, J. (2002), "Working Artefacts: Ethnomethods of the Prototype," *British Journal of Sociology*, 53(2): 163–179.
Suri, J. F. (2011), "Poetic Observation: What Designers Make of What They See," in A. Clarke (ed.), *Design Anthropology: Object Culture in the 21st Century,* Vienna and New York: Springer.
Tax, S. (1952), "Action Anthropology," *America Indigenia*, 12: 103–109.
Van den Hoonaard, W. C. (1997), *Working with Sensitizing Concepts: Analytical Field Research,* Qualitative Research Methods Series, Vol. 41, Thousand Oaks, CA: Sage Publications.
Vangkilde, K. T. (2012), " Branding HUGO BOSS: An Anthropology of Creativity in Fashion," PhD dissertation, Faculty of Social Sciences, Department of Anthropology, University of Copenhagen.
Van Veggel, R. (2005), "Where the Two Sides of Ethnography Collide," *Design Issues*, 21(3): 3–16.
Van Willigen, J., Rylko-Bauer, B., and McElroy, A. (eds.) (1989), *Making Our Research Useful: Case Studies in the Utilization of Anthropological Knowledge*, Boulder, CO: Westview Press.
Verbeek, P.-P. (2005), *What Things Do: Philosophical Reflections on Technology, Agency and Design*, University Park: Pennsylvania State University Press.
Verbeek, P.-P. (2012), " Introduction: Humanity in Design," in W. Gunn and J. Donovan (eds.), *Design and Anthropology*, Farnham: Ashgate, 163–176.
Vygotsky, L. S. (1978), *Mind and Society*, Cambridge, MA: Harvard University Press.

Wallman, S. (ed.) (1979), *Social Anthropology of Work*, London: Academic Press.

Wasson, C. (2000), "Ethnography in the Field of Design," *Human Organization*, 59(4): 377–388.

Wasson, C. (2002), " Collaborative Work: Integrating the Roles of Ethnographers and Designers," in S. Squires and B. Byrne (eds.), *Creating Breakthrough Ideas: The Collaboration of Anthropologists and Designers in the Product Development Industry*, Westport, CT and London: Bergin and Garvey, 71–90.

Wright, S. (ed.) (1994), *Anthropology of Organizations*, London and New York: Routledge.

Ybema, S., Yanow, D., Wels, H., and Kamsteeg, F. (eds.) (2009), *Organizational Ethnography: Studying the Complexity of Everyday Life*, London: Sage Publications.

Zimmerman, J. (2009), " Designing for the Self: Making Products that Help People Become the Person They Desire to Be," in *CHI'09, Proceedings of the Conference on Human Factors in Computing Systems*, New York: ACM Press, 395–400.

第一部分

概念、方法和实践

第2章　设计人类学概念中的社会生活

亚当·德拉津

近几十年来，人类学转向物质性知识概念，对抽象的知识概念提出了质疑，对设计的接触（这可能意味着进步）在人类学理解中正面临着一种沉默局面，即通过采用物质世界的议程来应对因果关系。在由欧盟资助的埃因霍温大学（TU/e Eindhoven）、惠普实验室（HP Labs）和英特尔数字健康集团（Intel Digital Health Group）的设计项目中，我详细阐述了设计中什么是物质文化，以及让创造力发挥出来的方法。对人为因素的夸大关注是处理民族志知识的一大特点。本文采用的概念一词，是在物质与非物质的结合点上赋予知识的名称，它作为一种变量而存在，它的社会生活由研究小组与田野调查现场之间的迭代振荡而获得动力，在这种振荡中，每一个研究小组和田野现场交替地承担着关键主体的角色。这样的过程会导致对传统民族志过程中社会实践的不同理解。我主张重新关注在人类学过程中使用迭代设计过程，并独立于研究实践，从理念上关注批判唯物主义方法（Coole和Frost 2010；Tilley 2000）。

设计民族志的空间

“你有房间吗？”一家跨国公司的设计人类学家最近问我。当时，我们正在讨论设计民族志课程的关键要素是什么[1]。我谈到了我们和学校协商工作空间的问题，这个工作空间就是人们可以进行设计和文化研究的地方。

"不，"他说，"一个房间——有白板之类的东西。"这种房间在这个简单的短语"一个房间"中表示的意思，对于任何在企业或公共部门工作过的读者来说都是熟悉的，因为在这种环境中涉及某种参与式的创造性工作。从中国香港到纽约，人们会发现自己进入了办公大楼内部独特的空间。房间通常是长方形的，房间中央是一个或一组办公桌。外围是白板、活动挂图和各种文具用品。墙面上有各种颜色的标记，包括便利贴都是可以用的。有很多方法可以把纸贴在墙上——有黏性的垫子、磁铁或白黏胶。通常可以使用某种方法将计算机图像投射到墙上，尽管这并不是很重要。所有这些陈设都以某种方式被包围在一个单独的空间里，这样，一个群体就可以在自己身后关上一扇门。外面是小办公室或开放式区域，人们可以单独工作，也可以一起工作；里面则是团队在远离其他人的情况下一起工作的空间。

拥有一个房间不仅是实用的，同时也是对团队及其协作工作的认同和企业的认可。专业的设计活动是通过独特的实践、场所和物质文化这些能指[①]来构建一个场所，它们提醒我们，创造力可以是文化的而不是实际的（Hallam和Ingold 2007）。这一领域作为众多设计文化理念中的一种，是本章的基本理念。我认为设计是具备关联性的，首先是因为设计涉及社会和文化，其次是因为它的技术成就。因此，我们应该从探索专业协作设计的文化开始，以便思考世界上更广阔的设计文化领域及其范式分支。

当然，设计实践的差异很大，这些观察是基于我从2000年到2011年的有限经验，但它们代表了一个设计实践中可辨认的线索，特别是与人机交互（HCI）产生交集并通常采用民族志方法和人类学传统思维的领域。我所说的人类学思考，是指一部分工作是针对社会文化的理解或解读，在某些情况下是为了将文化理论化，但是实际的方法可以有很大的不同，例如，从美国到斯堪的纳维亚，再到日本，方法可能大不相同。重要的是，这项研究不仅从社会研究转向设计产品或服务，而且还要反复进行，在田野站点和设计工

① 能指：语言的符号形式。

作室之间来回移动。作为一名人类学家，我参与的项目是设计和人类学技能集之间的合作，从技能的集合或重组这个意义上说，可以称为设计人类学。[2]我在其他地方写过文章，介绍过该术语的出现、工作的特征化方法及其产生的一些影响（Drazin 2012）。然而，这一章的内容并不是关于学科标签的，在许多研究环境中，这些标签并没有引起太多的关注，更多的是对实用主义的考虑，即在研究问题出现时，哪些技能是可用的。相反，我关注的是特定设计实例中作为一种文化现象的概念，以反思专业设计文化是否可能在更广泛的、全球性的、日常的设计文化领域产生影响。

在这个阶段，我不打算明确地定义一个概念是什么，或者存在什么样的概念。通过探索设计文化中设计概念的特定方面（通常，在设计文化中，许多人将概念作为设计概念的缩写），我关注的是概念在知识文化中普遍的工作方式。在这种情况下，概念的一个特点是人们经常试图定义概念及概念的子类型（设计概念、人类学概念、哲学概念等），并否认那些不符合自己定义的事物是概念。因此，在更具艺术性的方法中发现的各种设计概念，如批判性设计（Dunne 2008），对于那些具有更科学或基于工程的设计概念的人来说，可能是无法识别的（Imaz和Benyon 2006）。许多不同的设计团队对他们认为的设计概念都有非常具体的定义——尤其是SPIRE团队，专门定义设计概念和人类学概念——但是其他设计团队使用不同但却同样具体的定义。考虑到概念的文化建构，围绕概念、定义的展开和变化，以及概念的可识别性或可发现性展开的辩论和争论，比任何一个个体的定义都更有意义。概念实际上参与了知识文化的元领域，不仅讨论已知的内容，而且还讨论认知的方法、方式和主体。

我在这里采用的是描述性的方法，而不是指令性的或决定性的方法，这样一来，即使有时在设计文化中存在关于概念的矛盾，我们也可以使用将设计概念和概念理解为它们是作为设计师所做工作的一部分而出现的方式。描述性方法的优点是，我们可以将使用的术语视为突发性的，而不是预定意义的，从而避免了同义重复的真正风险。对概念进行权威性说明的目的是探究思想，但我们不可能完全知道人们内心的想法：知道思考的内容比思考的方法要容易。由于人类学和设计重叠，它们发生了变化（例如，Ingold在2011年提出并使大家相信人类学应成为一门实验科学）。思维和解释的过程变得越来越具有协作性和人为性，这样就可以确定哪些概念与预先确定的思维概念（设计思维或人类学思维）有关，从而预先提出一种特定类型的大脑本体论模型。我认为，鉴于同义重复的风险，对设计人类学作品的物质文化进行描述性探索是一种有用的方法。

围绕设计概念展开工作的一个共同特征是推动物质对象的创建和部署，在这个过程中，物质对象不是思想的表现，而是一种思想的显现。这里的物品都是实物——纸、便利贴、幻灯片、白板。只要设计概念也是一种思想并具有社会属性，它也可以被视为一件事物（Henare，Holbraad和Wastell 2007）——一件事物也可以是非物质的，而一个对象通常是一种物质类型的事物。概念也可能具有一些设计事物的特征（Binder等2011），这是该术语更具体的用法，也被用于描述设计规划。总之，我认为设计概念是具有特定物质和时间特性的特定文化结构，概念的文化可变性值得更广泛的探索，因为概念在全球范围内具有比设计工作室更广泛的潜在影响。

作为文化生产场所的设计工作

设计作为一种文化场所，近年来受到越来越多的关注。其中有关设计的讨论，大部分是以文化研究评论的形式出现的（Julier 2007）。当代“知识经济”的规则或“创新”的需求表明，设计工作往往被视为社会进步的象征。在经济和政治领域，尤其是在经济衰退时期，设计具有一种可取之处。莫莱斯（2002）问到这一特质对设计和物质性意味着什么：从事设计工作的人是在一个物质创造的过程中进行设计，还是更多地处理抽象的设计概念？毫无疑问，非物质的事物被赋予了一种非常真实的、经济上可交易的特权价值。

由于知识经济话语的流行，以及围绕“国家创新体系”（Brøgger 2009）展开的讨论，因此，密切关注设计概念的文化意义至关重要。设计不是一个政治或社会中立的空间。概念日益成为一种现象，用于调解个人、公民、消费者和用户与政府、公司和国际机构之间的关系。对概念的生产场所（如设计工作室）的兴趣至关重要，就如同对科学实验室的研究，以及科学事实的生产对于现代主义的批判性研究至关重要一样。而艺术实践的研究对于艺术来说也是如此（Jacob和Grabner 2010）。对从事科学和技术研究的开创性实验室进行研究的学者包括拉图尔和沃格（Latour和Woolgar 1979）、诺尔·塞提娜（Knorr Cetina 1981）和平奇（Pinch 1986）等。杜莹（Doing 2007）批判了实验室工作的一些主张，她认为主要的主张是基于相对较少的研究的事实而提出的。与此同时，艺术的社会研究并没有像研究手工艺品及其与思想的相互关系那样关注生产（Gell 1998）。莫菲（Morphy 2010）摒弃了艺术根深蒂固的“物质”方式，认为艺术是“一种有意识的人类行为”。与实验室、艺术工作室和手工作坊相比，设计工作室作为一个文化生产场所仍然相对不为人知。许多研究人员对建筑工作室进行了研究（Schaffer 2003；Yaneva 2009）。目前，一些大学正在进行关于建筑设计过程和实践的博士论文研究，如哈根（Hagen 2011）在奥斯陆大学进行的研究。另外，科尔斯（Coles 2012）、卢夫（Luff）、希斯（Heath）、欣德马什（Hindmarsh 2000）、休斯（Hughes 1994）及其同事舍恩（Schön 1985）都曾讨论过其他设计工作场所。

与此同时，企业设计环境中的人类学家一直在高度自省地、批判性地书写他们自己的实践、目的和职业（Blomberg，Burrell和Guest 2002；Cefkin 2009；Dourish和Bell 2011；Salvador，Bell和Anderson 1999；Simonsen和Robetson 2012；Squires和Byrne 2002），而且可以说比学术界的人类学家更具反思性（Blomberg 2009）。纳夫斯（Nafus）和安德森（Anderson 2009）反思了设计工作室使用的重要性。他们概述了英特尔公司的一个项目，在该项目中，英国某条街道的墙面拼贴画从英特尔的一个办公室跨国搬到了另一个办公室，因此获得了越来越多的便利贴（摘录）、评论和“思考”的证据。这让我们想起了凯利（Kelley）提出的“空间有记忆”的建议（2001：59）。

在其他地方（Drazi和Garvey 2009），我认为设计本身作为一个文化领域就值得被关注，而不仅仅作为艺术、科学或技术之间的一种重叠关系而受到关注。在流行的层面上，设计的理念提供了一种每个人在日常生活中思考和协商主客体关系的方式，这一点在世界上具有特殊的社会影响。许多设计对象表现得就像是一种对于归属的邀请，提供了融入或排斥社会的可能性。

在这一章中，我考虑了设计中的知识文化。设计概念是此类设计工作的重要核心指南之一，即针对产品或服务，并利用所谓的语境的迭代设计过程。团队可以带着新创建的设计概念走出他们的工作室，或者带着要推翻的概念走入工作室。设计概念是对工作的一种度量，它们各不相同，并且不断地被评估和讨论。我的问题是：第一，概念如何以及为何成为设计领域中包装知识的适当方法，甚至连事实或想法之类的因素都无法将其取代？第二，设计概念是否能够传达我们对物质文化的理解？第三，概念对人类学工作和实践有用吗？

这里所表达的观点是建立在我作为一名设计人类学家，在三家主要的高科技跨国公司和三家主要的欧洲设计学院工作的经验之上的。作为欧盟资助的FP6 CHIL项目的一部分而进行的民族志研究，对这种非正式的、片面的和主观的经验进行了补充，[3]在这个项目里，我观察了工业设计专业的学生的项目和荷兰政府各部门的合作会议。

在迭代的、以用户为中心的设计工作中，概念会在特定的时刻被讨论——我的意思是，在特定的时间和地点，各种形式的知识被明确地视为一个或多个概念。通常情况下，设计工作开始于对空间的探索，在这里设计应该具有影响力——这通常与环境、市场或设计的用户相关联，因此一个团队列出了我作为人类学家称之为田野调查现场的地方进行社会研究。根据什么对项目有意义这一标准，田野调查现场可以位于一个地方，也可以分布在相互连接的现场之间。但是，关于田野调查现场的资料并没被称作概念。例如，个人简介、视频片段或医院病房的拼贴照片，这些内容并不是概念，而是信息。在设计过程的后期，可能会产生一个产品或服务的原型——同样，这也不一定是一个概念。通常，在这两个时期之间是一个阶段，在这个阶段中，人们会以主题的形式勾勒出想法，并将他们的观察、解释和想法进行分组，用一种可能性的术语来表示。概念一词在这一阶段非常有用。

一个概念可以是由民族志产生的一系列观察的结果，它们似乎有某种关联，但却不产生实际的设计作品。这里的概念是指可能性的空间，而不是提议。概念也可以是一种设备的明确规划图，列明了非常具体的使用情况，但设备（迄今）还没有原型。随着设计工作的继续，它进一步远离了概念的语言。例如，你可能有一幅手机的草图，被称为概念，然后是一个聚苯乙烯手机模型，虽然这个模型不是一个工作原型，但并未被称作概念，而被称作“演示概念”。

任何设计会议通常都有一个关键的准备阶段，包括创建一个空间、物质和信息空间。任何以前工作或活动的证据都被清除。这意味着图表、模型、咖啡杯、包装袋——以前合作的各种痕迹都将被清除。如果记号笔或便利贴摊在桌子上，它们会被重新排序或放回杯子里。白板上应该留出空间，并决定擦掉或保留哪些内容。白板要费大力气才能擦干净，因为不仅仅要擦去书写的笔迹，甚至是最细微的痕迹、记号和之前工作的一切蛛丝马迹也会被清除。理想情况下，白板应该看起来像新的，比白色更白，更干净。这种空白是当前的物理制品的空白，但也只是暂时的。新的团队工作视野即将建立。设计会议的开始时刻应该是被安排或塑造的，并且是可识别的。

在会议空间里正在做的事情，同时也由团队个人在他们自己的私人工作材料中完成。虽然没有人会主动查看同事的情况，但如果你环顾一下房间，就会发现，房间里没有杂物，书是打开的，页面是空白的，笔记本电脑屏幕上显示着新打开的文件。有时，还会把笔帽从笔上取下来，把笔放在一本空白的书旁边。个人通过观察这个即将被填满的空间，以表达他们对开始工作的期望。

在准备过程中，构件的运动轴是从内到外的。设计空间被构造为一个平等的空间，没有上下级之分。有时，团队成员都面朝外，将办公桌朝向墙壁；在其他时候，他们关注工作室的中央，关注中间的模型或图表。不同的人（高级管理人员除外）参与了记笔记的工作，这象征着民主。每个人的想法都是同样有效的，因此你可能会在设计构思会上见到团队秘书之类的行政人员；秘书似乎可以参与“所有”的讨论，但办公室清洁工却很少参与。

在创建了一个空间之后，就需要付出巨大的努力，尽可能地把它“搞得一团糟”。这是头脑风暴的“风暴”部分，有时在头脑风暴的过程中，涉及更多的是“风暴”而非头脑。头脑风暴在理性和潜意识本能的要求之间交替进行。其时间也是有限的：在大多数项目中，人们面临的压力在于要不断地、尽可能快速地产生成果，先保证数量，后保证质量。没有完美的产品或概念，没有正确的答案，团队只需要在规定的期限内做出成果即可。

设计工作通常包括通过不断地声明没有规则，来庆祝个人选择对所生成的制品的自由感。工作小组决定生产的对象表达方式正在进行中：蜘蛛图、图表、类别、拼贴画、PowerPoint演示文稿（见图1）。列表的标题形式多种多样——“主题”“观察”“见解”。在迭代设计过程中，这类内容占据了中间地带。一方面是研究信息，有时将这些信息组织成数据：包括田野调查记录、文本、引用、音频剪辑、视频剪辑、照片等方式。另一方面是各种各样的成果：报告、概念、产品模型、专利申请等。在这两方的中间则是各种适宜操作、重塑、分类、定义、分类、优先、重组的独特类型的物质对象（见Kjærsgaard，本书第3章）。这些主要是资料，包括纸张、白板、便利贴、海报、素描、PowerPoint幻灯片、其他演示辅助工具等。

在大型的项目工作组织中，被认为最有创造力的工作更多地由团队而非个人完成。作品的制作焦点在于不断地以深挖的方式，让想法外化并表现出来，即作品可以由小组进行操作。文本、音频和视频形式的信息有一个固定的时间线索，因为这些信息是以一种意识流的方式存在，除非得到适当的处理，否则它只适合于个人而非群体工作。相反，小组是在知识颗粒之间建立联系和划分的，因此在这种情况下，小组个人必须将他或她的视频分割成适合小组工作的片段。照片已经以一种类似颗粒的形式存在，因此经常被大批带入小组工作过程，或者有时被小组选取出来。引文可以从其嵌入的较长对话中以适当的形式被提炼出来。

小组工作通常交替地在房间的中间或周边创建工作对象。一张纸平放于桌面，大家围坐一周，一两个人在笔记本电脑上打字。接着，大家可能转向墙壁，在白板、预制图板或海报上画画。便利贴可以用来记录意见或观点，标记出值得注意的、离奇的和平庸的想法，也许在不同的工作类型或工作阶段，会使用不同的颜色。例如，凯伦·霍茨布拉特（Karen Holtzblatt）就提倡用便利贴，颜色顺序依次为蓝色、粉色和绿色标签（Holtzblatt等2005）。

除了团队工作的内部—外部维度体现在房间的概念中，还有水平和垂直的工作方式的结合，这使得信息转换的可能性成为现实。墙上的展示和表现就像思想的体现（不仅是内化的大脑过程的标记，而且是思想的物化），传递给观众会变成艺术品，当它们被拿下来放在桌子上时，就变成了正在使用的物品。虽然水平维度不需要优先于其他任何维度，但在墙上时，可以上下浮动。这种适合工作的信息和适合查看的信息之间的微转换是在整个工作流程中的一种小规模的实践，它向最终产品或服务移动，并说明了信息生成材料的可变性。物质环境使我们能够修正和解放协作思想。

信息在此过程中至关重要。研究概念和围绕概念工作是一种社会活动。围绕一个或多个概念所发生的工作被描绘成具有独特创造力的时刻，得通过惯例和仪式化的方式来进行。它特别注重材料的形式——纸，它的形状和颜色，至少要和纸上面写的内容一样受到重视。从方法论上讲，在这种情况下，几乎不可能识别出创造性的独特时刻。但这并不奇怪，相反，这是社会科学中一个常见的方法问题：如果社会意义要想被识别并具有意义，它必须在一定程度上是可重复的。

一般来说，概念可以被理解为分类的原则，这样，在任何特定事物的背后都隐藏着它是哪种事物的概念。设计概念通常是一种产品或服务的概念，它可以是全新的，也可以是重新设计的。在实践中，一些设计小组或团队具有相对明确的识别概念的方法，而大多数设计团队则更为务实。在将货币视为知识的社会和经济环境中，概念是定义、包装、加工和处理知识的一种方式。这在具有偶然目的、关系、身份和政治的实际物质环境中发生。概念发生、产生和处理的方式非常特殊。我们通过比较概念、事实和想法，可以更清楚地说明这一点。

尚克斯和蒂莉（Shanks和Tilley 1992）通过对事实的考证，对考古学领域中更科学的倾向进行了强烈的批判。他们将事实视为知识的形式化和商品化的，认为考古学家创造事实的概念具有特殊的社会和政治影响。对他们来说，知识即对象的物化行为与科学客观性的概念有密切的关系。最重要的社会含义是假设知识或许不受社会价值观的影响。实现知识即对象的行为对他们来说与科学客观性的概念具有相似性。最重要的社会意义是假设知识可能没有社会价值。事实或许在不同的考古学家之间传播，并不依赖于事实的始作俑者。因此，与其说许多事实是被发现的，不如说它们是被制造出来的。总之，事实符合特定的文化和社会要求。它们把自己描绘成没有社会传记的知识，没有足迹的行动，也没有持久的联想。但事实上，尚克斯和蒂莉认为，它们确实有社交生活，说它们没有社交生活是一种借口。考古事实意在描述社会，可实际上是在规定社会。

在设计和设计人类学工作中，设计概念具有各自的特点。首先，它是物质的，以物理形式存在，尽管字典上对这个词有明显的曲解，暗示其为一种纯粹的思想。通常，设计工作中的思想被称为想法。如果某人心里有想法，那么这只是一个想法，而不是一个概念，直到他或她开始尝试勾画它，实践它，让它在群体中有价值，在这个时刻，才可能开始使用概念一词。从这个意义上说，设计概念是哲学术语中的内在概念（Price 1954；Deleuze 2001）。

设计概念发生在工作中的特定边界时刻，可以描述为过程或变化。它们发生在内化的思想和外化的物体之间的边界，严格来说，在这个时刻，思想和最终设计的产品或服务实际上都以不连贯的形式存在。设计概念是物质的，因为它们是由物质组成的——它们是幻灯片演示、纸张、图表——但它们通常不是物体。

这意味着设计概念也有时间限制感，可以作为可能实现的未来产品或服务的目标来谈论。这个概念充满期待。或者说，它是一个回溯使用的术语，就如同屏幕上的原型或模型被称为演示概念。前者的使用意味着概念的物质相关性和存在性；后者的使用是指概念是一种抽象的概念，在物质世界中具有表象或反映，但它本身并不是物质的。因此，当设计概念被认为是设计过程或工作流程的一部分时，就需要考虑时间和材料的界限。设计概念具有物质性和一定程度的独立性，它们是事物，但又可以以它们自己的方式被回溯或展望。由于大多数设计工作都不是简单直接的，而是迭代的和重复的，所以随着工作的推进，会在前概念和后概念的时刻上前后移动，很少长时间停留在概念的视界上。

设计概念与经典哲学概念定义的共同点是分类。概念产生边界，并以不同的方式使元素分组成为可能。概念常常合并或分离，但问题总是针对个体因素：这是相同的概念，还是不同的概念？护士医院服务的概念实际上与患者家庭护理服务的概念相同吗？它们不像事实那样具有不可侵犯的、有界限的离散性。相反，它们可能被塑造和争议，使购买它们遇到足够的阻力。不断对概念进行质疑和抨击，以查明它们是否会荒谬地瓦解，或者通过不断地测试、演示和处理，证明它们具有某种完整性。

这意味着概念很少是个体的，而是关系、思维和行为的社会性的展现。（Gellian sense-Gell 1998）。与事实一样，概念必须具有一定程度的操作性。然而，它们也必须对原来的信息有一定保留。而且，它们还必须保留一定的参照性。如果概念离其起源太远，那就毫无意义。它们具有使用情景，并且经常与特定的技术、制造商或服务提供者关联。概念中的隐含目的不一定要尽可能地传播，甚至在全球范围内传播。相反，在一个越来越以用户为中心的设计世界中，概念的回归，不是要回归到特定的创始人或帮助创建它们的人当中，而是至少要回归到像他们的一类人当中。它们很像被驯养的事实，允许在一定程度上徘徊，但总是会受到束缚。

简而言之，概念的发展、产生和交流的方式总是与情境结构有关（Dilley 2000）。人类学家对概念的经典理解表明，概念就像意义、想法或事实一样，它们以某种方式超越了表征来解释或诠释情境化的指称。这取决于人类学家个人对赫茨菲尔德（Herzfeld）所说的“基于经验的知识形式”（2001：4）所持的确切立场，其中“基于”一词表达了一种联系或参考，这种联系或参考可能会采取一系列形式。相反，设计概念是通过叙述、用户研究、访谈、照片等情境数据来解释和赋予意义的。在实践中，情境是用来解释概念，而非用概念来解释的。

确定一个概念发展的时刻是非常困难的，关键是知识是如何经过一系列的物质形式和调整过程的。通常，从民族志到设计概念的人工链条可以是一系列的小步骤，也可以是一种社会生活（Kopytoff 1986：66–67）：从与人接触，到民族志数据，情境的表示，用户资料和故事板等对象，以及其他事物诸如设计空间、机会或概念（见图2）。这些概念可能会在所谓的迭代过程中反复地回到田野工作。

农村交通研究是英特尔欧洲健康研究与创新（前身为英特尔数字健康集团）在2007—2008年进行的一项工作。最初的目标是多重的，结合了人类学目标（了解孤立和流动性在爱尔兰农村老年人生活中的作用）和设计目标（将民族志信息转化为可信的概念）。希望在长期的服务中，产品或其他成果将使人们和我们的调查对象一样的受益。管理者是爱尔兰农村运输网络组织，它由爱尔兰各县的大量农村交通组织构成。农村的交通组织各不相同，但许多组织每周都会在特定的路线上开一次小巴。公共汽车在农村挨家挨户地运送乘客，主要是到家里接老年人，然后把他们带到一个中心地带——当地城镇或社区中心。

在项目的初始阶段，三名人类学家［亚当·德拉津（Adam Drazin）、西蒙·罗伯茨（Simon Roberts）和蒂娜·巴西（Tina Basi）］分别在五个不同的农村交通组织中待了一周，地点通常是在公交车、办公室，到家里拜访各种各样的乘客、与他们一起参观商店或参加社区活动。我们探索了多样性：规模、组织结构和地理位置。我们遇到了广泛的利益相关者：无论是在公交车上还是在家里的乘客、乘客的亲属、办公室的协调员、司机、社区工作者、地区护士、店主、酒吧老板和牧师。这段经历令人难以忘怀，在公共汽车上，人们开着玩笑，尽情欢乐。进入如此紧密联系的群体可能会让人感到害怕，听到公共汽车的出现如何改变了人们的生活，也会让人情绪激动。我们研究了农村生活的节奏，农村的不平等是如何由流动性而非财富造成的，以及每周乘坐一次公交是如何开启社交网络、开辟机会实现愿望的。

通过民族志收集的信息在英特尔的小组会议上被整理归类，并配合视频剪辑、白板上围绕特定主题问题的集群图表、引文和静态照片等使用。我们制作了一份报告，并与农村交通组织中的成员召开了为期两天的会议，征求他们对我们观察结果的反馈。在接下来的几个月里，该小组开始将主题构建成概念。我们一开始并不清楚这些是产品、服务还是策略，也没有使用抽象的用户概要文件或脚本（Storyboards）来表示。我们在团队中使用民族志数据，团队成员都对材料非常熟悉。

专业设计师将产品概念设计成静态图像或陈述形式；概念受到了批评，有几个被废弃了。剩下的四个通过使用Flash软件被开发成基于屏幕的交互式模拟。这些模拟通常被称为样稿，意思是示范，但是在对话中我们也可能引用这四个概念。这些模拟似乎已经过了概念阶段，更多的是概念的演示。但与此同时，这并不意味着我们清晰地有四个独立的概念，因为这些概念显然有大量重叠，有时我们可能指的是同一个概念，而不是几个。其根源是使用界面和新的通信技术来支持社会事件和交通的整合，将流动性置于我们所目睹的社会节奏和计划的核心。

我们三个人把其中的四个样稿带回到农村交通项目中，在每个地方花了几天时间向办公室工作人员和乘客展示，以了解他们的反应。通过这个过程，我们开始评估哪些概念具有更大的潜力，并设想关于它们的特定元素——这些界面可能位于何处？家？教堂？农村交通部门？乡村汽车站？谁使用它们？谁对运输负有合法责任？个人吗？他们的亲戚吗？社区工作者吗？医院的工作人员吗？收税员吗？然后，我们对它们所使用的分屏、地图或颜色等特定形式进行了评价。

对这些概念的讨论开始于阐明、质疑和孤立流动这一核心主题的某些方面。当提出这些概念的时候，我们作为人类学家也被牵涉到我们工作的社区和环境中，我们的调查对象自己也被牵涉到这些概念和他们所采取的物质形式的细节中。

民族志学家和人类学家经常参与设计概念的处理，这表明他们对知识的人为性的过分关注。这意味着在物化的过程和人工知识周围的社会关系的转变之间存在选择性的亲和力。所讨论的概念只存在于档案材料或以情景概念进行表达的工作流程中，并且只有在这些术语中才有意义。这种情况表明，在这一领域工作的人类学家和民族志学家需要在他们自己的工作和理解中充分思考物质事物的概念。从某种意义上说，每一位从事设计或从事设计相关工作的人类学家都认同唯物主义，因为他们认识到物质世界是一种变革的力量。这并不意味着历史唯物主义，也不意味着创新、产品或技术变革必然是进步的。变化可能是倒退的，而设计人类学显然应该对某些设计进行批判。我的意思是，无论好坏，设计都是一个重要的支点，在这里，人类学参与社会文化问题的潜力是存在的。

在更广阔的舞台上，人类学的物质化转向可以在物化、具体化和现象学等一系列的观念中见到。人们越来越认为知识有必要具体化或物质化，这样，人工制品就不再被视为非物质意义的标记体，而是表现形式。正如布迪厄（Bourdieu 1990）在文中提到，人类学知识本身是人为的，是作为文本存在的一种模式。因此，隐喻意义不仅存在于物质与物质形式的关系中，而且还存在于物质形式和非物质意义之间的关系中（Tilley 1999）。英戈尔德（2007）以一种不同的方式指出了一个具有讽刺意味的问题，即物质的概念可能会将人们的注意力从实际研究物质属性上转移开。当代唯物主义思想的一个含义是，意义具有更强的争议性、可争辩性和多变量性（Tilley 2000）。设计人类学在这里开始探索从人工意义到人为批判的转变（Lenskjold 2011）。

亨纳尔（Henare）和同事（2007）明确提出了物体和概念如何交叉的问题，提出人类学应该更多地关注物质事物，在很多情况下把物体自身视为思想。他们的论点承认人类学从认识论转向本体论。因此，他们认识到事物本身就意味着分类，或对差异的认识，因为事物是一个概念。他们将事物作为物体—概念的观点与埃恩关于“设计事物”是聚集或“社会材料集合”的观点形成对比（Ehn 2011：40；Binder等2011）。设计事物的理念更倾向于设计与社会实践的结合，通过实践来设计，而不是通过个人的思考或想法来进行设计。

因此，在将设计概念作为事物来考虑时，隐含着许多张力。我们如何看待这些事物，对我们如何看待人类学知识的当代方向、实践含义以及设计都有着更广泛的影响。因此，利用民族志材料将注意力引回设计工作室和小组工作的地点是很重要的。我不一定能解决本章概述的争论，但是我可以断言，我对设计概念的观察的相关性。观察工作室的工作告诉我们，我们应该重视概念的时间性和记录性（Kopytoff 1986）。作为稍纵即逝的对象，它们没有任何意义，除非考虑到它们是与概念同时存在的对象，通常可以借由它们来预期未来或回顾过去。团队和个人研究工作的迭代、工作室和田野的迭代也很重要，因为通过这样，人工知识就可以从不同的角度、不同的情境和不同的认识方式进行投射。对于设计概念来说，时间和内容同样重要。

概念的问题和可能性

我认为用概念说话本身就是表达自己和物质世界之间特殊的过程关系。概念有助于从普遍走向具体，并使测量空间和时间距离的机制成为可能。在许多以民族志为基础的设计项目中，可以看到人们的经验逐渐转变为提出改变建议，这不仅是合理的，而且可以用引文或照片来证明。这发生在设计文化的更广泛的模式和结构中，帮助人们超越专业领域去理解设计的社会和文化意义。

在设计文化中，概念的特征是对物质（而非非物质）的一种强迫；是群体的产物（而不是个人的思想）；是指特定地方（而非去地域化）；是高度例行化，甚至仪式化工作的产物。尽管设计概念短暂而且不一定是物体，但它还是物质形式的。投影的幻灯片演示可能是短暂的，但它们和演讲、一张纸或一辆汽车一样，是物质和物理上的感知。它们的特点就是物质的短暂性。重要的是时间维度和围绕概念发生的关系变化。在设计和民族志工作过程中充斥着大量的材料、知识和信息，没有一个可以被严格地认为是一个不言而喻的设计概念。初始状态意味着，试图将这些实体视为某种固定的物体可能是错误的。毫无疑问，它们是迷恋的焦点，人们或许称之为盲目崇拜，但把变化视为它们的特征之一却不可或缺。设计概念作为一种变化而存在。

这对人类学来说是一个棘手的问题，部分原因在于它与物质变化有关。人类学缺少诸如波长或频率之类的术语来描述变化，或者在设计语言中缺少一种描述迭代的术语。相反，大多数人类学家的工作趋向于文本的固定性，导致英戈尔德批评了“躺在图书馆书架上、学术书籍重压下呻吟”的人类学“真相”这一观点（2011：15）。人类学思维经常反映潜在固定状态的二元对立、运动和转换，如社会生活中的单一化和一般化（Kopytoff 1986），而不是表达有节奏的形式。这是设计和人类学共同面临的一个挑战。

尽管具有令人幻灭的效果，但是在这里，迭代设计方法论仍然可以在人类学中发挥作用（Attfield 1999）。并不是说概念一定是对语境的规定，就像尚克斯和蒂莉（1992）对“事实”发表的观点一样，即一个预先决定的本体论。概念在实践中更具可塑性，当人类学研究寻找一种可塑的过程或思维方式时，概念可能是有用的。概念和迭代涉及一个知识构建的过程，这个过程不需要太多的转化行为，也不需要简单地得出结论，而是对知识进行重复性的测试，以发现它们的适用性。随着人类学家越来越多地参与设计工作，设计概念是否对人类学家有用的问题仍然存在。不管人类学工作是否有助于进一步的设计；问题的关键在于概念发展是否有助于理解社会和文化现象。由于其工作方式、概念不仅有助于协商和争论我们所知道的事物，更有助于阐明我们知道事物的方式。它们在人类学上的优势在于邀请人们将思想置于情境中，将偏见和透视性结合起来，但伴随这种时间和情境参照而来的是争论的必然性。

人类学家越来越多地从事设计的研究，为设计服务，与设计合作，并在设计工作室内进行研究。我想说的是，这不仅关乎专业兴趣和职业生涯，而且也和设计理念在世界许多地区日常生活中日益重要的意义相关。随着人类学工作的发展，我认为有必要从科学和技术的社会研究中学习，特别是研究在实验室中生产事实的工作（Doing 2007），这导致人们完全通过事实来考虑物质世界。拉图尔（Latour 2005）认为物质本身是一种因果政治，唯物主义是另一种唯心主义，这两种观点都是无可争议的。

因此，设计人类学应该避免提出类似的宏大主张：如果我们愿意，设计概念可以被理解为围绕创新的全球政治秩序的基石之一（Sunley等2008）。公司追求它们，政府通过立法来支持它们。产权的概念意味着知识产权，企业和政府与民众的关系越来越多地通过概念得到体现。然而，无论是设计、科学、艺术，还是任何一种描述知识特征的具体方式，从长远来看，都不可能凌驾于其他任何方式之上。我提议调解概念与物质世界的关系的方式，取决于设计与文化领域的相关性，以及我们准备在多大程度上承认设计在当代世界的影响超出了人们创造出实质性影响的房间和空间。

注释

[1] 所提到的课程发展了设计活动的民族志方法论，并以计算机科学系而不是设计系或人类学系为基础。强调应用社会科学研究方法，而不是设计方法或人类学解释模式。这意味着它呈现自己的方式是“设计民族志”而非“设计人类学”（Ingold 2008）。

[2] 设计人类学作为一个术语，出现在两个本质上是启发式和开放性的学科技能集合的交叉点上。传统上，人类学家教授民族志技能的方法是让研究人员在几乎陌生的环境中找到自己的立足点。我不会相信一个被训练为每一步都被告知该做什么的民族志学家。类似的启发式原则也适用于设计。设计师或人类学家被含蓄地理解为是通过经验形成的，他们发展出他们自己独特的工作方式，并发现他们自己的工具箱的适用性。当试图定义在设计和人类学实践之间交替和交织的工作时，这种启发式的技能会加倍适用。这两个领域能够有效地结合和融汇，方法和原因有很多：使用概念是其中之一，也是我在本章中讨论的原因。

[3] 人机交互回路中的计算机（Computers in the Human Interaction Loop）是一个涉及欧洲和美国的许多大学和商业伙伴的项目，旨在使用嵌入式计算系统支持工作互动（例如，在会议室），同时将对物理计算机、屏幕和界面需求降到最低程度，这些常常阻碍而非协助人们进行直接沟通。

参考文献

Attfield, J. (1999), *Wild Things*, Oxford: Berg.

Binder, T., De Michelis, G., Ehn, P., Jacucci, G., Linde, P., and Wagner, I. (2011), *Design Things*, Cambridge, MA: MIT Press.

Blomberg, J. (2009), "Insider Trading: Engaging and Valuing Corporate Ethnography," in M. Cefkin (ed.), *Ethnography and the Corporate Encounter*, London: Berghahn, 213–226.

Blomberg, J., Burrell, M., and Guest, G. (2002), "An Ethnographic Approach to Design," in J. Jacko and A. Sears (eds.), *The Human-Computer Interaction Handbook*, Hillsdale, NJ: Lawrence Erlbaum Associates, 964–986.

Bourdieu, P. (1990), "Objectifi cation Objectifi ed," in *The Logic of Practice*, Cambridge: Polity Press, 30–42.

Brøgger, B. (2009), "Economic Anthropology, Trade and Innovation," *Social Anthropology*, 17(3): 318–333.

Cefkin, M. (ed.) (2009), *Ethnography and the Corporate Encounter*, London: Berghahn.

Coles, A. (2012), *The Transdisciplinary Studio*, Berlin: Sternberg Press.

Coole, D., and Frost, S. (2010), "Introducing the New Materialisms," in D. Coole and S. Frost (eds.), *New Materialisms: Ontology, Agency, and Politics*, Durham, NC: Duke University Press, 1–46.

Deleuze, G. (2001), *Pure Immanence: Essays on a Life*, New York: Zone Books.

Dilley, R. (ed.) (2000), *The Problem of Context*, Oxford: Berghahn.

Doing, P. (2007), "Give Me a Laboratory and I Will Raise a Discipline," in E. Hackett, O. Amsterdamska, M. Lynch, and J. Wajcman (eds.), *The Handbook of Science and Technology Studies*, 3rd edition, London: MIT Press, 279–297.

Dourish, P., and Bell, G. (2011), *Divining a Digital Future: Mess and Mythology in Ubiquitous Computing*, London: MIT Press.

Drazin, A. (2012), "Design Anthropology: Working on, with and for Digital Technologies," in H. Horst and D. Miller (eds.), *Digital Anthropology*, Oxford: Berg, 243–265.

Drazin, A., and Garvey, P. (2009), " Design and the Having of Designs in Ireland," *Anthropology in Action*, 16(1): 4–17.

Dunne, A. (2008), *Hertzian Tales: Electronic Products, Aesthetic Experience and Critical Design*, Cambridge, MA: MIT Press.

Ehn, P. (2011), " Design Things: Drawing Things Together and Making Things Public," *Tecnoscienza*, 2(1): 31–52.

Gell, A. (1998), *Art and Agency*, Gloucestershire: Clarendon Press.

Hagen, A. L. (2011), " Striking a Nerve that Opens the Why," in J. Dutton and A. Carlsen (eds.), *Research Alive: Exploring Generative Moments in Doing Qualitative Research*, Copenhagen: Copenhagen Business School Press, 67–70.

Hallam, E., and Ingold, T. (eds.) (2007), *Creativity and Cultural Improvisation*, Oxford: Berg.

Henare, A., Holbraad, M., and Wastell, S. (eds.) (2007), *Thinking through Things: Theorizing Artefacts Ethnographically*, London: Routledge.

Herzfeld, M. (2001), *Anthropology: Theoretical Practice in Culture and Society*, Oxford: Blackwell.

Holtzblatt, K., Burns Wendell, J., and Wood, S. (2005), *Rapid Contextual Design*, London: Elsevier.

Hughes, J., King, V., Rodden, T., and Andersen, H. (1994), "Out of the Control Room: The Use of Ethnography in Systems Design," in *Proceedings of CSCW '94*, Chapel Hill, NC: ACM Press.

Imaz, M., and Benyon, D. (2006), *Designing with Blends: Conceptual Foundations of Human-Computer Interaction and Software Engineering*, London: MIT Press.

Ingold, T. (2007), " Materials against Materiality," *Archaeological Dialogues*, 14(1): 1–16.

Ingold, T. (2008), " Anthropology Is Not Ethnography," *Proceedings of the British Academy*, 154: 69–92.

Ingold, T. (2011), *Being Alive: Essays on Movement, Knowledge and Description*, London: Routledge.

Jacob, M., and Grabner, M. (eds.) (2010), *The Studio Reader*, Chicago, IL: University of Chicago Press.

Julier, G. (2007), *The Culture of Design*, London: Sage Publications.

Kelley, T. (2001), *The Art of Innovation*, London: Profi le Books.

Knorr Cetina, K. (1981), *The Manufacture of Knowledge: An Essay on the Constructivist and Contextual Nature of Science*, Oxford: Pergamon Press.

Kopytoff, I. (1986), "The Cultural Biography of Things: Commoditization as Process," in A. Appadurai (ed.), *The Social Life of Things*, Cambridge: Cambridge University Press, 64–93.

Latour, B. (2004), " Why Has Critique Run out of Steam?: From Matters of Fact to Matters of Concern," *Critical Inquiry*, 30(2): 225–248.

Latour, B. (2005), *Reassembling the Social*, Oxford: Oxford University Press.

Latour, B., and Woolgar, S. (1979), *Laboratory Life: The Social Construction of Laboratory Facts*, London: Sage Publications.

Lenskjold, T. U. (2011), " Accounts of a Critical Artefacts Approach to Design Anthropology," paper presented at Nordic Design Research Conference: Making Design Matter, Aalto, May.

Luff, P., Heath, C., and Hindmarsh, J. (2000), *Workplace Studies: Recovering Work Practice and Informing System Design*, Cambridge: Cambridge University Press.

Moles, A. (2002), "Design and Immateriality: What of It in a Post-industrial Society?" in V. Margolin and R. Buchanan (eds.), *The Idea of Design*, London:
MIT Press, 268–274.

Morphy, H. (2010), "Art as Action, Art as Evidence," in D. Hicks and M. Beaudry (eds.), *The Oxford Handbook of Material Culture Studies*, Oxford: Oxford University Press, 265–290.

Nafus, D., and Anderson, K. (2009), " Writing on Walls: The Materiality of Social Memory in Corporate Research," in M. Cefkin (ed.), *Ethnography and the Corporate*

Encounter, London: Berghahn, 137–157.
Pinch, T. (1986), *Confronting Nature: The Sociology of Solar Neutrino Detection*, Dordrecht: D. Reidel.
Price, H. H. (1954), *Thinking and Experience*, Harvard, MA: Harvard University Press.
Salvador, T., Bell, G., and Anderson, K. (1999), "Design Ethnography," *Design Management Journal*, 10(4): 35–41.
Schaffer, D. (2003), "Portrait of the Oxford Design Studio: An Ethnography of Design Pedagogy," Wisconsin Center for Educational Research (WCER) Working Paper No. 2003–11, Madison.
Schön, D. (1985), *The Design Studio: An Exploration of Its Traditions and Potentials*, London: RIBA Publications.
Shanks, M., and Tilley, C. (1992), *Re-constructing Archaeology: Theory and Practice*, London: Routledge.
Simonsen, J., and Robertson, T. (eds.) (2012), *Routledge Handbook of Participatory Design*, Oxford: Routledge.
Squires, S., and Byrne, B. (eds.) (2002), *Creating Breakthrough Ideas: The Collaboration of Anthropologists and Designers in the Product Development Industry*, London: Bergin and Garvey.
Sunley, P., Pinch, S., Reimer, S., and Macmillen, J. (2008), "Innovation in a Creative Production System: The Case of Design," *Journal of Economic Geography*, 8(5): 675–698.
Tilley, C. (1999), *Metaphor and Material Culture*, Oxford: Blackwell.
Tilley, C. (2000), "Materialism and an Archaeology of Dissonance," in J. Thomas (ed.), *Interpretive Archaeology: A Reader*, Leicester: Leicester University Press, 71–80.
Yaneva, A. (2009), *Made by the Office for Metropolitan Architecture: An Ethnography of Design*, Rotterdam: 010 Publishers.

第3章　在设计工作坊里形成和转换知识及设计理念

梅泰·吉斯勒夫·基耶斯卡德

本章涉及身体游戏（Body Games）项目从研究到设计的转变，这是一个跨学科的设计项目，致力于儿童数字游乐场的开发。在本章中，我描述了各种形式的知识和田野调查材料是如何通过知识碎片的创造、流通、组合和转换，在特定的工作坊里转变为设计概念的。利用一种蒙太奇手法，该设计工作坊将不连贯的研究材料、观点和知识传统并入一个动态组合之内，其中，设计的可能性并不是通过关于世界的事实的零散拼凑来揭示，而是通过各种或多或少的、有形的和支离破碎的图像之间的摩擦而显现。我认为人类学对设计的贡献（如蒙太奇）较少取自田野调查的详细记录，而更多地取决于在整个设计过程中对田野调查和设计实践的不断参与和重新构建。

身体游戏项目

从2003年到2005年，我花了将近一年的时间参与并研究身体游戏项目。作为参与该项目的研究者，我通过对儿童活动的田野调查和设计研究，为儿童游戏提供数据和分析。作为项目的观察研究者，我对设计过程本身有着浓厚的兴趣，尤其是儿童游戏知识是如何被创造、交换、转化和应用等方面。作为项目的参与者和观察者，我的双重角色与更传统的参与观察者的不同之处在于，我在很大程度上刻意影响了我着手研究的实践。这是一个有难度的角色，但也赋予我特权，允许（以及强迫）我在设计与人类学的交叉口对实验方法和概念进行调查研究，这让我理解了我在该领域的立场既是介入者（Karasti 2001）又是观察者。

一个游乐场——众多游戏者

身体游戏项目是由丹麦科学、技术和发展部（Danish Ministry of Science，Technology and Development）资助的一项研究和产品开发项目。研究背景包括一个游乐场公司、一个主题公园以及三个大学研究小组，他们在计算机科学、儿童数字游戏和以用户为中心的设计方面具有专长（当时我的研究与后者相关）。身体游戏从一开始就被宣传为一种健康保健项目，旨在通过开发一个数字游乐场，来鼓励儿童和年轻人进行更多的体育活动，减少儿童肥胖。正如游乐场公司的一名代表在接受一家杂志采访时所解释的："我们的目标是战胜电脑游戏，把胖男孩们从电脑前拉出来。"（Larsen 2003）

然而，设计团队不仅仅是为了拯救儿童免于肥胖。事实上，每个人都有他或她自己参与项目的意图和理由。例如，游乐场公司已经失去顾客有一段时间了，因为年龄较大的孩子不再在游乐场玩耍，转而玩电脑游戏和参加体育运动。游乐场公司希望通过将电脑游戏和体育运动的元素引入实体游乐场，再次吸引这些年龄较大的孩子。肥胖问题似乎是策划这样一个项目的最佳视角，因为它将公司定位于反对电脑游戏产业，同时利用其中的元素来赢回"失去"的孩子。项目研究人员也有他们的个人和学科研究意图，以促进该项目的通过。对于计算机科学家来说，它是环境和三维（3D）定位技术；对于那些对数字媒介游戏感兴趣的研究人员（从现在开始被称为游戏研究者）来说，这是一个关于游戏的特殊理论视角（Jessen和Barslev Nielsen 2003；Mouritsen 1996）；对于设计研究者来说，这是一种有形的互动；对我来说，这就是设计人类学。因此，公平地说，儿童并不是这个项目成果的唯一用户。

肥胖框架

肥胖框架将不同的研究、资金和商业利益结合在一个框架内，因此，它是身体游戏项目服务的工具，反之亦然。因此，质疑这一框架不仅是一个学术问题，而且还是一个政治问题，可能会对精心安排的项目设置造成致命的后果。肥胖和游乐场设计最初在身体游戏项目中联系起来的方式是基于游戏研究人员对游戏的一种非常特殊的理解（他们与游乐场公司和计算机科学家都是该项目发起人）。在项目建议书（Body Games Konsortiet 2002）中，他们将游戏描述为一种通过基本规则和模式由年长儿童传给年幼儿童的文化遗产。他们认为儿童成长过程的变化，如更制度化的生活、更少的免费场所和无监督的游戏限制了儿童传承这些游戏模式的可能性。根据游戏研究人员的说法，这导致了儿童游戏技能的下降，从而降低了他们创造自己游戏的能力。因此，孩子们转向了现成的久坐不动的电脑游戏，结果导致肥胖增加。身体游戏项目想要通过将游戏元素从电脑游戏转移到实体游乐场，来吸引这些孩子远离他们在屏幕前的蛰居生活。其目的是打造一个嵌入游戏规则的游乐场，以弥补游戏导师的缺失，恢复孩子们玩实体游戏的能力。我们所需要的——似乎是——找到一种正确的游戏模式——这种模式一旦嵌入到一个实体游乐场的恰当技术中，就会吸引所有年龄、体型和体能的孩子，让他们参与身体游戏，挑战体能，在这个过程中挥洒汗水，养成健康的体魄。

从研究到设计

为了寻找适合身体游戏游乐场的模式、游戏和技术，游戏研究人员、设计师和我最初在游乐场、学校和课后中心进行儿童游戏实地研究，而工程师和计算机科学家则就对项目可能有用的技术进行背景研究。

知识块

接下来，我将重点介绍项目进行了大约4个月后举行的一个特别的设计工作坊，这标志着从最初的研究阶段到实际设计阶段的过渡。在这个工作坊上，整个身体游戏团队聚集在一起分享知识和构思设计。工作坊介绍了研究阶段的知识和材料。每个展示用一张A4纸大小的海报来呈现，海报上有一个标题、一些图画、图片或关键词，并被钉在一个可移动的钉板上，作为工作坊主持人所说的“知识块”（knowledge pieces）的参考。在随后的设计练习中，这些海报被组合成设计概念。工作坊主持人提出的想法似乎是，通过把来自不同学科领域的知识块组装在一起——就像在拼图游戏中组装拼图块一样——将会出现当前事态的相互交织的轮廓及其潜在的设计可能性（见图3）。

即使工作坊里的海报可以被更好地理解为工具，将不同起源、形式、复杂性和内容的异构输入转换为相似和同质的设计材料（纸图片和文字），在设计过程中进行实质的处理和操作，这些海报还是被当作中性和空洞的知识块来对待。事实上，在工作坊上呈现的材料在风格和内容以及理论和认识论方向上都有很大的不同，并不是预先确定的中性、兼容，并且可以共享和组合的块。但通过创作海报，它变成了这些（某种程度上）可共享和兼容的模块，我将称之为知识块。

工作坊的时间表区分了在此演示和组合的两种类型的知识：儿童游戏知识和技术知识。接下来，我将举例说明在工作坊上提出的各种形式的知识和材料，并描述这些材料如何通过工作坊的实践和技术被运用、组合以及转换。

儿童游戏知识

在工作坊提出的关于儿童游戏的研究包括各种研究方法、数据和理论观点。演示可以分为两种类型。一种主要关注儿童游戏的游戏模式和机制，旨在为实践提供信息，同时包含项目的设计意图。另一种类型更具有探险性质，试图通过挑战项目中儿童、游戏、游乐场设计的固有观点来重新架构设计实践（Kjærsgaard 2011；Kjærsgaard和Otto 2012）。正如我们将要看到的，关于儿童游戏迥然不同的见解和观点都变成了看起来可兼容并可组合的知识块，设计概念可以从中构建。

游戏和游戏模式

标题为“儿童游戏知识”的一个例子是两个分别叫作“公牛”和“迷

宫”的古老的乡村游戏（二者都是捉人游戏）。它们被作为游戏模式的案例介绍，游戏研究人员认为这对儿童游戏文化的生存和游乐场设计的成功至关重要。在工作坊上，项目团队学习了如何玩游戏，但此时还没有讨论这些游戏的可能用途以及它们在身体游戏项目中的模式。游戏的名字——“公牛”和“迷宫”——简单地印在不同的纸上，钉在我们的板子上，作为关于儿童游戏的两个单独的知识块。

在工作坊上展示的另一个儿童游戏知识的例子是，项目的一名设计师在课外活动中心进行实地研究时遇到的不同游戏的一组视频。这里的重点也是游戏的模式和机制，以及设计团队如何学习（或复制）这些内容。在展示过程中，这位设计师从视频中提取了他所谓的设计价值。这些设计价值以句子的形式记录在一张张卡片上，例如“孩子们在游戏时相互不断衡量，”或游乐场设备应该是“不断增加难度”——这些卡片最终作为儿童游戏的知识块被钉在了海报上。

最后一个例子是由一位游戏研究人员进行的一个名为“教条游戏”的设计实验的结果展示。实验中，一组孩子拿到了非常简单的道具，如绳子或棍子，并被要求设计一个游戏。孩子们很难用这些工具创造出新游戏，这位游戏研究者将其视为他们缺乏游戏文化的表现。他对实验总结道：“这表明孩子们需要帮助，来弄明白怎么玩游戏。”因此，设计团队将不得不把预先设计好的游戏或模式嵌入身体游戏游乐场中。他的结论引发了一场关于孩子们创造自己游戏的能力，及其对设计任务的影响的热烈讨论。在这里，演示者并不是简单地将知识传授给团队，而是团队批判性地、积极地运用所呈现的材料和结论。尽管如此，最终出现在黑板上的只是一张标题为“教条游戏”的纸，它并没有以任何有形或物质的方式记录演示中提出的观点以及它引发的讨论。

选择性视角

我自己展示了在夏令营进行的实地研究的材料，这是另一种材料的案例。和那位设计师一样，我也展示了儿童游戏的视频，但作为一名人类学家，我更关注的是活动及其发生的环境之间的关系，而不是游戏本身的机制。例如，通过视频《帐篷里的女孩》，我试图向人们展示，理解游戏——及其对设计的潜在影响——远不止从单一游戏的机制中得出什么结论。视频中展现的活动并不是清晰可辨的游戏，而是在一个夏令营中，一群11岁女孩在一个帐篷里玩耍，在亲密的气氛中进行的一系列不连贯的活动。在这段视频中，我们看到一些女孩围着帐篷中的柱子爬上爬下，跳着舞，她们称这是一场脱衣舞表演——尽管她们仍然穿着衣服——而另一些人则在嘲笑一个女孩，她假装呕吐，发出响亮又恶心的声音。与之并列的是一段视频，视频中女孩们讲述了她们合作开发的一个故事或游戏；这个荒诞的故事发生在一家她们称之为“同情兽医医院”里，女孩们扮演的角色是一些幻想生物，它们从死里复活，并且具有动物的特征和愚蠢的名字。虽然故事发展的模式和美学是使游戏有趣的重要因素，但让故事引人入胜的不仅仅是情节，还有它在这群孩子中所扮演的角色。帐篷里的女孩并不都在故事里，故事的内容也对外人保密。这个故事不仅仅是一个有趣的游戏，也是一些女孩在更广泛的女孩群体中形成自己专属群体的一种方式。因此，这些女孩生活和玩耍的世界和环境与理解这一特定游戏的结构和规则一样重要。这些女孩跳舞、作曲和表演的形象带有一种怪诞的幽默感，同时从事一些可能被称为游戏也可能不被称为游戏的活动，并不容易配合身体游戏项目的主导框架。这些女孩并不是不能创造自己的游戏，而理解她们游戏的关键似乎并不存在于单一游戏的结构中。此外，她们的世界与我们为女孩们设计的典型的粉色又天真的芭比乐园相去甚远，可我们在设计项目中总是乐此不疲。通过这个视频，我想让设计团队对儿童世界和游戏有一个印象和感觉，并引发我们对游戏的理解和假设，及其与游乐场设计的关系的讨论。

与此相同的情况也出现在我的另一个夏令营视频中，一群孩子在玩捉人游戏。这里的重点是这个特定游戏的突发性和偶然性以及景观如何在引发和形成活动中发挥重要作用。通过展示儿童是能够使用手边材料构建自己游乐场的创意主体，不断改变游戏以适应形势和环境，我想提供看待游戏的另一个视角并启动设计团队反思游戏及其与发生环境的关系，因此也反思游乐场设计、游戏活动和物质环境之间的关系。然而，海报上的这些呈现相当于一幅标题为“夏令营”的海报，其展示了一些图片，以及一段关于每个视频内容的概述性文字。因此，这些视频的探索性的、而且有点难以捉摸的内容被转化为了扎实的知识块，并作为一种设计材料的形式，可以与其他知识块进行比较和组合，尽管它们的来源看似不相容。

技术块

计算机科学家们在工作坊上以背景研究结果的方式展示了两种不同类型的技术，他们认为这些技术有可能成为未来游乐场的组成部分。一种选择是3D定位技术，这是一种先进的GPS系统，可以识别和跟踪儿童和物体在游乐场里的活动，从而根据每个儿童的具体情况调整游乐场的反应。另一种选择是“智能装置”——小型计算机处理单元，可以安装在不同的设备上，产生不同形式的输出。在工作坊上，智能装置通过一种名为“跳舞垫”的实体模型进行了演示，这是一块橡胶地砖，作用类似操纵杆，踩上去可以发出不同的声音。这些相当简单的智能装置体可以以各种方式组合起来，形成一个智能网络，控制游乐场里的各种输入和输出。正如一位计算机科学家所解释的：

> 当然，它不仅仅是控制声音，因为你可以用这样的系统来控制任何一种驱动……我们可以想象游乐场地面由几百个这样的橡胶铺成。当一个孩子或者一群孩子在上面东奔西跑时，我们可能会创造出不同种类的游戏。

这些技术选择的演示形式附带了对可能的用途的特别解释。这些演示的展示板上有两个标题，其中一个只是提到了这项技术：“3D定位”。另一个标题是“智能装置与软石”，它不仅指一种特定的技术，还指那种跳舞垫形状的软石技术。因此，这种技术的一个可能用途就成为这种技术的同义词。所以，展示板上的不是关于技术的客观知识片段，而是关于对这种技术的可能形式和用途的特定解释。

作为设计材料的知识

在这第一轮的演示中，知识被认为是没有语境的，也不考虑认知者（Barth 2002：2）——就是一个易于共享、比较和组合的事实。然而，前面引用的例子表明情况并非如此。所呈现的知识和材料包含了特定的视角、兴趣和意图。它是片面的，不仅是不完整的，而且是置于情景中的、具有表现性的和含有偏见的。工作坊里的活动不只是知识块的演示和积累，更是试图将知识从其源头的物理、社会和学术背景中剥离以转变为材料，以便使它与根植于其他传统和背景的其他形式的知识共享与组合。通过呈现和展示板上的再演示，情景化知识、材料和意图共同构成的复杂无形的网络转换成独立有形的知识块，可以在设计过程中共享和处理，最初如同一个个拼图碎片，但越来越像游戏中的模块。

通过称它们为知识块，我想强调这些块的模糊状态，它们被视为知识片段，但可能被更好地理解为促进从个人的——主要是无形的——研究知识向有形和集体设计材料转化的过渡对象。知识块既非知识又远非设计，然而知识块却是二者兼有。因此，它们就像在知识与设计、现在与未来以及不同的知识传统之间进行协调的阈限对象。如同“分裂的实体”（Latour和Woolgar 1986[1979]：176）代表个人知识和本地化材料，但同时又具有自己的生命，知识块旨在促进看似不相容的材料、知识和视角之间的相互作用。似乎只有通过它们与它们所代表的知识和材料既联系又分离，它们才能施展魔法。

通过在海报上的呈现和表现，不同来源、形式、复杂性、内容和范围的异质知识和材料逐渐被去情境化、无实体化，转化为同质、有形的片段。正是这些同质和有形的知识片段，而不是最初呈现的异质素材，成为构建模块或设计素材，进而在项目中构建设计概念和策略。

组装模块

在展示了材料并积累了组件之后，设计工作就该开始了。在小组中，项目参与者得到了两幅海报，一幅写着“儿童游戏知识模块”，另一幅写着“技术模块”。我们的任务是将这些元素结合起来，产生一个融合了两者的设计理念。然后，将这个设计理念在另一张带有标题、图画和关键词的海报上呈现出来。新海报是在一个类似小组工作会议后产生的，会议上它与其他想法相结合，产生了设计理念的表达更细致的其他海报，据说它包含的见解更多是在第一轮会议提出的。工作坊通过这种方式致力于推出一个设计概念，使用之前的海报推动新想法和新海报的产生，并将原始素材层层嵌入解释和表现中。

模块的组合过程相当简单，但在大多数情况下，试图结合不同的知识块产生了摩擦并引起小组更多讨论，因为大家对游戏、孩子和技术的认知各持己见，在解释和组合这些块的过程中产生了思想的碰撞。在这个过程中，隐含的意图和不同的理解被展示出来，并在我们试图延伸每个模块可能提供的设计可能性时受到挑战。因此，当将这些知识模块并置和组合在一起时，反思、创意和设计理念就会从这些差异和摩擦中产生，如同蒙太奇通过视角的组合和并置来构建意义的方式一样（Eisenstein 1949；MacDougall 1998；Marcus 1994）。知识模块比其他材料更能提供、鼓励、限制、影响或引出某些解释和用途，但并不给它们设置规定。模块的意义和可能的用途并没有嵌入其中，而是来自于它们所处情景的转化、组合和并置。因此，工作坊以一种有形的蒙太奇形式起了一种跨学科的熔补作用，将技能、知识、材料熔为一体，其中知识模块的解释及其设计潜力不仅取决于它们的形式和内容，而且同样取决于设计过程中的动态组合和框架——它们如何与其他类型的材料并置、结合以及由谁实施。

模块组合—— 一个案例

在最后一轮的小组工作中，参与者被要求选择一个包含前几轮知识和设计概念的展示板，并将其带到会议中。这是一种形成与材料联系和联合的方式，迫使我们采取立场，对我们共享的知识和想法做出某种承诺。在四人小组中，展示板的内容被组合成更完整和连贯的设计概念。在这里，这些展示板本身在设计过程中就变成了具有主动性的知识模块，在某种程度上代表了拥有这些展示板上列出的知识和理念的人。与此同时，它们为那些选择将它们纳入小组工作的人所用，这些人可能参与过或没有参与过创造它们所包含的想法，但却感到与之心意相通，因而选择在会议上作为它们的倡导者。因此，展示板和倡导者形成了一对组合，而会议中结合起来的正是这一对对组合，而不是简单的展示板与分离的知识模块和理念模块。因此，本次会议既要结合展示的内容，也要结合不同人的观点、意图和技能。展示板成为技能、意图、观点和“知识体”的组合载体（Barth 2002）。

选好一块展示板后，每个人都到隔壁房间开始创作。这些展示板在房间中被排成一面墙，勾勒出每个小组物理上和象征上的工作空间。在我的小组中，我们首先检查了我们收集到的展示板，以决定它们是否匹配。这个小组由我和一名游乐场设计师、一名计算机科学家、一名游戏研究员组成。正如我们对展示板的选择和对其潜力的解释所表明的那样，我们代表了项目中不同的意图、观点、技能和知识体。例如，这位计算机科学家选择了一块包含3D电脑游戏想法的展示板，并将其实现为传统游乐场顶部的虚拟层。使用3D定位技术和手持设备（如掌上电脑、手机或标签）相结合，这块板上设想的游乐场将能够跟踪每个游戏者的动作，并为各种预先设计的游戏提供平台。他在选择展示板时，首要考虑3D定位技术所能提供的可能性，这是他在项目中的特别意图。游戏研究人员选择了一块包含一些类似想法的展示板，内容是关于带有嵌入式游戏的游乐场，但这次是基于智能设置技术。他的展示板包含了关于游乐场的想法，其中嵌入了可以作为孩子们的“游戏导师”的故事情节或模式，这是他特别关注的问题，也符合他的研究兴趣。设计师的选择所包括的想法是将一个特别的数字化版本的标签设置在一个相当复杂的游乐场场地。这个展示板与之前的展示板都有一个预定义的内置游戏的想法，但是更关注的是材料和物理环境——恰好是这个设计师的专业领域——而非它背后的技术。然而，我的展示板包含了通过在表面和设备中嵌入智能体来扩大传统游乐场区域的想法，以引起不同的反应——例如当使用或踩到声音或光线时的不同反应。然后，孩子们可以将这些反应融入他们喜欢的不同类型的游戏和活动中。在我看来，这个展示板上的想法与之前的不同，因为它们没有规定在游乐场里玩哪些游戏，而是提供了更开放的反馈，可以支持孩子们自己开发游戏，这是我在这个项目中特别关注的一点。

这位计算机科学家首先介绍了他的展示板以及他选择这个展示板的理由。这引发了关于设计三维电脑游戏的可能性的讨论，并演变成关于整体设计任务的更广泛的讨论。争论的焦点是，是否应该把游乐场设计成一个游戏，游戏规则在多大程度上应该由我们预先设计，还是在游戏过程中由孩子们自己设计。一场始于展示板上3D角色扮演想法的讨论，最终变成一场我们对游戏、操场和儿童的理解的讨论，更广泛地揭示出我们在展示板上呈现的对素材的不同诠释，以及我们对儿童、游戏和设计的观点。我们摘录的有关设计的对话将这些差异表露无遗：

计算机科学家：所以这实际上是，在可能提供这种可能性技术的帮助下，把《哈利波特》[宇宙]或另一种角色扮演嵌入一个实体游戏中。

我：但是我仍然认为，重要的是我们不要设计游戏，而是要在游戏中[为了使用]提供不同的可能性……

游戏研究者：在我看来，有两种选择：一种是为构建故事搭建一个平台，这个平台应该足够灵活，允许我们创建许多不同的故事。另一种是寻找能够激发他们（孩子们）创造自己游戏的东西。我认为后一种并不那么简单。第一种很简单，尽管它要求我们雇一个人来创作故事……所以第二种选择是困难的；做一些能激励他们（孩子们），让游戏（由他们）继续下去的东西。

我：我认为如果它变得太像游戏，这是有风险的……（因为）如果你观察孩子们玩游戏的方式，他们会在一个地方玩很多不同的游戏，如果不被允许这样做，我认为这种方式是行不通的。

计算机科学家：我也认为第一种选择很好，如果元素，可能是这里的炸弹（指向一幅图）或这里的点（点到另一幅图），如果它们可以由孩子自己移动和重新配置，就方便我们（设计团队）制作构建模块，再由他们（孩子们）放到游乐场里。

游戏研究者：但是……如果我们简单地说，这里有所有的炸弹（游戏中的元素），现在由你来决定如何处理，那么什么也不会发生。

设计师：你是在推断游戏需要（由我们）发起吗？

游戏研究者：它需要一种形式，某种形式。

设计师：他们（孩子们）可以在此基础上发展，这将是理想的，对吗？

我：我想它一定有[某种形式]……但如果游戏需要启动，这似乎意味着只有一个游戏。

游戏研究者：但是游戏是有模式的；它很少以我们可能称之为自发游戏的方式发生……游戏通常基于孩子们或多或少意识到的模式。所以当我们玩类似公牛这样的游戏时，我们知道我们在做什么，但也有其他的游戏，比如捉人游戏，我们对规则和模式不太了解，但它们仍然存在，几乎是不可或缺的。

我：即使你只是在攀爬攀登架，我的意思是，这也是更多的身体游戏？

游戏研究者：不，不是那时……

我：但那是身体游戏，不是吗？

游戏研究人员：这是真的，如果这就是你想要的，只要让他们（孩子）动一动。但如果他们真的要流汗……这就是游戏通过它的工作方式（即模式）触发某些东西的时候……它能让他们继续玩下去。

我：但是我们必须找到一些东西来触发这些不同的模式？

游戏研究者：是的，就是这样……

我：但我想，你仍然不能事先决定某件事可能会触发什么（行动），这才是真正困难的地方。

在随后的设计活动中，我尝试着通过展现我的展示板——一个被改造的游乐场，将谈话和焦点从预定义的故事情节和游戏中转移出来，转向另一个设计展示板，让小组讨论走上了另一条轨道。现在，正是我展示板上的图画成为我灵感的源泉。智能体内置交互界面的想法获得了发展，因为它似乎结合了项目中的各种利益。设计师认为这对游乐场公司来说是一笔好生意，因为："顾客抱怨游乐场的垫子太贵了，但如果我们能给它们添加一些便宜的技术，那么……"这位计算机科学家设想了一种带有嵌入式智能设备的软石状地砖表面——它可以作为一个游戏控制台以及一个水平的计算机屏幕，在这个屏幕上，孩子们可以成为自己在电脑游戏中的化身。正如他所说：

> 然后它只会是一个水平的电脑屏幕，这（地砖）将会是像素，然后你可以设定与站在上面的孩子匹配的x和y轴，接着你知道他在哪儿，知道是孩子们而非电脑化身们（在游戏里）四处移动。

结合3D定位技术，可以将其开发为类似于计算机科学家展示板上的3D计算机游戏的东西。对他来说，这是我的展示板上设计概念的扩展，因为技术和物理设计保持不变。对我来说，这是一个完全不同的概念，提供了游乐场不同种类的活动，体现了一种对儿童和游戏的不同观点。这演变成了一场关于是否应该将儿童理解为游戏消费者或游戏设计师的讨论。

为了寻找让项目团队每个成员可能满意的解决方案，我们探索了各种设计理念，这使得游戏如同电脑游戏一样有一定程度的电子控制，但也给了孩子们一定程度的自由来构建和重新设计他们自己的游戏。我们将其作为一个共享设计原则写下来，"一部分是电子控制的电脑游戏，另一部分是构建自己的宇宙/世界"，并将其作为这个设计游戏中一个新的共享部分张贴在我们的展示板上。基于这一原则，我们提出了一些想法，允许孩子们通过特定的模式（代码）移动来重新设置、编程或塑造游乐场。这开启了游乐场的可能性，孩子们在那里自己可以创建区域和设计响应、简单的游戏和宇宙，但也可以选择精心设计和预定义的游戏。它不仅仅是一个游戏控制台，更是一个用于执行和开发各种游戏和活动的平台。

在将展示板上的材料进行并置和组合而产生的冲突中，我们通过设计提议，将隐含假设和潜在的差异引出并进行了明确或含蓄的协商。展示板上的理念和材料表达的不同观点之间，以及我们的理解之间的摩擦，迫使我们不断扩展和转换这个设计材料（在某种程度上是我们自己对它的看法），尝试创造出对每个人都有一定意义的设计概念，即使形成意义的原因并不相同。通过设计原则，我们建立了一定程度的临时共识，即使我们对儿童、游戏和设计的理解上的差异并没有消除。

在设计工作坊的最后，我们只剩下一个单一的设计愿景或策略，固定在一个单一的图纸上（见图4）。通过这个最后的组合块，我们似乎已经成功地将我们开始时的异质材料转化为一个连贯的设计策略，并建立了一个新的共享秩序。尽管如此，我们之间的差异和分歧仍然隐藏这件作品中，这件作品本身就是不同设计概念、意图、观点的一种拼贴画和混合，而且（事实证明），在调整和再调整的每个阶段都可以进行重新解释和重新谈判，从而成为现实世界中真正的游乐场（Kjærsgaard 2011）。

拉图尔的循环引用（Latour 1999：58）是协同设计工作室展示的材料，从个人知识和情景知识到集体设计材料，最后成为共享（跨学科）设计概念，经历了一系列规范的转换、演变和转译，在每个阶段都失去特殊性、多样性和连续性，但获得循环性和兼容性（Latour1999：70–71）。受拉图尔的启发，我们对这个过程的描述如图5所示。

正如拉图尔所描述的（1999），这种转换的发生就像在得（兼容性、一致性、跨学科性、协作性）与失（特殊性、专业技能、多样性）之间权衡的结果。回想起来，设计过程似乎是一场预定义立场和固定立场之间的战斗，通过工作坊里各种形式的材料的生产和转换而进行的战斗，但这并不是我们当时的体验。没有人带着明确的使命参加工作坊，但每个人都只是带着不同的知识储备和背景参加。这显然使我们倾向于一些解释和设计提议，而忽视另一些，但这并不意味着我们的立场从一开始就确定了。我们也很好奇，容易受到影响，不确定该如何理解这一切。一方面，设计过程就像一个战略游戏，每个人都试图定位自己的观点和想法，以最大限度地影响结果；但另一方面，在解释、扩展、改变和协商手头的材料时，理解和利用彼此的材料、知识和技能只是一场斗争冲突。虽然我们的立场似乎或多或少是稳定的，但当设计材料不断变化时，我们的观点和兴趣也会被扩展和改变，即使有时只是轻微和暂时的。当遇到新材料时，我们往往会退回到以前的立场，整个过程会重新开始。新的见解、观点或立场必须通过手头材料的转换和谈判不断地重新产生。无论是设计理念还是我们的立场都没有一劳永逸地确定下来，只是在会议之间通过钉在板子上的共享（纸）页找到了暂时的稳定。

作为蒙太奇和仪式的工作坊

就像通过仪式一样，设计工作坊促进了从研究到设计的过渡（Halse和Clark 2008）。在工作坊里，通过暂时停止日常生活，将人、知识和材料从他们通常的环境中分离出来，将不同的、不一定连贯的知识和材料形式转换为对潜在未来的共同愿景。

受卡普弗勒（Kapferer）以及特纳和德勒兹的启发，我们可能认为这个设计工作坊是进入现实虚拟性的一场仪式化降落（Kapferer 2004），这是一种特殊的悬浮在现实和潜在之间的现实。在工作坊的虚拟现实里，通常的规则、角色和层次结构（暂时）中止，每个人都被允许干预他们专业领域以外的知识和材料，游戏处于现在和未来之间、社会和物质之间的边界，处于他们的知识传统的边缘。在设计工作坊中，通过知识块的创造、流通、组合和转换，将各种形式的知识和材料逐渐变为共享的设计理念、愿景和策略。工作坊里，人员和材料的动态组合不仅促进了项目从一个预定义的固定阶段过渡到下一个阶段，而且也促进了观点和材料的重新定位和转换。

本文的分析表明，跨学科合作不是将预定义的现实的知识片段组装成完整的设计可能性，而是通过建设、组合和转换各种知识片段来协商不同现实的形象及对其的兴趣。与其把这个过程看作是一个拼图游戏，不如把它看作是一种蒙太奇的形式，它将各种类型的数据、想法、见解、技术、人员、技能、视角和知识传统结合并置在一起。在设计工作室的反思中，创造力和设计源于这些元素的动态组成以及这些元素之间的鸿沟和摩擦（Tsing 2005），这与蒙太奇的意义构造方式并无不同。知识、意义和设计含义并不在于工作坊上展示的材料中，而是在于材料的动态合成和转换中。与其说是材料本身，不如说是它如何以及由谁将其与其他类型的材料进行创造、转换、挪用、组合和并置。

如果设计协作更像是蒙太奇，而不是拼图游戏，那么这对我们理解工作坊活动中呈现的材料，以及对人类学（和其他知识传统）在总体设计过程中的作用的理解都有影响。将设计视为蒙太奇的一种形式也意味着要认识到，形成对田野调查工作（使用）的理解是贯穿整个项目的一种集体努力，而不仅仅是人类学家在此之前的工作。因此在设计蒙太奇里，人类学的贡献很少取决于基于设计之前的研究而做出的对世界准确的表达，而是更多地取决于（在田野调查和工作坊中）持续参与和重构实践，这贯穿于整个设计过程，以激发对设计团队内部理所当然的假设和框架的讨论。

参考文献

Barth, F. (2002), "An Anthropology of Knowledge," *Current Anthropology*, 43(1): 1–18.

Body Games Konsortiet. (2002), *BodyGames—IT, leg og bevægelse: At udvikle produkter, der udnytter IT teknologi til at skabe interactive legetilbud med udfordrende fysiske lege for alle aldersgrupper*, Projektansøgning til ITKorridoren, Denmark.

Eisenstein, S. (1949), *Film Form: Essays in Film Theory*, New York: Harcourt Brace.

Halse, J., and Clark, B. (2008), "Design Rituals and Performative Ethnography," in *Proceedings of the 2008 Ethnographic Praxis in Industry Conference*, EPIC 2008, Copenhagen, Denmark, 128–145.

Jessen, C., and Barslev Nielsen, C. (2003), "Børnekultur, Leg, Læring og Interactive Medier" (excerpt from "The Changing Face of Children's Play Culture," Lego Learning Institute). Available at: www.carsten-jessen.dk/ LegOgInteraktiveMedier.pdf. Accessed September 27, 2012.

Kapferer, B. (2004), "Ritual Dynamic and Virtual Practice: Beyond Representation and

Meaning," *Social Analysis*, 48(2): 35–54.

Karasti, H. (2001), " Increasing Sensitivity towards Everyday Work Practice in System Design," PhD dissertation, Department of Information Processing Science, Oulu, Oulu University Press.

Kjærsgaard, M. G. (2011), " Between the Actual and the Potential: The Challenges of Design Anthropology," PhD dissertation, Department of Culture and Society, Section for Anthropology and Anthropology, University of Aarhus.

Kjærsgaard, M. G., and Otto, T. (2012), " Anthropological Fieldwork and Designing Potentials," in W. Gunn and J. Donovan (eds.), *Design and Anthropology*, Farnham: Ashgate, 177–191.

Larsen, K. H. (2003), " Fremtidens interaktive legeplads—Legeredskaber med kunstig intelligens skal give fysiske udfordringer til fremtidens børn," *Ungdom og Idræt*, 29: 12–15.

Latour, B. (1999), "Circulating Reference: Sampling the Soil in the Amazon Forest," in B. Latour and S. Woolgar (eds.), *Pandora's Hope: Essays on the Reality of Science Studies*, Cambridge, MA: Harvard University Press, 24–80.

Latour, B., and Woolgar, S. (1986 [1979]), *Laboratory Life: The Construction of Scientific Facts*, Princeton, NJ: Princeton University Press.

MacDougall, D. (1998), *Transcultural Cinema*, Princeton, NJ: Princeton University Press.

Marcus, G. (1994), " The Modernist Sensibility in Recent Ethnographic Writing and the Cinematic Metaphor of Montage," in L. Taylor (ed.), *Visualizing Theory: Selected Essays from V.A.R. 1990–1994*, New York: Routledge, 37–54.

Mouritsen, F. (1996), *Legekultur: Essays om børnekultur, leg og fortælling*, Odense, Denmark: Syddansk Universitetsforlag.

Tsing, A. (2005), *Friction: An Ethnography of Global Connection*, Princeton, NJ: Princeton University Press.

第4章　参与的工具和运动：设计人类学的认知风格

凯尔·库伯恩

两个领域的密切关系

随着一个卫生保健创新项目启动会议的临近，拉尔斯看了看展示板（见图6），上面是我以重叠模式排列的访问丹麦医院无菌病房的图片。

他用钦佩的口吻对我说："你是这个地方唯一有美感的人。"这并不奇怪，因为我工作的机构主要培养工程师。而拉尔斯是一个受过培训的工业设计师，当我们讨论即将到来的研究项目和项目论文投稿时，他称我为科学家。这里存在几种张力：首先，什么是研究？其次，研究在设计和工程过程中生成知识的作用是什么？我可以理解为什么我那些以实践为基础的教学同事们会选择科学家这个绰号。不同的认知方式之间存在着明显的张力，这本身就是以创新的名义进行的跨学科合作不断增加的结果。虽然哈金（Hacking 1992）详细描述了几种"推理风格"，试图批驳单一科学的概念，但我的同事们最熟悉实验室的单一科学概念，那里是他们使用专门制造的设备进行受控实验以用于观察和测量的地方。相比之下，目前的磁共振成像技术描述的是当人们看到产品时，大脑的哪些部分会被激活，就好像通过测量可以推断出我们为什么要买这些东西。从社会和文化科学的角度来看，这几乎是荒谬的。霍尔布莱德（Holbraad）解释说："田野调查与实验室研究截然相反：田野调查是一种失控的实验，其本质上不是针对按计划发生的事件，而是针对任意的巧合。"

（2010：82）实验室的认知风格与工程中知识的生产是相同的，即构建零散的知识模型。而零散的知识模型要在工程知识中构建起来的前提是可以将组件分解成最小的零件，然后将它们纳入具有特定的有价值的功能的系统中。这是实证主义的自然科学所熟悉的方式，因为理解生命的关键是把它逆向处理成越来越小的碎片，而且它是这些风格相互定义的客观性的共同来源。

然而，这与设计或人类学的差异都很大。设计和人类学的核心是整体主义，即知识通过将不同的背景和批评融合在一起而显现，为转化奠定基础（Kolko 2011；Otto和Bubandt 2010）。本章重申设计和人类学可以结合（Sperschneider Kjærsgaard和Petersen 2001），显示了设计人类学是一种独有的认知风格，其中我们的思考工具与跨学科和实践的知识转化的运动，对合作项目极有价值，这些项目中的创新和面向未来的视角对连接情境实践与社会预测都至关重要。设计与人类学的密切关系不仅仅是短暂的迷恋，而且是我们理解方式的核心。

走向一种特定的认知方式

对于一个人类学和设计都作为其身份一部分的领域来说，对一种特定的认知风格产生共鸣是至关重要的。克龙比（Crombie1988）的六种科学思维方式（简单假设、实验室实验、假设模型、分类排序、统计分析和遗传推导）表明，知识是在一种特定的思维方式内或通过这种思维方式产生的。哈金假设“每一种推理方式都引入了大量的新奇事物，包括新类型的物体、证据、命题（真伪判断的新方法）、定律（或至少是模式）、[和]可能性”（1992：11；修改了的格式）。设计人类学作为一种认知风格有何特征？引入了哪些研究对象？通过这种认知风格，可以实现哪些可能性？

在许多科学思维方式中，特别是在实验室和统计方法中，做研究的经验往往被排除在知识产生之外。这种强调可能会被看作是工作核心的一种肤浅的附加，但它在这一领域的重要性值得考虑，因为它表明我们产生知识的方式，即人类潜力的增长，比仅仅生产知识更有价值。德科拉（Descola）将人类学的过程描述为经验式的："确切地说，它应该被视为一种特定的知识类型，即一种发现模式和一种系统化模式，它是通过实践逐步获得的，既有思想的转变又有技巧的积累，是通过亲身经历获得的特殊技术。"（2005：72）

研究人员对特定实践和社区的嵌入渗透到理论知识中，与其将其视为一个不受欢迎的副作用，还不如仔细研究一下接受经验的好处。这种研究实践建立了一套技能、经验和知识，而不仅仅是重复使用一种技术。它生成、挑衅、促进知识，重构社会想象。研究者作为一种科学工具，与过程交织在一起，隐含着一套不可忽视的构建和创造知识不可或缺的视角与价值观。它的影响还扩展到定义人类潜力至关重要的其他领域。在参与式设计领域，埃恩（1988：30）呼应了风格在知识创造中的重要性，并认为设计计算机人工制品不仅是科学过程或原理的简单应用，也具有社会和政治意义。如果我们要把设计人类学看作是与他人的一种合作努力，那么我们在不疏远我们的合作伙伴的情况下，在产生知识的过程中所采取的方法，需要同理心和敏感性，以支持和维持与我们以往经验不同的新兴的、摇摆的和短暂的价值观。发现过程是分形的，因为通向知识的特定路径超越了实例，包含了更大的社会实践和系统。与设计中的原型设计类似的是一种尝试设计提议的方式，设计人类学中的体验式认知风格在情境和协作中验证了特定的选择。

在设计研究界，关于认知方式的激烈争论仍然占主导地位，这个领域正在努力摆脱其他学科的束缚，并通过将设计的贡献铭记于心的研究过程，努力让自己的优点得到重视（Koskinen等2012）。如果设计人类学这一领域希望对未来的实践产生影响，那么它也必须开发一种方式来培育和支持这种创造性的、经验性的知识生成方法。但是要理解这意味着什么，我们必须把我们工作的媒介看作是同时具有空间和时间特性的媒介，这些特性决定了我们在从事实践时选择什么样的工具和方法。

方向性需要接受干预

把设计人类学看作是一种合作，是一种参与研究而非理论研究，是将所从事的工作重新定位，从一个时间上明确划分的空间和地点，调整为一个对未来实践和关系具有方向性的批判立场。从一个固定的框架转向一个新兴的集合，是为了构建一个“通过（预先计划的或机会主义的）运动来构建实践”的研究框架（Marcus 1995：106）。虽然人类学传统把田野作为研究场所，斯碧尔斯内德（Sperschnieder）、基耶斯卡德（Kjærsgaard）、彼得森（Petersen）（2001）三位学者已经努力推动该学科摒弃田野调查和民族志等术语，要以当代定位来研究现象，而非将人从时代中抽象出来进行研究。马库斯（Marcus）认为这是人类学家工作的背景：“田野调查的路线或地图必须在其范围内找到。这种被发现的想象不是研究的终点，也不是描述分析的对象，而是研究的媒介”（Rabinow等2008：66）。上述作者们将乡土语言与想象联系在一起，扩展了研究领域，也将事件纳入其中。通过这个概念上的弧线，他们明确地将设计领域纳入工作范畴。设计人类学的媒介从以空间为导向的领域延伸到以行为为导向的事件（Brandt 2001），成为一个混合的场所或第三空间（Muller 2008）。当考虑我们的媒介的基本属性时，我们会发现它只是简单地“提供运动和感知”（Ingold 2007：S25），这对描述一种知识类型的特征至关重要。

工作领域的扩展表明，研究人员的任务不仅包括参与观察，还包括进行设计。这重新定义了参与者—观察者的角色，使之成为一个引导者，或者是通过分析情境进行积极和反省式的重新参与。感知的作用一直是设计研究和人类学的核心。在人类学中，格拉森尼（Grasseni 2006）编写的关于熟练感知的著作展示了各种各样的实践，在这些实践中，各种观察在社会中扮演着重要的角色。朔恩从一系列学科中探索了“视为”（seeing-as）的概念，这一研究通过“行动中的反思”对设计研究产生了重大影响：

> 询问者通过对早期相似性的感知进行行动中的反思，对他面前的现象做出了新的描述。但是，对“视为”进行反思的想法暗示了对过程的探索方向，否则，这些过程往往会被“直觉”或“创造力”这两个术语所迷惑和否定，它同时还可能表明了这些过程是如何被置于与情境进行反思对话的框架内的（1983：186）。

富尔顿·苏瑞（Fulton Suri）强调了几个设计师将他们对世界的详细观察转化为设计条件的案例："他们不是通过观察来描述他们所看到的东西（这涉及从字面上和客观上看），他们的目的是生成性和战略意义上的"（Fulton Suri 2011：31）。如果设计师学会通过观察来了解世界的话，人类学家的角色就受到了质疑。留给他们的是什么？虽然人类学家可能也要发挥作用，但亨特（Hunt 2011）强调了人类学家参与研究的谨慎态度，尤其是考虑到该学科的历史。为了重视运动和感知，设计人类学家需要在工作的基本方法中解决超脱问题。通过这些干预事件，探究工具成为产生知识的关键。以"要思考的事情"（Gunn 2008）为设计工具，提供了可能性的反思，为将来的实践进行设计实验创造了必要的素材。设计实验通过产生概念来帮助具体化人类工作方式的可能性，这有助于激发理论见解和经验材料之间的联系。但这对研究人员具有影响，因为其存在于这个世界中，并塑造了我们的感知和我们认识事物的方法，正如英格尔德所指出的：

> 相反，它培养我们对世界的认知，并使我们的眼睛和思想向其他存在的可能性敞开。我们讨论的问题是哲学问题……但是我们解决世界上这些问题，而且不是从轮椅上去解决——我们不仅仅思考这个世界，我们也通过这个世界进行思考，在思考中，思路的扩展远超越了表层的范围，正是这些事实使这一事业有了人类学的特征，并出于同样的原因，从根本上不同于实证主义科学（2008：82-83）。

正是在这里，设计人类学初现端倪。"我们通过它进行思考"是使其区别于（任选一种）设计或人类学这种更大学科的关键因素。我认为，我们正是作为设计人类学家，将这些工具应用到我们所处的环境中，使我们有别于其他领域。正是我们的知识风格、思维环境、工作方式、迂回观察、解释和灵感使设计人类学领域脱颖而出。

探索设计人类学的探究方法

任何学科都可能存在对方法的盲目迷信或适当使用，但方法仍然是一种实践与学术文献之外的世界接轨的主要方式之一。这种将研究打包成工具包的方法通常侧重于术语，因此，重点会放在书面交流以及如何命名事物和现象上。虽然文献和报告在知识传播中扮演着重要角色，但在某种程度上，它是一个终点，方法在形式和路径上成为不变模式，最终成为标准流程，而不是选项的工具包。设计人类学倾向于突现。值得注意的是，设计人类学是从单纯地分析和保存实践，到促进和开发新生的人类潜能的转向。例如，克拉克（2007）创建了有形的分析工具包，以确保在民族志和设计的交叉设计过程中，社群互动成为一种设计资源。创造潜力的工具包将建立在对话和观察的基础上，包括本着产生多地点田野调查实例的精神，举办跨知识传统的协作工作坊。通过设计的举动，在一个综合的意义系统中，书面文件将与视频合并，并通过视频得到强化。

人类学（侧重于民族志）和设计之间的溢出、交叉或灰色地带被描述为领结（Wasson 2002），它迅速演变为一个连接设计师和研究人员的矩阵。它也被设想为一个马蹄铁形（Jones 2006），推动研究走向设计概念。无论这些隐喻多么恰当（和有用），更有趣的是，在表达理解当下，同时也干预未来的愿望的方法中所产生的张力；同时，如图7所示，具有批判性和生成性。

哈尔瑟（Halse）“探索现有的可能性”，并提出“理解和干预可以在一个运动中完成”（2008：32）。因此，虽然采用多种方法来探究问题的做法具有一定的局限性，但是将我们所使用的工具视为一种挖掘潜力的方式以创造有意义的人类体验，是很有价值的。设计人类学中的工具必须具有几个共同的特性。它们引导一个激发可能性和潜力的过程。实际上，它们有方向性和未来取向。它们通常以一种有形的方式体现出来，让人联想到实践，而不是停留在文本中。也许最重要的是，它们在一组元素之间保持着一种二元性或混杂性。这些工具允许一种不断发展的关系，这意味着在当前和未来的实践之间，存在紧密关联在一起的观察和挑衅，甚至是在参与和控制之间架起桥梁。下面的工具展示了实践的价值是如何嵌入一个看似良性的工具中的。

机器人接管吗？质疑未来的工具

新一代的故事正在丹麦的一个小岛上传颂，也许最为人熟知的是，那里是汉斯·克里斯蒂安·安徒生（Hans Christian Andersen）的出生地。位于欧洲大陆和丹麦首都哥本哈根之间的富宁（丹麦语Fyn）是将自动化技术应用于医疗保健和社会领域的思想交流的中心。虽然在行政上被称为丹麦南部地区，“福利技术地区”（Welfare Tech Region）的目标是获得资源、技能和影响力，创造就业、基础设施和知识。“无菌中心项目”是通过区域发展资金启动的几个项目之一，汇集了当地医院无菌供应部门、技术提供者（机器人技术和信息技术），和其他知识伙伴（网络集群和大学部门），一起协商未来，包括利用多种类型的自动化技术来帮助完成这项医疗设备二次消毒操作的工作。但如果我们开始剖析这个理想的未来故事，结果会是怎样呢？机器人会接管灭菌病房以使过程完全自动化吗？什么样的工具既能剖析假设，又能通过更多的合作重新编织故事？通过对这个项目的概述，我将介绍三个工具来了解设计人类学如何进行这样的尝试。

虽然在人类学和设计两门学科中都存在从我们的经验中合成和创造意义的过程，但后者更经常地利用其他方法而不是文本方法来传达生成的综合结果。奇怪的是，我们用一系列的感知系统来体验这个世界，然后，当我们试图理解它的时候，我们就把它压缩成文字。设计师使用情绪板，有针对性地收集图像，作为在特定时刻吸收材料和视觉环境的一种方式，也作为一种指向可能轨迹的方式和一种理解现在的方式，还是开辟空间以探索未来的方式。第一类设计人类学工具我称之为感知综合（perceptual synthesis），它探索了基于视觉、具体化和非文本框架而非始于语言编码的理解方式。

我们筹备了“无菌中心项目”启动工作坊，所有的合作伙伴都在工作坊初次见面，这也是大家三年合作研究的一部分。在筹备过程中我们创造了一个沉浸工具包，以帮助每一个人找到一个方法来体验医院工作场所的一部分，并且通过协商和讨论来构建一个通过设计来探索的问题。这些组件包括一个医院无菌供应室的泡沫地板平面图，上面有我们通过固定在不同区域的观察点拍摄的照片。这些照片被编写了索引，并放入一些简短的视频剪辑中，显示了初步田野调查中某个特定的动作或对话［灵感来自伯尔和索恩德加尔德2000年的视频纸牌游戏（Buur和Soendergaard 2000）］。每一组都选择了几段视频来观看，并对自己的观察结果进行了注解。根据照片和视频内容，每个小组将具有相同特征的剪辑（用纸质卡片表示）放在一起。这种同时把它们串在一起并拉进更高的抽象层次来转换具体实例的做法，使这种感知综合具有了形式和内容的混杂性。工作方式是非常有形的（卡片是物理操作的），也是短暂的（记录的操作会很快消失，除非进行了注释和描述）。这也是一种个人和协作的共同努力，因为洞察力来自每个参与者的感知观察，而主题是在团队中产生的。这种方法从视觉根源开始，只在最后一步才进入书面语言。这种对最终结果的犹豫或放缓，允许其他人加入这个过程。如果作为一门学科，我们开始将非文本综合纳入并体现为我们技能的一部分，将会出现什么情况？人们希望，结果会是一个接受更多知识传统并与之合作的实践。

我建议的设计人类学的第二类工具是经验并置（experience juxtaposing）。这种工具的目的是探索潜在的经验，同时坚定地呈现此时此地。当然，想象这种可能性并不等同于拥有这种体验，但这种力量来自比较。作为与“无菌中心项目”医院的初步合作的一部分，我们创建了一系列描述超能力（superpowers）的卡片，参与者可以选择这些超能力，比如超级力量、变形能力和微观视觉。尽管用这些看似来自漫画书的卡片或插图，显得有点傻气或幼稚，但是当被问及他们会选择哪三张卡片，以及为什么会选择时，参与者们都非常认真地对待它们。我们采用这种方法来理解机器人技术在工作人员实践中的作用。虽然对技术的设想往往比预期的要平凡得多，但通过将医院工作人员设为核心角色，让他们有权使用技术，我们就能更接近实施技术解决方案带来的感觉。以超能力卡片为媒介的对话，出现了几个主题，包括区分细节的主题。灭菌技术人员解释说：“机器人无法看到是否有污垢或需要给哪个仪器上油。所以你还不算完全失业。”当我们介绍我们的目的是在医院里对机器人技术进行初步探索时，工作人员已经为全自动灭菌室里的操作人员保留了一个特定的角色。“微观视觉”超能力卡既是提示，也有助于阐明这一立场。该工具有助于将机器人技术的预测转化为对技术人员为工作带来价值的协同预测。将当前的工作场所与未来并置，为设想潜在技术的适宜性提供了一个创造性的空间。

第三种设计人类学工具是潜在关系（*potential relationing*），一种关于体验未来实践的嵌入性的方法。通常，概念对于解决问题的一个特定方面是很好的，但是它们往往会将社会生活的相互联系的本质抛诸脑后。戏剧和表演可以在显示实践的漏洞方面发挥巨大的作用。这些表演对我们目前的关系以及我们希望它们如何改变有许多明确的理解。在“无菌中心项目”的另一个工作坊里，四组参与者还原了完整解决方案的场景，以理解项目中相互冲突的景象，以及工作人员将如何与可能的新机器人同事相处。透过这些表演，我们希望在技术上呈现相互矛盾的观点。为了确保机器人是解决方案空间的一部分，我们建议每个团队中至少有一个人应该扮演机器人的角色。然而，大家都自愿扮演！全自动化病房的技术构想在剧中栩栩如生。在最符合人类角色的场景中，机器人将简单的仪器从复杂的仪器挑选出来，而复杂的仪器则由人类完成。

这些具体的表演，虽然有效地展示了使用中的系统，但很难说明引进新技术中产生的紧张关系。由于其表演方面的原因，潜在关系突出了事件的社会性，这意味着在合作中，表演者冒着向观众表演的风险来编织一个有凝聚力的故事。使用这种工具的优势在于，社交网络（包括人和他们所处的环境）在全面建立之前，能够提供一个空间来批判、质疑和反思其固有的失败风险（Kilbourn和Bay 2011）。使用这种工具，不一致和冲突的显现速度比先建立技术然后再提出适当性和社会一体化问题的常规过程来得快得多。人类学的一项贡献是对假设提出质疑，并在项目开始前而不是项目结束后建立有意义的框架。

这些工具如何与设计人类学的研究实践建立联系？研究人员如何运用理论？如果设计人类学是一个合作而非孤立的过程，我们如何以类似的方式重新定位我们自己的研究实践？我与其他研究人员试验过的一种运行方法是将理论切实化为具体实践的一部分。利用设计过程，我试图在理论和实证数据之间建立更直接的关系。通常研究技巧的隐秘部分是经验、理论和实证材料如何协作。通过这个设计过程，我希望揭示理论观点是如何改变处理实证材料的方式的。作为理论和实践调查的一部分，我创建了一个名为“研究游戏”的工作坊形式，浓缩的理论观点（以关键引用卡的形式表达）被用作开发研究问题的一个起点，随后被用来分析一组视频剪辑。这个游戏已经有了三种变化，第一个是博士研讨会从多个角度深入研究一个特定领域的场所；第二个是国际设计研讨会上，使用许多不同领域的背景（Sitorus和Kilbourn 2007）；第三个是一个战略部门规划会的一个环节，想象研究类型以及它们如何与教育资料关联。在这个理论中，每一种变化都推进了合作研究实践的边界，使其超越了文献，因为它贯穿从构建到反思的整个过程中。在会议工作坊里，看到理论是如何指导设计过程是非常有趣的。从大的理论概念过渡到具体的实证材料存在困难，一些与会者认为以理论概念结束比以它们开始更有成效，这对设计人类学而不是人类学设计来说是有意义的。

这个游戏提供了一个更为透明和切实的方法，将理论概念纳入设计研究。工作坊是在设计事件中探索的一个缩影。重新安排人们技能的伦理学探讨了材料在构建对话框架中的作用。我们应该保留或加强某一特定做法吗？理论应该扮演什么角色？某种理论会压倒实践吗？由于设计人类学领域跨越了一个强大的基于实践的传统和一个丰富的理论生成领域，比较工具的协作应该是该学科的关键组成部分，形成了这一研究实践的几种参与模式之一。

描绘不同的进场轨迹

为了给设计人类学的新研究奠定基础，该领域的学者将不得不以一种既承认本地知识实践同时又引入人工制品作为创新研究领域的一部分，来促进学习的方式，与观察、描述和解释等传统的民族志实践作斗争。通过努力，我区分出了三种具有特定的风格、媒介和工具的重叠模式，这也是设计人类学学科核心转变的基础：“移入”（moving in）“前进”（moving along）“移出”（moving out.）。这些模式并不是可以被描述和分配给专家的独立组件，而是研究者迭代地参与所有这三种模式不可或缺的组件。

“移入”涉及理解研究伙伴的协作方法。在许多方面，仅仅记录和归档是不够的：重要的是反思实践并通过实践反思来引入改变。要做到这一点，需要帮助阐明具体的实践，同时将设计和使用实践结合起来。莫恩森（Mogensen 1992）研究了在参与式设计中，激活模式（provotyping）如何能够批判系统开发中的日常实践，以克服传统和超越之间的困境。与其说激活模式必须选择支持当前实践或忽略技能和知识并推动面向未来的议程，不如说其表明辩证法张力可以通过实践反思将熟悉的事物和新事物联系起来。在教育行动研究中，麦利夫（McNiff）将这种方法的基本原则描述为“用其研究而不是对其研究”（1988：4；原文重点）。为了成功移入，研究工具是为知识实践者之间的协作而开发的。在“无菌中心项目”中，一个包含照片、平面图和视频的沉浸式工具包，将不同的知识传统结合在一起，以达到一个共同目的。将这种运动模式描述为亲密的，指出了人类学田野调查所熟悉的参与程度，但也不同于通过人工媒介所产生的刻意对话。虽然这些类型的运动对于任何人类学的追求都是必不可少的，但设计人类学的目标应该是超越田野调查现场的民族志式的相遇。

“前进”将研究框架置于我们所处的特定环境之外，并用比预期更大的边界来处理项目。正如海恩斯所言，“四处走动让我们可以暂时不去判断什么地方适合学习经验和进行干预，什么地方适合复制方法”（2007：669）。一种消除复杂性的方法是探索研究如何暂时跨越环境。“无菌中心项目”使我成为了解设计工作实践的专家。我选择在项目启动会议之前接受这个角色，然后将专业知识的各个方面交给其他人，以使自己能够灵活地重新构建相关问题。在项目范围内，随着越来越多的人在田野调查中进行合作，其他参与者也受邀通过一份用于团队建设练习的实地指南，来共同参与医院现场田野调查的专家角色。作为观察专家的人类学家的抽离，有助于平衡相互竞争的利益，同时在所有参与者之间建立同理心。该运动将项目场地和田野场地联系起来，但我也希望把学生的学习带到“无菌中心项目”的最前沿。许多工作坊都与学生进行了积极合作，因为日程安排、目标和方法都是作为学习设计人类学研究技能的一部分而开发的。多重背景下的渗透不仅有利于知识的建构，而且可以使研究成为动态的，在某种意义上是以行动为导向的。

研究项目之间的运动不仅显示了对某一特定场所或结构的理解，而且还显示了材料和知识如何通过在多个情境中的各种行为进行协调的相互关系。这为研究提供了一个新的维度。项目之间的界限不是固定的，而是由研究贯穿的。这种比较需要随着项目进行扩展，以免出现贝扎伊提斯（Bezaitis）和罗宾逊（Robinson）指出的因为关注结果所导致的结束：“随着每个项目的结束，研究的弧线会走向微小的终点，而不是在实例、客户和职业之间建立和积累”（2011：191）。最后，我建议将“移出”作为一种更具实验性的运动，留下一个相互理解的区域。它不是在精细入微的分析中关闭探究的路线，而是提出有趣的存在方式。它是关于“如果……将会怎样”的，它的灵感来自探索已知的边缘。麦利夫指出了这种方法所创造的轨迹：

需要一种具有生成能力的理论，也就是说，能够传达一种理论创造新理论的潜力。生成方法不停留于传统的理论概念，即理论产生于特定的一组环境，并且只与该环境相关，与此相反，它将理论视为一种有机的装置，以创建可以应用于其他环境的其他理论。（1988：43）

从一个特定的实践“移出”以寻找机会，听起来很冒险，甚至会被看成是损失了在生成背景知识时所寻求的关联性。但安德森（Anderson）认为这是将理性的工作框架暴露在环境中，从而将“深层次的设计可能性展现出来”（1994：179）。这些似乎都是推测的可能性，但富尔顿·苏里（Fulton Suri）强调了同理心和想象力之间的关系：“根据定义，一旦我们开始提前思考未来的经历以及人们可能的反应，我们就开始利用我们的直觉和解释能力。我们开始想象和移情”（2008：54）。另一种选择是让工程师和技术人员来规划未来，这样我们就可以继续进行描述，而被调查者也会同意这些描述是准确的。但是，如果我们选择这种对潜在实践的探索，它将允许我们以一种批评的形式，制造出明确而固有的、但被忽视的影响。这些潜在实践的另一个名称可能是理论，正如巴纳拉（Bagnara）和克兰普顿·史密斯（Crampton Smith）将话语概念化：“但理论也常用来表示不断演变的认识论假设、概念结构、方法论和关键值的构造，并围绕和通过个人实践和研究领域，贡献自己的智慧和力量。”（2006：xxi）

要认识从实践中，甚至是从研究实践中识别知识的风格，就要接受它们的发展轨迹。与许多领域一样，设计与人类学也对理论与实践之间的关系提出了质疑，如同他们对该领域的实践者与那些建造概念墙的人之间的关系提出质疑一样，因为设计人类学要在拥挤的大学里争夺一席之地和研究资金。问题是，像设计人类学这样的领域如何才能超越这种特性，将理论视为实践的一种形式？埃里克森（Erickson 2006）就设计领域提出需要借鉴多个领域的理论，但在必要时可以自由地参与对概念的修枝剪叶，放下学科争论和包袱，同时保留一定的复杂性，这会有助于设计研究。要使设计人类学成为一种平等的联合，而不是被设计或人类学所接管，就需要使前瞻性的实践成为一种被认可的具体理论知识风格。或者说得更简单些，设计人类学家需要从事设计！人类学家的工具箱被放大了，因为它承担了想象新事物存在方式的新角色，而不是描述以前的方式。因为认知风格在其参与模式中产生了自己具有协作特点的责任概念，使得设计和人类学之间的距离缩小了。

一起创造潜能

正如我在这里所建议的那样，提出一种创造潜力的方法，意味着我们的理论过程和产品将发生一个生成性转变，并朝着未来的存在方式的方向转变。这与寻找设计机会或创建设计概念是不同的。创造潜力不是向特定的客户提供战术选择。其重点对整个人类领域的意义要大得多；它关注的是如何构建未来的体验方式，同时挑战当前的思维基础设施。要欣赏设计人类学认知风格的价值，我们需要把我们工作的媒介不仅视为观看（*seeing*），而且要视为制造（*making*）。在为新兴事件创造工具的过程中，既要保持批判性，又要保持实验性，这将把发展轨迹转向与世界接触的多种模式。通过人类学参与的设计（Gunn 2008；Ingold 2008），研究人员的目标是通过参与和合作，在不同的实践中通过知识的流动实现彼此更透彻的认识。设计人类学并没有将人类的经验分解为各个因素和组成部分进行分析，而是将知识构建在允许新兴关系、相互联系和关联的基础上——通过实践产生的理论具有变化的潜力。对于设计人类学来说，解决变革和干预这一困难而又富于价值的领域，是使知识超越其自身学科的一项有价值的事业。一开始，这一新领域将为设计自身对其无止境的生产模式的蓬勃发展的关键定位做出贡献并提供支持。就“无菌中心项目”而言，机器人可能不会取代人类，但它们肯定会在福利和医疗工作的生态系统中找到一席之地。对于人类学来说，它建议并设想通过新的运动和工具重新参与，这是一种接受协作性理论工作的方式，这种理论工作通过对以前概念的每一种材料的重新加工而赋予其新的生命。以这种认知方式引入的对象将围绕着促进和激发，而不是参与者的观察来构建框架。与设计的民族志相比较，设计人类学的特征是知识的运动，是一种融合，而非分离。

参考文献

Anderson, R. J. (1994), “Representations and Requirements: The Value of Ethnography in System Design,” *Journal of Human-Computer Interaction*, 9(3): 151–182.

Bagnara, S., and Crampton Smith, G. (2006), *Theories and Practice in Interaction Design*, Mahwah, NJ: Lawrence Erlbaum Associates.

Bezaitis, M., and Robinson, R. E. (2011), “Valuable to Values: How ‘User Research’ Ought to Change,” in A. J. Clarke (ed.), *Design Anthropology: Object Culture in the 21st Century*, Vienna and New York: Springer, 184–201.

Brandt, E. (2001), “Event-driven Product Development: Collaboration and Learning,”

PhD dissertation, Department of Manufacturing Engineering and Management, Technical University of Denmark, Lyngby, Denmark.

Buur, J., and Soendergaard, A. (2000), "Video Card Game: An Augmented Environment for User Centred Design Discussions," in *Proceedings of DARE 2000 on Designing Augmented Reality Environments*, Elsinore, Denmark: ACM, 63–69.

Clark, B. (2007), "Design as Sociopolitical Navigation: A Performative Framework for Action-oriented Design," PhD dissertation, Mads Clausen Institute, University of Southern Denmark.

Crombie, A. (1988), "Designed in the Mind: Western Visions of Science, Nature and Humankind," *History of Science*, 24(1): 1–12.

Descola, P. (2005), "On Anthropological Knowledge," *Social Anthropology*, 13(1): 65–73.

Ehn, P. (1988), *Work-oriented Design of Computer Artifacts*, Stockholm Arbetslivscentrum.

Erickson, T. (2006), "Five Lenses: Towards a Toolkit for Interaction Design," in S. Bagnara, G. Crampton Smith, and G. Salvendy (eds.), *Theories and Practice in Interaction Design*, Mahwah, NJ: Lawrence Erlbaum Associates, 301–310.

Fulton Suri, J. (2008), "Informing Our Intuition: Design Research for Radical Innovation," *Rotman Magazine*, Winter 2008: 53–57.

Fulton Suri, J. (2011), "Poetic Observation: What Designers Make of What They See," in A. J. Clarke (ed.), *Design Anthropology: Object Culture in the 21st Century*, Vienna and New York: Springer, 16–32.

Grasseni, C. (2006), *Skilled Visions: Between Apprenticeship and Standards*, New York: Berghahn Books.

Gunn, W. (2008), "Learning to Ask Naive Questions with IT Product Design Students," *Arts and Humanities in Higher Education*, 7(3): 323–336.

Hacking, I. (1992), "'Style' for Historians and Philosophers," *Studies in History and*

Philosophy of Science, 23(1): 1–20.

Halse, J. (2008), " Design Anthropology: Borderland Experiments with Participation, Performance and Situated Intervention," PhD dissertation, IT University of Copenhagen.

Hines, C. (2007), " Multi-sited Ethnography as a Middle Range Methodology for Contemporary STS," *Science, Technology & Human Values*, 32(6): 652–671.

Holbraad, M. (2010), " The Whole beyond Holism: Gambling, Divination, and Ethnography in Cuba," in T. Otto and N. Bubandt (eds.), *Experiments in Holism: Theory and Practice in Contemporary Anthropology*, Oxford: Wiley- Blackwell, 67–85.

Hunt, J. (2011), " Prototyping the Social: Temporality and Speculative Futures at the Intersection of Design and Culture," in A. J. Clarke (ed.), *Design Anthropology: Object Culture in the 21st Century*, Vienna and New York: Springer, 33–44.

Ingold, T. (2007), "Earth, Sky, Wind, and Weather," *Journal of the Royal Anthropological Institute (NS)*, 13: S19–S38.

Ingold, T. (2008), " Anthropology Is Not Ethnography," in *Proceedings of the British Academy*, 154, Radcliffe-Brown Lecture in Social Anthropology, 69–92.

Jones, R. (2006), " Experience Models: Where Ethnography and Design Meet," in *Proceedings of the Ethnographic Praxis in Industry Conference*, Portland, Oregon, 82–93.

Kilbourn, K., and Bay, M. (2011), " Exploring the Role of Robots: Participatory Performances to Ground and Inspire Innovation," in *Proceedings of the Participatory Innovation Conference*, Sønderborg, Denmark, 168–172.

Kolko, J. (2011), *Exposing the Magic of Design: A Practitioner's Guide to the Methods and Theory of Synthesis*, New York: Oxford University Press.

Koskinen, I., Zimmerman, J., Binder, T., Redström, J., and Wensveen, S. (2012), *Design Research through Practice: From the Lab, Field, and Showroom*, Boston, MA: Morgan Kaufmann.

Marcus, G. E. (1995), "Ethnography in/of the World System: The Emergence of Multi-sited Ethnography," *Annual Review of Anthropology*, 24: 95–117.

McNiff, J. (1988), *Action Research: Principles and Practice*, Houndsmills and London:

Macmillan.

Mogensen, P. (1992), "Towards a Provotyping Approach in Systems Development," *Scandinavian Journal of Information Systems*, 4(1): 31–53.

Muller, M. J. (2008), "Participatory Design: The Third Space in HCI," in A. Sears and J. A. Jacko (eds.), *The Human-Computer Interaction Handbook: Fundamentals, Evolving Technologies, and Emerging Applications*, 2nd edition, New York: Lawrence Erlbaum Associates, 1061–1081.

Otto, T. and Bubandt, N. (2010), *Experiments in Holism: Theory and Practice in Contemporary Anthropology*, Oxford: Wiley-Blackwell.

Rabinow, P., and Marcus, G. E., with Faubion, J. D., and Rees, T. (2008), *Designs for an Anthropology of the Contemporary*, Durham, NC and London: Duke University Press.

Schön, D. A. (1983), *The Reflective Practitioner: How Professionals Think in Action*, New York: Basic Books.

Sitorus, L., and Kilbourn, K. (2007), *Talking and Thinking about Skilled Interaction in Design*, Workshop Proposal at Designing Products and Pleasurable Interfaces Conference, Helsinki, Finland.

Sperschnieder, W., Kjærsgaard, M., and Petersen, G. (2001), "Design Anthropology—When Opposites Attract," First Danish HCI Research Symposium, PB-555, University of Aarhus: SIGCHI Denmark and Human Machine Interaction. Available at: www.daimi.au.dk/PB/555/PB-555.pdf. Accessed October 6, 2012.

Wasson, C. (2002), "Collaborative Work: Integrating the Roles of Ethnographers and Designers," in S. Squires and B. Byrne (eds.), *Creating Breakthrough Ideas: The Collaboration of Anthropologists and Designers in the Product Development Industry*, Westport, CT: Bergin and Garvey, 71–90.

第二部分

设计的物质性

第5章　实践出设计：在婆罗洲高地建造桥梁

伊恩·*J.* 尤尔特

定位生产

我写本章的目的是倡导制作者扮演设计师的角色。作为一名由工程师转行的人类学家，在我看来，试图把设计过程与生产过程分离开来是愚蠢的，就像把消费从必然先有的创造性活动中分离出来并规定价格（Miller 1995）一样愚蠢。人类学对设计和消费的持续迷恋使生产难以定位，尤其是本节重点关注的生产类型，也就是我们所说的工程人类学。工程是一种特殊的活动形式，我认为可以定义为大规模或复杂物体的公共生产。这个通用的定义将工程从它作为某种程度上西方的和工业化独有的流行观念中移除，并且，正如我在本章中所展示的，它允许我们重新考虑什么构成了生产，并且通过无益的对比，重新考虑通常什么分别构成了设计或消费？我的更广泛的目标是把工程（公共和技术生产）设想为一种主流活动，既不依赖也不排斥西方、工业化、科学、现代性和进步的某些语境，从而，使其总体上在人类学中变得更加普遍。

不同的生产方法避免或面对设计与制造和消费的分离，其中一些方法在这里值得一提。[1] 工程社会学认为，工程师群体以一种非常商业化的方式协商解决方案（Bucciarelli 1994，2002），结果只是一个适当的妥协，而不是一个理想的解决方案。工程设计通常被描述为复杂的社会技术系统的一部分，例如，包括需要遵守更广泛的计划（Petroski 1996），或大型项目的经济现实及其潜在的误解和滥用（Petroski 2012）。工程学是一种实践，它通过生产过程将一个理想的设计变为一个实用的现实产品，这个生产过程被规范和妥协拖慢，被最后期限和经济因素拖累。

工业设计学者提出的第二种方法设想是要仔细了解消费者的需求，而其后果就是忽略了生产过程，产生了从构思到使用之间的延迟。他们认为，一个成功的设计能够预测和取代这类通常我们称为商品的对象（Cross 2011；Norman 2004）。这些相同的对象构成了消费人类学的基础，其研究者们拒绝这种决定论，认为创造性使用是设计活动的有效延伸（Hebdige 1988；Miller1991，2009）。然而，对于工程社会学家来说，设计和生产之间的关系是一种摩擦和妥协，而对于设计学者来说，这种关系基本上是不相干的，因为他们公开强调的（与消费人类学相同）是物品的使用，而不是它们的生产。

如果前两种方法都假设生产是设计的不幸结果，或者是用途的附庸，那么实际生产的实践又如何呢？多年来，人类学的某些分支一直在努力思考生产，特别是法国技术人类学的传统（Lemonnier 1992），但蒂姆·英戈尔德（Tim Ingold）对概念与生产之间的关系进行了更为明确的思考。作为熟练生产的卓越倡导者，英戈尔德强调了制造者和材料之间不断形成的关系，质疑了预先制定计划的影响，以及将环境隐性地降低为仅仅是行动背景的影响（2000）。与克罗斯和诺曼不同，英戈尔德认为，将设计行为从生活中分离出来是还原式的和不现实的，而且是西方工业主义文化特有的。为了阐明这些主题，他引用了工艺和技能的例子，强调了人们与他们周围不断发展的环境之间的关系的重要性。

抛开因怀旧和过分强调传统材料和技能而遭受的批评（Ingold 2007a，b；Miller 2007），英戈尔德以一种在其他许多叙述中被忽视的方式展示了生产的重要性。对于工程社会学家和各种商品专业的学生来说，生产的物理行为在创造一个物体的过程中只被赋予次要的角色。的确，一件物品不仅是物理上的创造，也是社会的创造，其中一些有趣的过程值得我们关注。对于从事设计的人类学家来说，这些当然是必不可少的，但在研究这些过程时，重要的是不要忽略这样一个事实：在这条路线上的某个地方，人们实际上在制造事物。

为了证明工程学方法的潜力，我会简要介绍两座桥的设计和施工的民族志方法。第一座桥是传统的，它在某种意义上仍然与三代或四代之前的早期游客所描述的样式相同（Harrisson 1959），而第二座桥本质上是新颖和陌生的，它是按照更正式的设计，使用最新引进的材料修建的。这使我们可以思考的作为一个预先设想的和正式记录的概念，即设计是否能够主导和指导生产过程；相反，一个直观的或非正式的想法，表明较弱的控制机制，可能导致更大的多样性。传统的和熟悉的桥梁建造很少有讨论或麻烦，而新颖的和陌生的设计往往需要一个更详细却仍然不完整的计划。这种陌生导致了生产中的大量不确定性，需要一系列临时解决方案来完成项目。除了相对熟悉之外，另一个比较轴来自这样一个事实：其中一座桥是用传统的当地材料建造的，而另一座桥是用现代材料建造的，包括钢丝绳和混凝土。这就引起了人们对普遍接受的工业生产和工艺概念，以及这种差别的实用性的质疑。设计和制作之间的关系是一种复杂的纠缠，将其分开是否有用或是否可能是本章的核心。

这里展示的民族志数据来自对马来西亚婆罗洲（Malaysian Borneo）北部山区的科拉比人（Kelabit）的田野调查（Janowski 2003）[2]。科拉比人是一个生活在农村地区的高原少数民族，该地区历史上曾跨越了马来西亚和印度尼西亚之间的国际边界。高原西、北为塔马阿布山脉（Tama Abu mountain）所环绕，东为阿帕德乌阿特山脉（Apad Uat range），交通不便。一条小型飞机跑道服务于最大的城镇巴里奥（Bario）。在过去五年左右的时间里，商业伐木已经达到了该地区的边缘，推动了一个穿越森林的粗糙道路系统的形成，所以现在高地直接连接到婆罗洲的其他地方。最重要的是，这个道路系统包括沿海城镇米里（Miri），到高地需要10小时车程的颠簸，它吸引了许多农村的科拉比人进入有薪就业领域，这也是一处能让他们给自己的丰田四驱越野车装满半吨来自世界各地的各式货物的地方。现在虽然可以在这里获得工业资源，但仍然受到地形、天气和运输成本的严重限制。由于电视和互联网链接正在向甚至最偏远的村庄铺开，获取创意的途径变得更加简单。帕达利村（Pa' Dalih）就是这样的一处地方，这里住着大约150人，其中很多人都过着农耕生活，在有水灌溉的稻田里种水稻，在周围的森林里打猎。这种相对偏远意味着村民们仍然自豪地自力更生，足智多谋，务实肯干，总是愿意尝试新事物。从2008年到2010年，我就是在帕达利及其周边地区看到了这两座桥梁的修建。

一个设计问题

甘南侧着头，专注地盯着他推到我面前的那张纸。这是我笔记本上的一张A5纸，上面用黑色圆珠笔潦草地写着一些内容（见图8）。记载着2008年8月，帕达利村的村民计划在克拉邦河（Kelapang）上建一座新桥，以取代几年前被冲毁的传统竹桥。在克拉邦河的另一边，一些村民有果树、稻田、林场，最重要的是，还有亲戚。没有桥，进入村子就意味着要绕道走很长一段路，还要涉水过河：水浅的时候并不难，但到了雨季，河水变得狂暴而难以捉摸，进入村子的路途变得更加危险。因此，人们计划建造一座新桥，但不是传统的竹桥，而是一种更坚固、更持久的桥——它的名字叫"阿皮尔龙大安桥"（the Apir Long Da'an，大桥位于大安江的交汇处）。

甘南参与了村里许多较大的项目，名义上是村里的工程师，负责制订计划。例如，他给我看了一项相当专业的计划，是为牧师设计的一座新房子，他把这份计划书放到一个透明的塑料信封里，订在墙上。他刚才推到我面前的是他对新桥的设想；它只不过是一个草图，但却成为正式设计的基础。随后，他画了一些更详细的东西，这是最终在施工现场使用的计划（见图9）。四个主要组成部分是高耸的支撑塔、带有锚杆的大型混凝土锚块、钢丝绳和木制人行道。甘南的这幅画与另一座悬索桥惊人地相似。2002年，一家英国慈善机构在附近的雷穆渡（Remudu）建造了一座类似的桥，并带来了材料和志愿劳工。尽管如此，科拉比人从未自己建造过的这样的桥。

这种设计的新颖之处在于它与典型的悬索桥不同。吊桥是20世纪60年代由驻扎在该地区的英国军队引进的，或多或少属于永久性桥梁的标准设计。这种桥通常是由一组钢丝绳串在两岸的树或柱子之间，再将木板固定在上面形成人行道。多股钢丝绳串接起来成为扶手，整个装置由藤条或电线绑在悬垂的树上来支撑。这种桥梁需要固定在一边并拉紧，所以桥梁需要越来越大的张力来拉平底座缆索，在一定程度上，要使桥基平坦，在理论上是不可能实现的。在实践中，你所能达到的最佳效果是一个典型的下垂造型，随着时间的推移，随着各种组件的拉伸和松弛，下垂会增加。

悬索桥基于不同的概念，即通过锚定在两端的高架电缆上的塔架来支撑（或悬挂）基座的重量。基座每隔约1米用悬索连接到这些架空缆索，其长度可以更改已达到基座水平，从而避免了悬索桥的陡峭入口和出口斜率。对于甘南和其他科拉比人来说，悬索桥的原理充其量只是一种模糊的概念，从他们对雷穆渡大桥的观察中收集而来，并被他们对悬索桥的知识所影响。计划中缺乏细节，这意味着在建造过程中会做出决策、错误判断和新发现。

我从早期的描述（Harrisson 1949，1959）和自己到各个村庄的旅行中得知传统竹桥的形式和建造保持了惊人的一致性。接待我的主人安德里亚斯（帕达利村村长）和大多数科拉比人一样，是一个非常务实的人，能够自豪地完成任何任务。我看到他用皮带修好了他的汽车悬架，修理了一个电磨，用竹子做各种各样的东西——杯子、容器、庇护所、刮刀等——还盖了他的房子。当我让他画一座竹桥时，他嘲弄地说："既然我们能造一座桥，为什么还要画一座呢?"然后，他把两只手肘支在桌上，十指交叉："瞧，像这样!"他模仿的原理是把竹竿从河的两边连在一起，然后在河中间会合（见图10）。

科拉比竹桥本质上是一系列的竹竿，锚定在河的两岸，微微升高，在河的中心合拢，与藤条绑在一起，形成一个浅拱。这个理念就是，当你走在竹竿上时，竹竿有弹力，所以当你走到中心时，桥拱就会变平。沿着桥两侧，更多的竹竿被固定成为扶手，就像悬桥一样，整个结构被藤条串在桥面上方的树上加固。这些材料都是易腐烂的，所以整个结构需要在一两年后重建，而同时藤捆通常也会更换一两次。

那么，这两座桥有设计吗？悬索桥以前从未建造过，但在某种程度上却已经被科拉比的工程师们预先设想到了。图纸呈现的基本概念是以两种重要的形式提出的：一是形状、轮廓、主要组成部分的基本布局；二是一份零件清单，详细列出需要获取的并能组装成一座完整的悬索桥的大大小小的零件。如果说图纸明显缺乏细节，物流需求和列表的内容则可以证明，这已经是精心规划：准备铁木（一种强度极高的硬木）木桩，2.6千克9英寸的螺栓，5.4千克6英寸的螺栓、16条20毫米的钩链，4条12毫米的钩链及铁丝网等。把所有的材料运到现场不是一件容易的事，需要用货车从米里运来，铁木产地距米里40千米，沙石取自河里，由船运来，还要几个壮汉把东西拖上岸。装配零散工具的安排和技术的安排同样复杂：发电机用的汽油、电动工具、塑料管、独木舟、做庇护所用的铁皮、有经验的房屋建筑施工人员、观看和学习的年轻人等。另一方面，建造这座竹桥的计划远没有那么详细或经过仔细考虑。事实上，根本没有考虑太多。就像安德里亚斯对我要求画图纸的反应一样，一个瞬间的决定促使一群人出发了，他们身上只带了手头有的东西，包括一座竹桥的概念。

悬索桥的设计依赖于图纸和零件清单，以及大量的讨论，而竹桥则依赖于以往实践的经验和记忆、日常工具和现成的材料。也许在未来，悬索桥及其衍生物会成为科拉比技术传统的一部分，这样，所需的组件、工具和技能就会变得同样的常见并被广泛使用。但现在，如果我们问他们是否确切知道如何建造这两座桥，对于计划对象，答案是否定的，或者至少不完全正确，而对于非计划对象，答案是肯定的。这种先入之见和生产之间的联系的有效性和性质需要进一步的研究。

工程对象的产生并非纯粹偶然；必须有一定的决心，才能把各种各样的想法、工具、技能、组件和材料组合在一起，形成一个连贯的整体。英戈尔德批评设计概念是一种预先决定和最终行动计划，他认为工程对象是通过类似于生长的更有机的机制产生的[3]。他描述了一种生成工件的“力场”，包括制造者也是参与到整个过程中的环境条件的一部分。“这些都是真正的创造性活动，从这个意义上说，它们实际上产生了我们所遇到的真实的、有机的形式，而不是像标准观点所声称的那样，将预先存在的形式转录到原材料上”（2000：345）。他的论点是，有机体和人工制品可以被看作是通过类似的过程创造出来的，因此不可能通过前者的DNA或后者的蓝图来指定一个完整的设计。因此，对英戈尔德来说，把预先设想的活动计划看作是人为结果的基础，就等于忽视了人类在整个世界上存在的生态真相。原材料存在于与其环境的关系中，在这种关系中，制造者会介入并改变某些部件的潜在形式。换句话说，与这个讨论密切相关的是与制造过程相关的关系环境，而不仅仅是有意图的人。人及其行为是由材料指导和塑造的，同时也指导和塑造材料。

英戈尔德的生态框架关系思维可以在许多方面对工程人类学做出贡献：材料和环境在制造过程中相互影响的概念；对概念设计永远不会完成的理解；熟练的生产是生活的积极组成部分，包括应对环境。这需要通过接受这样一种观点来调和：从事这种大规模项目的一群人的确是抱着同一个目标出发的，并有意识地努力将材料加工成所需的形式，以便克服阻碍和转移障碍。

与关系方法相反，工业设计学者强调的是协调模式，而不是固有属性，他们认为设计师能够与他们的消费者共情，并考虑到他们众多的欲望和反应。唐·诺曼（Don Norman 1998，2004）曾撰文说设计师不仅需要理解美学、材料和生产技术，还需要理解心理学和生物学。对诺曼来说，在设计一件物品时，几乎没有什么是不能解释的。一件设计良好的物品将考虑用户的各种喜好，并从本质上指导用户正确使用——破坏或不当使用的范围是有限的。工业设计品的大规模生产削弱了与环境的联系，因此对诺曼来说，生产者并不是（按照英戈尔德的说法）创造性参与的一部分；事实上，生产过程在许多方面是完全独立于人类和生态的。消费者通过占有物品，并通过个性化属性和重新定义赋予物品文化意义，将人重新融入物质世界（Hebdige

1988；Miller 1991）。消费者研究很好地引入了用户的视角，批判了物品强加给社会的观念，但仍然忽视了物品在进入人们手中之前实际生产的重要性。这两种方法都侧重于商品或工艺品，似乎也不适合描述工程物品，即被理解为公共生产的大型或复杂物品。第一种方法过分强调设计师，第二种方法过分强调材料和环境的影响。生产比诺曼所建议的、预先确定的、匿名的活动更具即时性和流动性，而工程师们的行为比英戈尔德笔下的工匠们更为机械和有力。

尽管如此，他们仍然是一群与他们所处环境息息相关的创意代理人，并且作为一个群体，他们有着共同的目标。对于一个大的或复杂的物品，误解和错误的范围被放大了，一个精确的计划不太可能全面到足以应付生产过程中不可避免的意外。巴恰雷利（Bucciarelli）在分析工程设计过程方面非常突出，他使用物品世界的概念来说明这些公共项目需要混合技能、职责、兴趣（1994）和语言（2002）。他的方法基于由企业目标驱动的项目，以业务或管理视角作为起点。团队由专业人员组成，他们需要以团队的方式一起高效地工作。正如巴恰雷利所说，"不同的参与者在不同的领域对系统的不同特性进行研究；他们有不同的责任，而且往往一个人的创造、发现、主张和提议会与另一个人的产生冲突"（2002：220）。这在工业世界的工程中是正确的，但在科拉比工程中却并非完全正确。巴恰雷利的物品方面由独特的工具、文本、供应商、代码和不成文的规则组成。他们的语言具有欺骗性，因为尽管是英语，但它仍然是外国语言，需要学习。然而，科拉比的物品方面的问题较少，而且更连贯，因为从事工程的同一群人也在一个小型社区中一起耕作、狩猎和休息。尽管如此，巴恰雷利的观点很清楚：即使是在计算机和工业化生产的受控环境中，设计过程也并不总是奏效。

工程人类学似乎可以利用这每一种方法，但完全不依赖于其中任何一种。科拉比人当然更像工匠而不是实业家，但建造一座悬索桥无疑是一个工程项目，使用的是工业材料。他们与环境的关系是他们成功的关键，但我们必须承认，他们的环境发生了根本性的变化，这种变化已将他们的环境范围从高原扩展到婆罗洲的其他地区，最终扩展到世界的大部分地区。动态的和不断扩大的环境关系以及历史社会传统为他们的设计实践提供了背景，这一点现在可以通过对桥梁建设项目的描述来说明。

两座桥的故事

悬索桥的建设是通过科拉比自愿公共劳动系统（kerja sama）完成的，在这个系统中，村民们聚集在一起，互相帮助完成劳动密集型的任务。要建造大桥，这意味着在指定的日子里，大约有十个人会出现，存放他们的工具，生火。其中最突出的是甘南，一位名义上的设计师；罗伯特，一位经验丰富的建筑工人；安德里亚斯，村长；还有他的哥哥乔利，他和安德里亚斯一起收集了大部分的材料。所有的科拉比男人都可能有一些建造和修理房屋的经验，并且因为定期进入森林而拥有用信手拈来的任何材料即兴创作的动手能力。就新桥而言，这些材料包括线圈、固定桩、木材和工具，它们被放置在工地临时的锡屋顶下。在讨论了甘南的图纸之后，工作开始了，大部分人留下做他们认为最恰当的事情。然而，很快，当小组开始研究如何使用组件和材料以及需要解决哪些问题时，这幅图就被弄皱了，也被忽略了。参考前面提到的四个主要桥梁组件，我现在简要描述一下施工顺序。

混凝土锚块是通过挖大洞，然后用米里运来的水泥、河沙和路边石头制成的混凝土填充而成。尽管混凝土很快流行起来，但仍然是一种相对较新的材料，所以调混凝土很大程度上靠罗伯特，他曾在米里的建筑行业工作，被公认为是最熟练的建筑工人。他毫不费力地铲起一铲沙子和水泥，然后手腕轻轻一抖，就把它们在半空中搅成了一团。然后，将这种混合物铺上石头，形成一个大的实心块，在其中放置成对的100毫米见方的铁木锚杆。

在竖起主木塔之前，必须在河对岸设置基准面，以确保人行道平坦，并消除压力。在房屋建筑中，设置水平面的诀窍是使用一个装满水的透明管道，并在管道的两端标记自然相等的高度。由于没有足够长的管道可以通到河对岸，大家经过简短的讨论，得出了一个简单的解决方案：在树和桩之间的水平线上设置了一个高度，该桩与对岸的堤岸相距约3米。两根钉子，一根钉在树上，一根钉在木桩上，用一根短水管拉平。一个人用一只眼睛沿着两个钉子的线朝着对岸瞄准，只要他大喊一声，另一个在河对岸的人就可以在树上做出一个标记。

支撑塔高8米，由两根4米长的铁木组成，根端插入地下2米。这比其他任何桥梁都要高得多，而如何将两根4米长的铁木连接？这个问题引发了大家的讨论。房屋的支撑柱是将铁木的下部固定在地面上，然后通过螺栓固定的搭接接头连接到更容易获得的当地木材上。同样的接头也在这里提出过，但许多人认为压力会大得多，而且最终会过大。甘南使用了厚的金属加固板，用螺栓在接头的两边分别固定，但他发现，9英寸的螺栓太短，无法穿透两个金属板和5英寸的木柱。现成的螺栓都用不上，所以大家达成折中方案使用额外的螺栓并弃用钢板。

塔一竖立起来，两对粗钢丝索就跨过河面架设起来。其中一对越过塔顶作为主要的支撑索，另一对靠近塔底托住木制人行道。然后，棘手的任务是用钢丝纵向加强条将较低那对缆索与上方3米处的一对缆索连接。几位工匠私下里提出了几种解决办法，包括在高处的栏杆上搭建一个临时工作平台，或者在紧缆之前把纵向加强条固定好。没有人确切知道该做什么。最后，解决方案有些笨拙，也不是特别有效。四根主缆被拉紧了；每根纵向加强条的一端都有一个环，这个环被抛投到上面的缆索上，缆索松开的一端穿过环，并尽可能地把缆索拉紧。即使费了很大的力气，缆索还是无法完全拉紧不会滑动，走向桥中心方向的整个过程变得极其危险，桥面上除了铺在下方缆索上的几块木板可以保持平衡外，没有什么东西可以站在桥上。最终，许多连接缆索滑动了，根本没有提供张拉支撑。

我描述了一些修桥的磨难，不是要特别强调它们，也不是暗示科拉比人难以应对项目的规模或复杂性。相反，这些和无数其他的小问题都以幽默的方式、以科拉比人通常的足智多谋得以处理。经过大约6个月的工作，阿皮尔龙大安桥最终在2009年年底完工。帕达利村的村民为他们的成就感到自豪，他们称这座桥是“有史以来最好的科拉比桥”，而它在很多方面确实如此。它可能是他们用最好的材料建造的最大的一座桥，正如一些建筑工匠对我说的，它看起来自在舒适，似乎回到了它的森林之家（见图11）。

穿过克拉邦河，经过新建的悬索桥，沿着几百米的小路步行，你来到了一条支流——大安河。要过河，人们要爬过一堆洪水褪去后露出的原木，因此大家一致同意在这里修建一座相对较小的新竹桥。竹桥跨度约10米，远不及上游40米的悬索桥长，被视为一项相对简单的任务。在新桥建成之前，这里本来会建造一座40米长的竹桥横跨克拉邦。

一天早上，当地一位因技术好而闻名的护林人伊西·贝拉万（罗伯特的父亲）和罗伯特、甘南，还有一位健壮的年轻人利安一起出发去开工，我敏捷地跟着他们。两种主要的材料——藤条和竹子——都很容易得到：这个地区盛产竹子，包括我们大安桥工地旁边也有许多。竹子不是刻意种植的，但是竹竿却是经过精心挑选的，以便留下足够的生长空间供将来使用，从而形成了令人印象深刻的高达二三十米的广阔的竹林。看过该地区几座竹桥的竿子的尺寸和数量后，我认为这座新桥是一项相当重要的工作，需要大量的规划和协调。于是我们出发了，伊西嘴角叼着自制的香烟，罗伯特撑着他的独木舟逆流而上来会合我们，甘南以他自己稳健的步伐大步向前走着，利安一言不发地冲进了森林。我们一到现场，每个人似乎就立即行动起来。伊西挑选并砍下了几棵巨大的竹子，把它们推到河里，罗伯特把它们收集起来，然后和甘南一起把它们拖到岸边。当他们拖竹子的时候，伊西将一根竹竿横着固定在对岸的两棵树上，高度和我所站的河岸差不多（在这里设置水平面不是问题）。他们把三根竹竿的一端抛到对岸，搭靠在这根竹竿和我站的河岸之间，然后，开始用藤条把它们漂亮地绑在一起，形成了一条人行道。与此同时，利安吵吵嚷嚷地又出现了，肩上扛着几棵看上去像大树的东西，树梢已经被他用帕兰砍刀（parang）削尖了，然后把它们打入地面。后来我发现，这是一种特殊的树，当地人都知道，当它像这样被种植时，会热情地生根。我还没反应过来，人行道就装上了扶手，搭好了出口坡道，伊西正爬到高高的树上，把藤条捆扎起来，现在已经编成绳子，支撑着桥中心。三个小时后，包括午餐休息时间在内，大桥完工了，伊西的注意力被他的下一根香烟吸引住了。

实践出设计

这两个项目之间的对比是显而易见的。一方面，阿皮尔龙大安河悬索桥从甘南绘制的草图开始一直进展缓慢。另一方面，这座阿皮尔布鲁桥（竹桥）却毫不费力地搭建了起来，几乎没有什么讨论，每个人都知道需要做什么，而且显然能够着手进行。传统桥梁没有新桥梁那样的不确定性；它的原则经过几代科拉比人的磨砺，每一条原则都在桥梁建设专业知识的川流不息中相互重叠。相比之下，这座新桥还只是涓涓细流，因为各种近似知识的水滴汇聚在一起而形成了经验和理解的新潮流。

随着新材料和新工具的引入，生产中的不确定性要求悬索桥的设计更加正式。这进一步限定了某些行为，例如获取合适的材料，识别和收集有用的技能、专门的工具等。与传统的桥梁不同，在最初阶段，设计和生产之间存在着明显的分离：生产行为被抽象地想象为未来的活动，而不是建立在经验知识的基础上。在生产过程中，这些抽象的不确定性脱颖而出，成为新技术和新经验产生的焦点。实际上，设计和生产之间的距离逐渐缩小，以至于科拉比工程师在进行设计时将这两项活动合并成一项单一的工作。尽管该项目的设计阶段可以与诺曼或彼得罗夫斯基（Petroski）的工业工程学观点相比较，但在实践中，它表现为一种手工艺行为，对材料和环境潜力的细致入微的理解和推动不断做出调整。设计充当的是一种资源而不是行动的蓝图（Suchman 1987），是一个出发点而不是最终目的地。

相反，由当地材料制作的传统桥梁在某些方面更加工业化。竹桥的大规模生产是科拉比人的一项例行活动，有着相当严格的指导方针，就像其他工业商品可能大规模生产一样。设计和施工技术的灵活性受到文化和历史因素的限制，在很大程度上消除了施工过程中的任何不确定性。我们可能以为竹桥体现了工匠观点，在特定的环境下，材料和熟练工人之间的相互作用（Ingold 2000）适用于修建竹桥。事实上这种建竹桥的工匠观点其实与建新桥的工业工程观点如出一辙。工艺和工业化并没有明显分开。

从这两个不同的项目中可以看出，实践对任何设计都有重要的贡献。一件不熟悉的物品开始是一个想象的概念，但在生产过程中，随着对无法预见的问题的解决方案的设计，最初的想法被稀释或转移。该设计是有效的设想，对桥梁的设想和修建过程，与生产实践同步并随其后产生。另一方面，建造熟悉的传统桥梁是对以往设计和活动的重复。这些基本理念是固定在科拉比工程师的头脑和身体里的；仍然存在一种设计，不过它是一种本质上不同的设计形式。竹桥作为一种传统，即使面对新材料和新技术，仍然具有很强的适应能力。例如，在这座桥的建造过程中没有使用链锯，藤条往往是默认材料，只是偶尔或稍后才会被钢丝取代。不断地“做”相同的设计会让它变得越来越具有习惯性，而且改变的可能性也越来越小。因此，设计并不需要一种特殊的“设计师式的认知方式”（Cross 2011），而需要的是依赖于设计师式的实践方式：在工作中设计，而不是在头脑中设计。

工程人类学方向

学者们已经从工业设计和商品生产（Norman）、生态响应性（Ingold）和工程社会学（Bucciarelli）等不同的学术立场考虑了设计和生产之间的空间。每种立场都提供了有助于理解这里的民族志案例的见解，但是在关注特定的生产方法和材料方面，这些立场同样存在问题。作为工程人类学，科拉比桥模糊了非工业工艺与工业设计和生产之间容易被接受的区别，同时也说明了习惯性生产和新颖性生产之间的差异。

把工程看作人类学的课题，使我们在调查生产实践时能够采取文化中立的立场。工程是一种特殊的生产形式，通常被视为工业化和大规模生产商品的同义词，而非更广义上的大规模或复杂物品的公共构建。如此紧密地将工程与工业化联系在一起，带来了许多需要严格审查的后果。最重要的是多重分离行为：角色的专门化；远离生产活动的企业动机；源于文化环境的自然；来自普通人的技术等。一般来说，生产和工程在许多不同的方面被看作是与日常文化生活相分离的，然而同样的日常生活中，工程师和生产者的工作却无处不在。

例如，诺曼（Norman 2004）所描述的工业设计和生产，积极地区分了设计师、生产者和用户。设计师被看作是与工程师分离的，因此设计过程与生产过程也是分离的。随着时间的推移，这已经成为一个老生常谈的事实，设计行为被认为是一个独立的生产活动，需要不同的，甚至特殊的技能（Cross 2011）。然而，将此思想扩展到非工业环境中就使它受到质疑。例如，在科拉比高地，工程项目的地点和活动是社区生活的组成部分。设计者、生产者或用户之间没有转化或挪用。

工程的工业概念通过协商妥协解决了这些独立参与者和活动之间的分歧（Bucciarelli 1994；Petroski 1996），将经验、加工材料和机械设备结合在一起，进行有限制的合作。这也是科拉比悬索桥作为工业材料、工具和技术产品的基础。但是，它依赖于技术和创新来克服许多无法预测的复杂情况，而非依赖于经过协商制订的计划或精心控制的行动链。实际上，这是一种手工艺。也许所有的工业工程都是如此，但是熟练的操作被设备和系统的泛滥所掩盖，尤其是在西方文化环境中。

相比之下，一件由天然材料手工制作的物品，常常被认为（Ingold 2000）是由材料和设计共同决定的。工匠依赖于对原材料的同理心和感觉来创造他的物品，从工业的角度来看，这是一种更接近于艺术而不是工程的活动。从竹桥的例子中可以看出，情况未必如此。这个由天然材料手工制作的物品，在建筑者看来是平淡无奇和必需品，缺乏现代桥梁的标记，在某种程度上更接近工业生产的概念。

对于科拉比人来说，建造一座竹桥是一种熟悉的表演，是生活中有规律的一部分，也是一件相对频繁发生的事情。这是一项在社会和技术方面都已相沿成习的主流活动。一群人将用已知的方式和熟悉的材料制作这种桥，通过重复来保持常规和传统。这是一种直观的、具体化的知识形式，设计是通过反复的制作行为而相当牢固地固定下来的，而不是抽象的先入之见的结果。他们的标准制作方法是详细而灵活的，足以应付现场条件的差异或无法预见的问题。新的悬索桥是一个更加不确定的概念，其规划成果不那么为人所熟悉，因此在其建设过程中遇到了更大程度的不确定性。这种情况下的设计出现在施工过程中，设计一开始是一个愿景和一个正式的行动计划，然后随着不确定性的出现而被摒弃，因为生产者要解决新的问题。设计不仅是不完整的，无法预期对象，而且更为根本的是它无法与生产的性能相分离。

作为工业视角或生产即工艺的一种替代方法，工程人类学可以使用诸如修建这两座桥梁等此类例子来提供有用见解，探讨设计和生产之间的关系。主导的生产概念，如工业或工艺，包括不一定普遍的特定概念，正如大规模生产的竹桥和新悬索桥固有的工艺所证明的一样。尽管从规划、组件、工具和技术上看，这些桥梁之间存在着材料上的差异，但它们都表明生产融合了设计和制造的各个方面。设计和生产不是独立的活动，设计也不是一种先入为主的行为；相反，说得更准确些，设计发生在行动中和手中：换句话说，设计本身并不存在，不过是性能表现的一部分而已。

注释

[1] 当然，这些绝不是社会科学参与工程的唯一例子。在科技史上有大量的文献，彼得罗夫斯基就是其中之一（2012）。在科学和技术研究中，唐尼（1998）和萨奇曼（1987）是另外两位人类学作者。潘妮·哈维（Penny Harvey）还撰写了许多民族志论文，记录了秘鲁的道路建设（Harvey和Knox 2010），这些论文突出了土木工程项目的文化知觉。

[2] 田野调查是在就读牛津大学的ESRC博士生期间进行的，这也是AHRC资助的一个更广泛的项目——“培育雨林”（The Cultured Rainforest）的一部分。

[3] 萨奇曼（1987）也对预先确定的和完整的计划的想法提出了质疑，他更多地将其描述为后续行动的一个起点。

参考文献

Bucciarelli, L. L. (1994), *Designing Engineers*, Cambridge, MA: MIT Press.

Bucciarelli, L. L. (2002), "Between Thought and Object in Engineering Design," *Design Studies*, 23: 219–231.

Cross, N. (2011), *Design Thinking: Understanding How Designers Think and Work*, Oxford: Berg.

Downey, G. L. (1998), *The Machine in Me: An Anthropologist Sits among Computer Engineers*, London: Routledge.

Harrisson, T. (1949), "Explorations in Central Borneo," *The Geographical Journal*, 64: 129–149.

Harrisson, T. (1959), *World Within: A Borneo Story*, London: Cresset Press.

Harvey, P., and Knox, H. (2010), "Abstraction, Materiality and the 'Science of the Concrete' in Engineering Practice," in T. Bennett and P. Joyce (eds.), *Material Powers: Cultural Studies, Histories and the Material Turn*, London: Routledge, 124–141.

Hebdige, D. (1988), *Hiding in the Light*, London: Routledge.

Ingold, T. (2000), *The Perception of the Environment: Essays in Livelihood, Dwelling and Skill*, London and New York: Routledge.

Ingold, T. (2007a), "Materials against Materiality," *Archaeological Dialogues*, 14: 1–16.

Ingold, T. (2007b), "A Response to My Critics," *Archaeological Dialogues*, 14: 31–36.

Janowski, M. (2003), *The Forest, Source of Life: The Kelabit of Sarawak*, Lon- don: British Museum Occasional Paper no. 143.

Lawson, B. (2004), *What Designers Know*, Oxford: Elsevier.

Lemonnier, P. (1992), *Elements for an Anthropology of Technology*, Ann Arbor: Museum of Anthropology, University of Michigan, Anthropological Papers no. 88.

Miller, D. (1991), *Material Culture and Mass Consumption*, Oxford: Blackwell.

Miller, D. (1995), "Consumption as the Vanguard of History: A Polemic by Way of an Introduction," in D. Miller (ed.), *Acknowledging Consumption: A Review of New Studies*, London: Routledge, 1–52.

Miller, D. (2007), "Stone Age or Plastic Age?" *Archaeological Dialogues*, 14: 24–27.

Miller, D. (2009), *Stuff*, Cambridge: Polity Press.

Norman, D. A. (1998), *The Design of Everyday Things*, London: MIT Press.

Norman, D. A. (2004), *Emotional Design: Why We Love (or Hate) Everyday Things*, New York: Basic Books.

Petroski, H. (1996), *Invention by Design: How Engineers Get from Thought to Thing*, Cambridge, MA and London: Harvard University Press.

Petroski, H. (2012), *To Forgive Design: Understanding Failure*, Cambridge, MA and London: Harvard University Press.

Suchman, L. A. (1987), *Plans and Situated Action: The Problem of HumanMachine Communication*, Cambridge: Cambridge University Press.

第6章　解剖设计：制作和使用人体的三维模型

伊丽莎白·哈勒姆

从人类学角度看模型

解剖学的研究产生了既有挑战性又迷人的方法，以及可视化人体形态。本章探讨解剖学三维（3D）模型，致力于当代背景下模型的设计、制作和使用的过程，在此背景下，模型被调动起来产生和传达解剖学知识。对于这一知识的关键问题，英国各大学医学院的解剖学家和他们的同事之间存在着广泛的争论：如何最好地教授有生命的、正在生长的、能活动的身体的解剖学，以及在这项任务中需要哪些方法和设备？这种嵌入了设计实践的教学非常重要，因为学生在医学生涯开始时学习的解剖学知识被认为对他们以后的工作有重大影响。专家认为，"解剖学是临床实践的基础。医生需要解剖学知识来进行检查，制定诊断标准，采取干预措施，并将结果传达给患者和其他医疗专业人员"（Kerby，Shukur和Shalhoub 2011：489）。因此，设计在解剖学的教学中是不可或缺的，它最终会影响到对生命和死亡的生物医学管理。

在这里，我分析了作为必然的相互关联的物质和精神的建构，以及作为一个社会过程的设计。这种方法是通过人类学对于材料、具体实践和社会互动在知识形成和转化中的重要性研究了解到的（Grasseni 2007；Marchand 2010）。因此，我致力于在学习场所与材料进行具体的感官和想象力的接触。作为对设计人类学新兴领域的贡献（Gunn和Donovan 2012），解剖设计的研究为人体、物质文化和生物医学等几个人类学研究交叉领域带来了一个新的视角：人类身体的感知和体验是如何在社会和文化上构成的，事物的材质如何塑造人及其关系，科学是如何被（创造性地）实践的（Edwards，Harvey和Wade 2007；Ingold 2007；Lock和Farquhar 2007）。研究设计的物化和设计作为一种具体化的、对话性的和想象的过程的实施，可以洞察人与物质实体之间的关系，以及知识形成过程中概念与物质之间的关系。这些关系通过设计实践在社会和物质上进行协商。虽然设计在科学发展中的作用，以及设计师在博物馆公开展示科学方面的作用，已经受到了一些学者的关注（de Chadarevian和Hopwood 2004；Macdonald 2002），而我谈到的医学培训设计的一些方面（特别是解剖学）至今仍未在人类学著作中得到检验（Good 1994；Prentice 2013；Sinclair 1997）。这个设计关注点是很及时的，因为解剖学家最近对与专业人士的“合作互动”很感兴趣。例如，建筑师受雇来设计解剖学教学设施和设备，因为设计对解剖学在指定工作场如何进行会产生影响（Trelease 2006：241）。

为了研究解剖设计，本章详细关注了一个在苏格兰东北的民族志背景：阿伯丁大学的解剖学实验室（The University of Aberdeen's Anatomy Facility）（前身是解剖系），2009年之前一直位于马修学院（Marischal College），现在位于弗雷斯捷希尔校区的萨蒂中心（the Suttie Centre at Foresterhill Campus as part of the School of Medicine and Dentistry），作为医学和牙科学院的一部分。在这里，一位高级讲师、一名助教和一名技术人员与学生们一起，一直在积极地设计一套仍在开发中的解剖模型，这是他们日常教学活动的一部分。[1] 他们的工作实践区分了几种类型的模型：特制模型是他们在现场制作的，并将其视为集体的构建而非个人所属；“历史模型”（historical models）研究了来自过去的有价值的工件；“现代塑料模型”（modern plastic models）则是过去的二十年来购于一位商用制造商并定期用于教学的模型。尽管有这些区别，所有的模型都是相关的，因为它们是按“代”排序的，较近的版本被视为之前版本的派生物。本章涉及模型之间这种亲缘关系的一个方面——

它们的（重新）生产，这发生在现有模型进行扩展和增强其功能的修改的过程中，或者当与现有模型交互产生新模型的设计时。在这里（重新）建模是通过对话式教与学进行的，在这一过程中，现有模型的局限性变得明显。

在此过程中，设计和使用之间的差别经常被消除（Redstrom 2008）：只有当模型被使用时，它们的局限性才会被识别出来，设计才能克服这些局限性。只有在使用中，一些模型的作用才会得以真正实现。设计和制作是类似地交织在一起，因为正是在制作中，一个解剖模型的设计才更充分地成为现实。因此，模型是通过概念和构造，通过用户对模型的参与，并通过对这种参与的回溯性反思，随着时间的推移而发展的，而这种反思将继续发展为未来的建模。如果像尼古拉斯·托马斯（Nicholas Thomas）所说的那样，“物品不是它们被制造出来时是什么样子，而是它们变成了什么样子”（1991：4），那么对这些物品的分析就必须随着时间的推移而进行。本章所涉及的模型集是大约2002年以来一直在发展的模型，这是一个相对较短的时期，与解剖学建模的长期发展密切相关。在接下来的章节中，我将简要地将模型作为教学用具进行历史性的分析，说明它们在当前英国医学院教育中的作用。然后，我将讨论模型是如何在阿伯丁大学的解剖学中心构成和传播人体知识的，并以激发、推动和塑造材料与社会的互动的角度来探索设计和设计活动。这里的教师把现场模型设计看作是他们教学中不可或缺的一部分（而不是一种特别标记的设计活动），模型产生于集体构思和集体对材料的加工。这些材料包括商业模型和其他最初不是为解剖目的设计的产品，我对用一种特殊金属丝即兴创作的模型的讨论表明这些元素的材料和视觉特性在实践中是如何塑造设计的。这种即兴创作是一种社会的、创造性的、以物质为基础的生产过程（Hallam和Ingold 2007）。最后，我研究了解剖学设计与对话互动之间的动态关系，那就是学习过程中成功的沟通必不可少。

本报告采用的田野调查，包括始于1999年，在苏格兰和英格兰的医学教育遗址进行的博物馆和基于档案的研究（Hallam 2006）。虽然对设计过程的分析将解剖学家和学生定位为研究对象，但由于他们的行为、描述和解释在本报告的写作中至关重要，所以他们也被定位为本研究的合作者。研究参与者也将阅读并可能参与报告的撰写。因此，这样的人类学著作并非简单地描述社会生活，而是构成社会生活，并可能形成社会生活；在它们分析的实践领域中，它们可能被消耗掉并对这一领域产生影响，从而为未预料到的未来部署打开大门（Harvey 2009）。对于设计人类学来说，这表明人类学的报告能够反馈到设计过程中，这取决于这些报告如何通过人类学家的合作在设计从业者之间传播。

解剖模型：设计问题

科学的历史研究突出了三维模型在知识形成中不断变化的意义（de Chadarevian和Hopwood 2004）。正如最近的人类学研究表明的那样，模型不仅变化和转化（其感知的正确性和有效性受到重新评估和质疑），而且对模型这一术语的理解也随着历史和社会背景而变化（Isaac 2011）。无论是将模型视为已经存在的事物的复制品，还是作为改造世界的工具（Harvey 2009），模型在其生产和使用的社会环境中形成、找到目标和发挥作用。在这些过程中，设计的实践和对设计的理解出现并改变。

18世纪和19世纪在欧洲大陆制作的解剖学模型，经常以蜡、灰泥和纸浆木纹显示出高度引人注目的细节（Maerker 2011）。其中许多，及其后来产生的变体，都是由英国解剖学家在医学院教学中获得的，特别是在19世纪下半叶到20世纪初（见图12）。到20世纪50年代，“现代材料”的优势，特别是塑料，可以承受频繁的操作，得到了解剖学教学从业者的认可（Blaine 1951：338）。欧洲大陆的制造商，特别是成立于1876年的德国SOMSO®公司，生产了20世纪中期以来的塑料模型，每个模型由若干部件组成，供教师和学生反复拆卸和重新组装。这些都成为英国医学院的主要教学资源。

虽然商业模型制造在英国还没有发展到同样的程度，但是模型制造已经很重要了——不像在欧洲大陆那样在老牌的工作室和工厂里制造，而是在其他不那么知名的工作室和医学院制造。该医学院的建模采用折衷的方法和异质的材料，为特定的目的创建了一次性或少量的模型供当地现场使用，而不是创建大量的模型供国际分销。与18世纪著名的威廉·亨特（William Hunter）和约瑟夫·汤恩（Joseph Towne）在伦敦制作的蜡制石膏模型（Alberti 2009）不同，由众多解剖学家、技术人员和医学院学生用混合介质（有时是回收产品）临时制作的特制模型，到目前为止很大程度上未被研究。然而这些特质模型的做法与其他解剖制作模式一致并密切相关，例如，经过防腐处理的尸体的解剖和保存标本的准备工作，这些制作使用了这项工作和活动其他领域的技术、工具和材料（Hallam 2010）——在促进和深化对人体解剖的理解中往往至关重要。19世纪初，人们开始用从餐巾纸到报纸的各种产品制作临时模型（比如1901年的Pettigrew）。到了20世纪中期，解剖学家们继续强调模型制作的重要性。虽然进口的商业模型被认为是有用的，但它们也有缺点，因为它们“很少被设计成特定教学系统的一个组成部分”（Hamlyn和Thilesen 1953：472）。相比之下，医学院内部设计的模型产生于特定的教学实践，并被完全融入具体的教学实践中。

因此，在不断变化的教育背景下，特制的解剖模型作为材料实体已经成形。自20世纪70年代以来，由于医学课程中解剖学研究时间的减少，以及其他教学方法和设备的发展，解剖模型的设计受到了影响。以至于尽管学生解剖人体的机会减少，却出现了供学员学习使用的示教解剖（由教学人员提前保存解剖的身体部位），电脑解剖软件（例如，交互的数据库解剖图像和视频剪辑），和商业生产的塑料模型（Collins 2008；Fitzgerald 1979）。这种被称为解剖“材料”的局部组合有助于形成设计和部署特制模型的环境（下一节将对此进行描述）（《指南》（*Guide*）2009：16）。在这些模型中，没有一个模型——无论是商业模型还是现场制作的模型——被当作（被认为是）“真实”人体的替代品。相反，它们作为活着的和死去的身体的“附属品”，被用于学习（《指南》2009：17）。而且，考虑到学生学习解剖学的时间有限，模型不需要具备令人信服的解剖学细节，因为这被认为太耗时或与学习不相关。相反，模型——如果是专门设计的，就会变得非常简单和抽象——充当了管理“真实”身体的绝对细节或复杂性的工具。正如下面的分析所表明的，模型在帮助阐明知识的同时，不仅在专家和新手之间，而且在物理和概念之间也起着至关重要的中介作用。“有用的设计”在这里是一种社会中介的物质模式。

在实践中学习解剖学

阿伯丁大学解剖学实验室设计的主要目的不是生产有形的产品，而是使解剖学知识能够在一个由专家和学生组成的社区中得到适当和有效的教授和学习。这包括对现有商业解剖模型的批判性评估，促进它们的现场重建，以及促成新模型的本地改良。但这些材料实体本身并不被视为目的，因为它们被设计成作为学习解剖学的材料而付诸实践。

在这种背景下学习解剖学的目的是“为学生提供一个与人体有关的基本知识和实践技能的框架，这是理解人类如何在健康和疾病中运转的重要组成部分。”这里引用的身体包括所有人类的身体，而生理差异，特别是那些涉及性别与年龄的差异、被强调为“正常人体结构和功能的常规变化范围”，超出这一范围之外的就是“异常”（《指南》2009：7，9）。解剖实践从而参与对（正常）人体的定义；事实上，实践在构成人体方面是有影响力的，即使它们声称只是要揭示它。解剖学，正如当代教师和学生对它的定义，既是一个已经存在的事实知识领域，也是一个（不断变化的）学科实践领域，学习者必须积极参与其中，才能正确理解身体。因此，解剖学知识是通过学习来交流和产生的（这只能发生在授权的、受法律监管的机构中）。

这种学习是一种触觉和视觉的过程，因为“解剖技能”是通过“实践经验”发展起来的。医学院一年级的学生必须具备“能够用心眼看到并用一只检查的手触摸皮肤下的身体结构”（《指南》2009：8）。“心眼”可以理解为人的记忆的一部分，吸收和存储感官印象，无论这些印象是视觉、触觉、听觉，或是嗅觉（Morgan和Boumans 2004），在解剖学语境下，这一概念用来描述学习的过程，不仅涉及学习者的头脑，而且涉及他或她的身体。通过参与（受指导的）实践活动，通过“做解剖”（《指南》2009：10）来体会学习的重要性，人体本身已需要学生学习，而他们最初往往不熟悉这种方法，尤其是因为它往往会动摇根深蒂固的假设，并反对对精神和体力工作、理论与实践进行等级排序（Roberts，Shaffer和Dear 2007）。

训练学生的眼和手是为了提高他们的能力，使他们能想象和记住“身体各部位是如何组合在一起的以及这些组件是如何工作的”（《指南》2009：8）。视觉化是准确地想象和理解解剖部位或结构之间的空间关系，而该技能是通过长时间密切的目视检验和手动调查磨炼出来的。从这个角度来看，学习解剖学“在你的头脑中建立一个完整的三维图像”，在脑海中把身体的“组件”组装成一个单一的功能单元（《指南》2009：16）。设想这形象是动态的，而不是固定或完成的，被视为解剖知识的核心而备受重视。这形象会随学生在训练中参与解剖材料的时间的增加以及在未来他们作为医疗从业者，进行临床检查，为病人提供治疗的时间的增加而不断增强。因此，具有多年经验的解剖学教师，与学生相比，具有“专业的三维概念化”，而学生的三维概念化尚未形成（Patten 2007：14）。

解剖学作为一种通过身体的自律行为进行的视觉教育，也锻炼了学生的想象力。为了构建必要的三维心理图像，学生们从解剖材料中获取外部视觉和触觉印象，并将这些印象内化或合并，构成一个移动的身体内部的图像，这个图像既不完全来自该解剖材料，也不完全是想象出来的，而是介于两者之间。学生必须发展自己的能力，以保留和不断更新一幅心理解剖图像，随着时间的推移，他们可以从不同的角度推断和视觉化不同的医疗目的。掌握解剖知识就是开发一个持久的心理形象，它依赖于直接的具体实践来维护和修改，而且它还被预料到会长久地被记得、被建设、被改进，而不是不断地重新生成。

建立学生对身体的三维心理图像，需要学生在指定的教室内，通过与解剖材料的互动，将触觉视觉化。该材料包括保存完整的、解剖的或示教解剖的尸体；博物馆标本；三维模型；教科书插图；图表；医学图像如X射线和磁共振成像（MRI）和计算机断层扫描（CT）；计算机辅助学习包；还有学生自己的身体，他们上表面解剖课时，被教导观察他们自己和扮演人体模型（着装恰当）的解剖部位。单一的教材和方法是不够的。更确切地说，知识是在二维和三维解剖的多种不同表现形式之间的运动中和在对解剖材料之间的关系的追溯中作为一个中间过程产生和传播的（Hallam 2006，2009）。

学生在相关材料领域内的活动是由教师对采用的不同解剖效果图的评估来指导的。商业生产的塑料模型被认为“不如真实的东西好”，即尸体或活体（《指南》2009：17）。与“真实的”模型相比，这些塑料模型的局限性在于不能在真实的人体中显示出明显的变化（因为每个特定解剖部位的塑料模型看起来都是相同的，而不是像在活体中那样变化）。然而，老师们把它们定义为“通往理解解剖学的有价值的垫脚石”（《指南》2009：17），它们提供了一条通往而不是直接获取知识的途径。由于塑料模型简化而非模拟复杂的解剖内部构造，它们不被作为主要的参考点（不像实际人体那样），但作为学生可以调动的结构材料，例如，在解剖部位细节和同部位的图示细节之间找到详细的对应。提供中间层次的细节时，塑料模型可以起到中介的作用；它们促进学习时的观察和触觉运动。特制模型也用作中介。如本章其余部分所讨论的，这些模型是在现场设计和构建的，有助于阐明和传达解剖学。

模型材料

阿伯丁大学解剖学实验室的老师们指出，模型特别有助于学生看到人体分割和解剖中难以看到的部分，尤其是神经、血管和淋巴管等复杂结构。为了更清楚地掌握这些结构，教师和技术人员通过与学生对话，通过重新加工现有的模型和利用其他现成的材料来创建新模型的方式等来参与设计工作。他们采取这一方法的主要原则是材料应该是手边的或其他容易获得的、便宜的和适于快速加工的。所以解剖学的困难之处就源于这平常和熟悉的建模。例如，有时需要使用木材等原材料，但许多模型材料通常是为其他目的而设计的产品，但它们具有可识别的、能够适应建模任务的潜力。

这种对现有产品的解剖式重新设计/使用，与策展人尼古拉·波里奥（Nicolas Bourriaud）的后期制作理念相一致，这表明当代艺术实践中的一种趋势，即在现有作品的基础上创作作品："他们（艺术家）操纵的材料不再是主要的。它不再是在原材料的基础上精雕细琢的形式，而是与文化市场上已经流通的物品打交道，也就是说，与已经被其他物品认可的物品打交道"（2002：13）。波里奥认为，这样的艺术作品"并不把自己定位为'创作过程'（一个有待考虑的'成品'）的终点，而是一个导航网站、门户网站、活动生成器"（2002：19）。同样，解剖模型的现场设计和制作是通过产品的选择、组合、剪裁和重设背景来实现的，而这种后期制作的形式创造了能够促进行动、促进学习的模型。

例如，在2007年，这位高级解剖学讲师创建了一个乳房淋巴管模型。由于学生们很难理解乳房的这个方面，而他又找不到商业上可以买到的模型，于是他为一名三年级的医科学生设计了一个制作模型的项目，提供了所有的材料以及简要说明和建议。以现有的塑料模型为基础——这个模型已经应用于胸部和上肢的解剖学教学中——学生根据当前解剖学教科书中的图表，在上面模拟相关的解剖学部分（见图13）。乳房是由一个在体育用品商店买的网球切成两半做成的，淋巴结用从当地的一个杂货商店买的木珠模拟，而淋巴管本身则用彩色电线（绿色）做成，现在这已是技术员在解剖系工作坊使用的基本设备。该模型用于帮助学生了解液体（淋巴）是如何通过淋巴管从乳房排出的，特别是淋巴的流动如何使得癌症从乳房扩散到身体的其他部位。为了在解剖学课上用活这个模型，要求学生们把一个玻璃头的别针（通常用于缝纫）放在乳房里——别针代表一个肿瘤，它可以阻塞淋巴管——然后想象可能携带癌细胞的淋巴管或许会走的其他路线。

这里需要注意两个中心问题。首先，设计是在解剖教师与学生的互动中产生，然后通过一个协同制作过程而发展起来的，因此，设计是通过解剖教学的社会关系和实践而产生的。其次，对现有的商业产品，特别是塑料模型和电线，进行了使用改造。塑料模型，像解剖中心的200个左右其他类型的模型，是由一个龙头企业SOMSO®制造的，公司总部设在科堡，强调其生产过程中的精度、工艺和技能[2]。自20世纪20年代末以来，SOMSO®的模型一直由位于鲁伊的亚当公司销售给英国的医学院，该公司还在英国的锡廷伯恩（Sittingbourne）生产医学培训模型。虽然，正如位于鲁伊的亚当公司的董事们所说的商业模型设计会发生变化或变形，但部分是根据用户的反馈进行修改造成的，但这些设计与解剖学教师的具体需求之间的差距越发明显。当教师们在现场发起和协调模型的适应和构建时，他们会缩小这些差距。阿伯丁解剖实验室的老师们认为，他们的模型是为当地特定用途而“根据经验制作的”，而不是像商业模型那样，为广泛使用而进行的通用设计。在淋巴管模型的案例中，教师与学生一起，对一个塑料模型的广义设计进行量身定制或具体化的修改，以促进学习。从一般到特殊需要即兴创作，这是通过对材料的处理来实现的，尤其是一种特殊的电线。接下来，我将重点放在这条电线上，以及用它特制的神经模型上，来研究模型材料在显示设计可能性和产生解剖模型设计的社会互动的意义。

连接导线

这条导线走了很长一段路：它从一个电缆线的世界——就像那些消失在大学教室的电脑和墙壁里的电缆线——进入解剖学实践，帮助学生们将人体解剖学视觉化。2002年，解剖学部门的技术人员订购了一批导线（大约8个100米的线卷）用于建模。导线卷是由英国北安普敦郡的一家名为RS元件的公司提供的，该公司经销电缆、连接设备、管道、天线、开关、工具等，为维护我们的电气和机械生活提供了大量的产品。这种连接导线由包着绝缘塑料（PVC）的镀锡铜制成，直径为1毫米，专为“电气和电子设备的内部布线应用”而设计和销售[3]。它目前的制造商是位于苏格兰法夫的RG电线电缆有限公司，是RS元件公司的供应商，为电信、电子、自动化和医疗设备行业设计和采购产品[4]。

因此，技术人员选择的导线来自这个广泛的设计和制造领域，很适用于解剖学，它被认为特别适合于建模神经系统的部分。的确，在解剖学上，神经经常被比作导电的绝缘导线和电话电缆（Moore和Agur 2002）。这些隐喻的使用加强了对神经的描述，比如解剖实验室的学生听到的：“神经是一束纤维，携带着产生运动和感觉的冲动”（《指南》2009：15）。连接导线不仅与解剖学的措辞一致，而且它的线性形式非常适合于对拉长的纤维进行建模。这种廉价且容易获得的产品也有多种颜色可供选择，其彩色绝缘体使其在建模中特别有用——建模需要根据颜色区分不同的神经。在解剖学教学中使用连接导线，特别利用了它的灵活性和操作时保持形状的能力。柔韧性——可塑的手感——和颜色成为重要的材料和视觉品质，帮助学生增强他们的神经知识。

建模神经

臂神经丛

在2002/2003学年，解剖系的老师们发现一年级的学生在理解神经系统的一个特定部分时遇到了困难——臂丛，一个从脊柱、脖子到手臂的神经“网络”（Moore和Agur 2002：436）。在经过防腐处理的解剖尸体中，保存完好的内部呈现统一的褐色/灰色，因而很难看到，也很难感觉到神经。此外，现有的商用塑料模型也没有帮助。SOMSO®模型显示的臂丛——以彩色塑料链表示（见图13），被发现是不够的：它的设计没有充分说明不同的神经是如何分支并沿着它们的通路运行的。所以学生们很难想象出这个解剖结构。为了解决这个问题，这位高级解剖学讲师安排了一个二年级的学生，在技术员的帮助下，制作了一系列的四个臂丛放大模型。

制作模型需要参考图表和其他模型，并在草图和汇总表中绘制出神经。脊髓用的是塑料管，神经用的是多股连接导线（用鱼线绑在一起），从一个拆卸的算盘上取下的大木珠代表神经节，也就是神经元。当学生和技术人员在处理他们的材料时，模型的最初计划被修改了：一个胸腔太难组装，一条由透明软管制成的动脉太笨拙。构建后，学生的模型显示了不同神经的分布——分支和合并（用六种颜色的线表示）（见图14）。在接下来的一年，技术人员制作了一组七个二代模型，简化了初始设计并且，按这位高级解剖学讲师的说法，用更短的股线神经以及循环利用的扫帚手柄制作的脊髓不再“笨拙和松弛”（见图14，右）。第二代的模型被认为更加健壮和“紧凑”，并且能够更好地“把自己组合在一起”。为了在教学中用活技术人员的一个模型，模型展示配备了一个相同解剖部分的图表。然后，学生们可以比较3D模型和简化的2D图，这是一种在解剖材料之间的运动，能使学生们对两种渲染效果进行更集中的视觉探索。

随着臂丛神经的发展，连接导线进入深层结构中，用于神经建模的连接导线的实用性和适用性似乎也在增长。导线在使用时具有吸引人的柔韧性，它可以被引导和转向不同的方向，也可以再次松开和成形，这些特质被认为（在此背景下）非常适合帮助学生想象解剖学。

神经通路

在接下来的几年里，学生们更多使用了这种导线来更好地理解特定的神经通路。与臂丛神经相比，为这个目的设计的模型在形式上是最小的，每个模型由6英寸长的导线组成。这些模型并没有让学生们看到复杂的结构，而是旨在帮助他们集中注意力去看和感受神经所走的通路或路线。根据所研究的解剖区域，一根根导线可以用来表示任何神经，当某条神经通路又长又曲、因而难以清晰显示的情况下，它们尤其有用。

技术人员从线卷上截取了许多根导线，但这些导线只有在使用时才会成为模型。为了将这些模型付诸实施，在大约12名学生的小班授课中，老师们演示了如何在相关解剖部位的商用塑料模型上缠绕并将电线推入正确的位置。然后每个学生拿起一根导线，自己完成这个动作。例如，在一个白色塑料头骨模型的底部，彩色导线被推入其中一个开口（小孔），以模拟特定的神经穿过身体的该部位。当每个学生手执一根导线，沿着它的通道弯曲和扭转时，导线就会到位，并被视为一根神经，导线明亮的颜色与苍白的塑料头骨形成鲜明的对比。通过学生、塑料头骨和电线之间的互动，神经通路的建模完成了——导线形成方向和形状，从而使学生能够清楚地看到三维神经的路线。

在这种情况下，解剖学老师设计了一种建模技术，通过这种技术，学生们可以暂时移动导线作为模型。老师们演示了这种技术，强调了这种导线的潜力及其如何使用。但是，是导线使用者的行为实现了这种潜力——模型是通过使用而形成的，并且只在使用期间有效。然后，这些导线被整理平整，为后续的建模做好准备。

翼腭神经节

正如臂神经丛特制模型从一个商业模式的设计认知局限中发展而来，进一步的模型——翼腭神经节（或神经元）（见图15）也以一个SOMSO®的头骨模型为起点。2008年，一位解剖学助教需要一个神经节的模型给学生，尤其是当她的口头描述还无法传达这个部位的神经结构的时候。在商用塑料头骨上，只能观察到神经节的空间位置——在颧骨下方的一个金字塔形状的凹槽中，解剖学教科书将其描述为一个“小金字塔空间”（Moore和Agur 2002：568）。在示教解剖课上，学生们几乎看不到这个神经节，只看到一个黄色的点，通过这个点相互连接的不同的神经却无法分辨。

为了帮助学生想象这些神经，特别是它们的空间关系和通过颅骨开口的通道，教学助理开始设计神经节的模型。这是由技术人员根据教学助理的要求，使用车间现成的材料，在制作过程中做出了改进。头骨的一部分被大大放大，用透明的有机玻璃做成一个倒金字塔，通过这个金字塔可以看到一个木制的神经节和许多导线制作的神经。不同的规格和色码的导线显示不同的神经，它们被排列和扭曲在一起，以传达一种神经定位、方向和关系的清晰感。为了有效地使用该模型，学生们目前将其与自己的模型联系起来进行研究。在课堂上，他们每个人都拿着一个塑料头骨，并用一根导线仔细勾画出相关神经的通路（如前所述）。然后他们在放大的神经节模型旁边观察自己的导线模型，反复在二者间来回进行他们的解剖观察，以增强他们对神经解剖的视觉印象。

解剖设计

2010年，这位解剖学高级讲师将设计描述为做某种决定的问题——决定用哪种材料建模最能代表哪些解剖部位，比如选择代表神经的导线。这些决定必须符合环境要求。它们是在特定的社会环境下制作的，解剖学家、技术人员和学生在特定的教育场所进行对话，并与材料进行协调的、创造性的互动。从人类学的角度分析解剖设计，使人们关注到作为社会和文化过程的知识形成的互动和想象的维度以及这种知识形成的具体体现和材料层面。它还强调了设计和使用之间的动态相互关系，因为本章探讨的制作实践显然包括这两者。

初始的设计想法出现在教学情景中。在当时的情况下，学生难以想象解剖部位及其关系，换言之，他们以视觉和触觉探索现有的解剖材料，包括商业模型，却无法产生所需的和可见的清晰度和理解的深度。这样的困难打断了学生正在构建（或合并）的身体内部的三维心理图像，教师决定尝试其他方案来解决这个问题。因此，在学生的概念理解和想象理解中出现的明显中断或缺口促使教师反思并进行合作设计，以找到减轻这些问题的材料方法。在这里，批判性反思和行动是相互关联的，因为概念过程是通过具体的实践发展起来的（Portisch 2009；1991）。设计是为了使解剖学教学和学习（重新）获得动力。

解剖学实验室和英国其他医学院校设计专门的解剖模型适应特定的当地需求，这些尝试是通过各种常见的材料进行的（对比高科技解剖学学习辅助用具，例如，“可视人项目”和Anatomage公司的“虚拟解剖台”都以3D数字图像为特色）。这种普适性是这些模型发挥有效性不可或缺的，因为教师要对教学情境中突现的概念差距迅速做出反应——这些差距通过不断的对话变得明显，因此不可能完全提前预料到——所以使用现成的廉价材料的解决方案是必要的。这些材料具有快速成型、可雕刻和组装的特性，因此能被制作为增强师生之间有效交流，甚至是促进教学相长的模型。

最初设计用来连接电子元件的连接导线，在人体解剖学建模中被证明特别有效，解剖学中人体被设想成一个部件的功能组合。利用解剖设计，这条导线有助于组成模型，以传达解剖知识，从而使教师和学生建立良好沟通。在这种背景下，导线是通过社会情境的设计实践来适应教学的，因此它调整教师的专业三维心理形象或解剖体的概念化和学生初学的、但正在改进的三维心理形象之间的差距。此外，这种关于社会连接的观点，是一种对分歧的跨越，与对活神经的解剖描述一致，活神经的脉冲通过神经元之间的接触点或突触传递（Moore和Agur 2002）；这种解剖体的概念似乎是对教师和学生的社会身体功能的认知。

导线的交互操作，配合其他解剖材料，既是物理工作，也是概念的工作。就像苏珊娜·屈希勒尔（Susanne Küchler）人类学分析中的线一样，导线是“很好的思考工具”，在这里，思考是一个具体的过程（2007：129）。连接导线的环状、扭曲和弯曲具有激发解剖学设计的材料能力，尤其是对拉长和卷曲的身体纤维和血管的建模。它灵活、可连接，也很容易与其他材料元素在即兴建模中结合：导线与解剖即兴创作融为一体（Levi-Strauss 1996[1962]）。因此，设计是由具体的探索和材料的部署推动的；以导线案例来说，正如那些实践产生形式一样，新出现的材料特性会影响设计实践的效果。

特制模型不是作为完整的、独立的或离散的对象设计的，而是作为开放的实体，在学生学习的相关解剖材料领域内运作。这些模型必须被用活，以促进被认为是成功的学习，因此它们依赖于学生对它们的视觉、触觉和想象力的参与来充分实现。由于教师和学生都参与制作和使用这样的模型，解剖设计分布在这个工作和学习环境的参与者中（Turnbull 2007）。因此，解剖模型是通过设计过程在社会和物质上产生的，而设计过程总是嵌入社会关系中。

在本文分析的情况中，连接导线已经占据了主导地位。这条线最初是2002年为一系列模型（臂丛）购买的，从那以后，它为流体和脉冲运动的解剖结构建模提供了进一步的可能性。随着时间的推移，一个不断增长的模型集或网络——通过与导线的对话即兴创作——已经发展起来。

这个正在进行的集合包括一个分布式的物质实体，它具有空间上和时间上分离的部分，但是它们的组成和形式以及它们的创造、修改和使用的社会关系是相互联系的（Gell 1998）。通过社会和物质相互作用产生解剖学领域的教与学，这种分布式神经系统，每部分有自己的微观史，它们依赖于动态设计，成为物质实体，并确保它能进入富有想象力的过程，这一过程在解剖学知识的代际传递中必不可少。这些建模实践有助于形成学生将来成为医生所必需的知识，但它们也具有变革性，因为它们有助于学生从新手成长为行业专家的漫长过渡。本章探索解剖设计，强调了设计人类学不仅体现了制造和使用的相互关系以及物质和精神的相互关系的重要性，而且体现了社会和空间情境中设计活动的时空维度的重要性，这种设计活动产生通过对话生成的设计和具有专业知识的人。

注释

[1] 作为我研究的参与者，他们更喜欢匿名。在我发表的作品中，他们的专业角色会在我发表的作品中被提及。

[2] 见www.somso.de。2012年4月访问。

[3] 见http://uk.rs-online.com/web/。2012年4月访问。

[4] 见www.rgcable.com/。2012年4月访问。

参考文献

Alberti, S.J.M.M. (2009), "Wax Bodies: Art and Anatomy in Victorian Medical Museums," *Museum History Journal*, 2(1): 7–36.

Blaine, G. (1951), "Biological Teaching Models and Specimens," *The Lancet*, 258(6678): 337–340.

Bourriaud, N. (2002), *Postproduction*, New York: Lukas and Sternberg.

Collins, J. (2008), "Modern Approaches to Teaching and Learning Anatomy," *British Medical Journal*, 337(7671): 665–667.

de Chadarevian, S., and Hopwood, N. (eds.) (2004), *Models: The Third Dimension of Science*, Stanford, CA: Stanford University Press.

Edwards, J., Harvey, P., and Wade, P. (eds.) (2007), *Anthropology and Science: Epistemologies in Practice*, Oxford: Berg.

Fitzgerald, M.J.T. (1979), "Purpose-made Models in Anatomical Teaching," *Journal of Audiovisual Communication in Medicine*, 2(2): 71–73.

Gell, A. (1998), *Art and Agency: An Anthropological Theory*, Oxford: Oxford University Press.

Good, B. (1994), *Medicine, Rationality and Experience: An Anthropological Perspective*, Cambridge: Cambridge University Press.

Grasseni, C. (ed.) (2007), *Skilled Visions: Between Apprenticeship and Standards*, Oxford: Berghahn Books.

Guide to Anatomy Facility and Anatomy Learning (2009–2010), unpublished report, Anatomy Facility, University of Aberdeen .

Gunn, W., and Donovan, J. (eds.) (2012), *Design and Anthropology*, Farnham: Ashgate.

Hallam, E. (2006), "Anatomy Display: Contemporary Debates and Collections in Scotland," in A. Patrizio and D. Kemp (eds.), *Anatomy Acts: How We Come to Know*

Ourselves, Edinburgh: Birlinn, 119–135.

Hallam, E. (2009), " Anatomists' Ways of Seeing and Knowing," in W. Gunn (ed.), *Fieldnotes and Sketchbooks : Challenging the Boundaries between Descriptions and Processes of Describing*, Frankfurt: Peter Lang, 69–107.

Hallam, E. (2010), " Articulating Bones: An Epilogue," *Journal of Material Culture*, 15(4): 465–492.

Hallam, E. (forthcoming), *Anatomy Museum: Death and the Body Displayed*, London: Reaktion Books.

Hallam, E., and Ingold, T. (eds.) (2007), *Creativity and Cultural Improvisation*, ASA Monographs 44, Oxford: Berg.

Hamlyn, L. H., and Thilesen, P. (1953), "Models in Medical Teaching with a Note on the Use of a New Plastic," *The Lancet*, 262(6784): 472–475.

Harvey, P. (2009), "Between Narrative and Number: The Case of ARUP's 3D Digital City Model," *Cultural Sociology*, 3(2): 257–275.

Ingold, T. (2007), " Materials against Materiality," *Archaeological Dialogues*, 14(1): 1–16.

Isaac, G. (2011), "Whose Idea Was This? Replicas, Museums and the Reproduction of Knowledge," *Current Anthropology*, 52(2): 211–233.

Kerby, J., Shukur, Z. N., and Shalhoub, J. (2011), "The Relationships between Learning Outcomes and Methods of Teaching Anatomy as Perceived by Medical Students," *Clinical Anatomy*, 24(4): 489–497.

Küchler, S. (2007), "The String in Art and Science: Rediscovering the Material Mind," *Textile*, 5(2): 124–138.

Lévi-Strauss, C. (1996 [1962]), *The Savage Mind*, Oxford: Oxford University Press.

Lock, M., and Farquhar, J. (eds.) (2007), *Beyond the Body Proper: Reading the Anthropology of Material Life*, Durham, NC: Duke University Press.

Macdonald, S. (2002), *Behind the Scenes at the Science Museum*, Oxford: Berg.

Maerker, A. (2011), *Model Experts: Wax Anatomies and Enlightenment in Florence and Vienna, 1775–1815*, Manchester: Manchester University Press.

Marchand, T.H.J. (2010), "Making Knowledge: Explorations of the Indissoluble Relation between Minds, Bodies, and Environment," *Journal of the Royal Anthropological Institute*, 16(s1): S1–S21.

Moore, K. L., and Agur, A.M.R. (2002), *Essential Clinical Anatomy*, second edi- tion, Philadelphia, PA: Lippincott, Williams, and Wilkins.

Morgan, M. S., and Boumans, M. (2004), "Secrets Hidden by Two-dimensionality: The Economy as a Hydraulic Machine," in N. Hopwood and S. de Chadarevian (eds.), *Models: The Third Dimension of Science*, Stanford, CA: Stanford University Press, 369–401.

Patten, D. (2007), "What Lies Beneath: The Use of Three-dimensional Projection in Living Anatomy Teaching," *The Clinical Teacher*, 4(1): 10–14.

Pettigrew, J. B. (1901), "Anatomical Preparation-making," *The Lancet*, 158(4082): 1399–1403.

Portisch, A. O. (2009), "Techniques as a Window onto Learning: Kazakh Women's Domestic Textile Production in Western Mongolia," *Journal of Material Culture*, 14(4): 471–493.

Prentice, R. (2013), *Bodies in Formation: An Ethnography of Anatomy and Surgery Education*, Durham, NC: Duke University Press.

Redström, J. (2008), "Re-definitions of Use," *Design Studies*, 29(4): 410–423.

Roberts, L., Schaffer, S., and Dear, P. (eds.) (2007), *The Mindful Hand: Inquiry and Invention from the Late Renaissance to Early Industrialization*, Amster- dam: Koninklijke Nederlandse Akademie van Wetenschappen.

Schön, D. A. (1991), *Educating the Reflective Practitioner: Toward a New Design for Teaching and Learning in the Professions*, San Francisco, CA: JosseyBass Publishers.

Sinclair, S. (1997), *Making Doctors: An Institutional Apprenticeship*, Oxford: Berg.

Thomas, N. (1991), *Entangled Objects: Exchange, Material Culture and Colonialism in the Pacific*, Cambridge, MA: Harvard University Press.

Trelease, R. B. (2006), " Anatomy Meets Architecture: Designing New Laboratories for New Anatomists," *The Anatomical Record Part B: The New Anatomist*, 289B(6): 241–251.

Turnbull, D. (2007), " Maps and Plans in ' Learning to See ' : The London Underground and Chartres Cathedral as Examples of Performing Design," in C. Grasseni (ed.), *Skilled Visions: Between Apprenticeship and Standards*, Oxford: Berghahn Books, 125–141.

第7章 设计数字文化遗产

蕾切尔·夏洛特·史密斯

新兴的数字媒体和技术为博物馆提供了一个机会，让观众作为文化遗产表达和体验的积极的联合制作者参与进来。然而，文化机构的重点往往仍然是技术本身，以及如何将这些技术应用于现有的知识和展览策划。接下来，我将在文中提出我的观点——将技术融入博物馆实践的真正挑战在于，理解数字文化的传播是如何影响文化遗产本身的产生、创造和概念化的。我将展示来自设计人类学研究和展览实验的经验——“数字原住民”（Digital Natives）项目。该项目致力于创造当代遗产、数字文化和媒体技术可能的未来和理解，并在设计互动展览的过程中吸引了一群青少年、人类学家和互动设计师之间的合作。该案例展示了通过对话设计过程设计人类学研究的替代方法。研究的结果表明了对数字的理解和创造是如何通过项目出现的，并提供了对文化遗产的共同创造和对话性质的见解，这对传统博物馆关注物质和历史问题的做法提出了挑战。

数码时代的展览

当代博物馆和文化遗产机构在吸引和留住观众方面面临着压力。面对游客和筹资机会减少的问题，许多博物馆都在探索数字技术和媒体如何能十分吸引年轻观众，以便让他们参与艺术、文化和遗产体验。博物馆数字化技术的发展主要有两个方向。首先，博物馆正在使用该技术向博物馆内的参观者传达与馆藏和展览空间设计有关的现有知识。这种涉及数字技术的方法强调了展览空间内的访客参与、学习和社会互动（Heath和Lehn 2008；Pierroux等2007）。其次，博物馆已作出重大努力来创建技术，以利用移动和在线平台，数字档案馆和虚拟画廊来扩展受众的带宽和可访问性（Deshpande，Geber和Timpson 2007；Galani和Chalmers 2010）。尽管以网络化的社会内容和生活遗产（Giaccardi和Palen 2008；Lui 2012）为重点的文化项目正在兴起，却很少有人在博物馆展览的开发过程中积极运用技术来使观众参与并参与创建展览本身（Ciolfi 2012；Iversen和Smith 2012a）。

博物馆项目往往不仅缺乏技术和观众的参与，而且缺乏作为一种文化和社会现象的数字化的参与。我指的是日常数字实践、新的参与式文化和基层活动，以及信息时代特有的空间和场所的扩展（Castells 2000，2010），这些都为人们在日常生活中塑造了有意义的体验。文化机构存在于技术、社交媒体和即时数字通信的世界中。这些机构必须了解数字技术在其周围的文化中是如何变得有意义的，以及传播模式的转变是如何影响博物馆内外的遗产概念和表达的。

吉雅卡迪（Giaccardi）认为，社交媒体的影响是重塑我们“要通过开放更多的参与式途径与遗产对象和关注进行互动，以增进对遗产的理解和体验”（2012：1）。在这里，对物质和历史文物以及数字与物质之间的对立的传统关注不再持续（Witcomb 2007）。此外，“随着新的数字技术改变和转变与记忆、物质痕迹和表演行为的复杂的社会实践相交织，我们过去的生活现实被赋予当下的含义和意义，这对遗产话语和实践的影响是显著的”（Giaccardi 2012：5）。信息和通信技术时代（Castells 2000）挑战了我们对文化遗产的理解和处理方法，它是过去物化的东西，是保存完好的历史文物和遗址，也是一种从博物馆传播给观众的特权、权威的知识。相反，正如费尔克劳夫（2012）评论的那样，在过去建筑的基础上，遗产成为现在和未来之间的对话——此时此地建造和谈判的东西——每个人都参与它的生产。数字技术和社交媒体形成了交流和参与的参加形式，在将博物馆转变为对话和互动的场所、使机构和观众能够以新的方式进行联系方面发挥着至关重要的作用。

设计人类学的方法可以是探索数字文化交流的其他形式的一种方式，不是通过描述已经存在的东西，而是通过对可能的未来进行积极的实验来实施（Halse，本书第10章）。通过以人为本和批判性反思的人类学和设计方法（Hunt 2011；Binder等2011），通过设计和策划的协作过程，可以与观众和社区建立创建和设计遗产的条件。这种方法涉及对社会和文化实践的介入，这些实践积极地挑战了对遗产、博物馆和展览的现有假设。这些介入措施可以将重点从技术问题、线性沟通以及物质过时的特质、遗产的非物质和虚拟形式，转向探索如何在对话中，以及如何通过对话与观众共同创造当代文化的混合体验和意义。接下来，我将介绍“数字原住民”项目的经验，一个研究团队通过人类学和设计实践来探索数字文化和遗产体验。

一个基于设计的展览项目

“数字原住民”是一个探索文化遗产传播的未来可能性的展览项目。该项目包含了7名青少年、2名人类学家和12名交互设计师之间的合作。在项目期间，我担任首席人类学家和项目经理[1]。该项目利用“数字原住民”的学术概念（Prensky 2001），聚焦于数字时代新媒体和信息技术下成长起来的年轻人的当代文化和实践。这次展览探索了年轻人与数字技术的日常关系，并尝试了表现他们的生活世界及其与之互动的新方式。该项目旨在创造展览装置和观众之间互动的对话空间。我们工作的前提是，一个对话式博物馆展览需要一个对话设计过程，年轻的利益相关者作为真正的合作者被纳入设计过程（Iversen和Smith 2012b）。关于本地数字原住民的叙述、争论或特征必须通过设计的协作过程显现，而非在设计协作之前。因此，一个主要的关注点是从最初的想法到最终展览的整个过程和整合项目中的不同身份的利益相关者的声音和观点。该项目从某种意义上说是遗产制造项目，因为我们积极探索并创造了从一开始就不存在的遗产问题。通过这个项目，我们为展览设计了 4 个互动装置，全部聚焦于参与这个项目的 7 个年轻“原住民”的日常生活和社会实践。

设计过程被建立为一个松散的结构框架，借鉴了社会人类学和斯堪的纳维亚参与式设计的概念、工具和方法（Bjerknes，Ehn和Kyng 1987；Ehn 1993）。没有预先确定的展览概念，只有一个“数字原住民”的标题和设计伙伴合作形成的设计空间。我们制作了一个时间线，显示了主要的设计事件和里程碑（以配对场景、制作模型和原型，以及以最终展览为主题的数个工作坊），以及由我们对当代博物馆面临的挑战及其对数字技术使用的初步研究得出的九条原则（设计原则）。这些原则是由两位主设计师和我共同制定的，目的是阐明我们对我们希望追求的对话范式的兴趣，但没有预先确定项目的潜在结果。[2] 其目的是要发展本身作为合作过程的一部分的展览概念，同时要挑战现有的策展方法和先入为主的遗产观念。这种设计方法反映了洛格伦和施托尔特曼（Löwgren and Stolterman2004）对愿景的定义。他们认为愿景不是一个解决方案或如何工作的规范，而是一种组织原则或初步想法，可以帮助设计师组织其工作，并随着时间的推移对情况做出响应。

我们不赞同普伦斯基（Prensky 2001）对“数字原住民”的定义，该定义包括所有1980年后出生的人，假定他们的大脑已经在精神和社会两方面被数字技术影响而重装了线路。然而，这个概念是这个项目的核心驱动力，也是探索当地青少年与数字媒体关系的框架。此外，在我们的批判性理解中，展览标题既声称原住民存在，又作为一个框架来挑战和商讨他们是否存在。这个标题还提到了民族志展览的历史，在这些展览中，原住民传统上被描述为地位较低的“其他人”（Fabian 1991）。与此同时，该概念将重点放在当代数字实践和技术上，而这些通常与任何地方的遗产或展览无关。在参与式设计层面，关注数字原住民将青少年置于一个三重角色的位置。他们是设计过程和展览的主题和共同创造者，也是潜在的观众和被研究的对象，因为他们的世界被展示出来，他们还是积极的参与者。为他们创建展览，与他们合作，能够为他们创造一个贯穿整个项目的中心位置。通过这种方式，标题包含了多重含义和挑战，并作为项目的一个边界目标（Bowker和Star 1999）和愿景。

探索原住民

我以两个月的调研和招聘启动了这个项目。在奥尔胡斯对青少年进行了一系列小规模的人类学田野调查研究，重点关注他们对数字技术的日常使用和看法。会议范围包括从咖啡馆的非正式交谈和学校的观察，到在家庭环境中的预先设计好部分问题的采访和相片回顾。研究是由我组织和推动的，并在人类学学生参与的迭代工作坊上进行了合作分析，这些学生进行了部分田野研究。通过研究，我从不同的学校、创意俱乐部、文化组织和在线游戏网站中招募了7名年龄在16岁到19岁的青少年参与这个项目。所有人都是单独招募的，基于他们的兴趣和与接触数字媒体的经历，以及他们在电影、摄影、绘画、体育和政治等方面的个人特长，这可以帮助他们在项目中创造性地工作。这一年龄段的人尤其有趣，因为他们对各种数字媒体有着强烈的认同感，并且富有创造力，善于反思自己的身份。此外，博物馆通常认为这群青少年遥不可及，只能通过教育机构接触。通过一系列的五次工作坊和一个在线项目博客，由青少年、一位博物馆人类学家和我组成的研究团队与这些青少年开展了合作研究，关注他们的日常实践和与数字技术的关系。在整个过程中，年轻人不仅参加，而且开始批判性地参与自己的角色以及整个设计项目。

混合虚拟财产

这项研究表明，这些青少年在各种媒体平台和社交网络之间是多么地游刃有余。他们每天花很多时间在Facebook上聊天，给朋友发短信，玩游戏，写时尚博客，阅读在线漫画，更新数字音乐库。利尔，一名年轻女孩，酷爱她的数字设备。当她在第一次会议上被问及她的个人数字设备时，她大声说道："我简直爱死我的iPhone手机了。"她也非常喜欢她那闪亮的白色iMac电脑，它陪伴着她到任何地方。通过观察并讨论利尔与数字对象的日常交互，她和团队都明显看到，她的大部分时间都花在切换数字设备、听音乐、发短信、查看Facebook，以及与朋友和同学的在线聊天上，不断地进行数字和在线活动的融合。

这些设备对青少年起到了非常重要的作用。它们不仅仅是使他们能够访问在线网络和虚拟空间的技术物品，还是珍贵的财物，是虚拟的、不可分割的财产（Odom，Zimmerman和Forlizzi 2011；Weiner 1992）。它们代表了他们身份的物质和非物质部分；朋友关系；个人收藏的图片、音乐、游戏和社交活动；以及私人交流的痕迹。安妮6个月前疯狂地购买了iPhone手机，她发现自己的手机里已经累积了8000条短信。一天晚上，她家里的移动网络被切断了，第二天早上，她发现有一大堆信息等着她。“你好，安妮，你在吗?”“你在哪儿，安妮?”“安妮? ? ? ? ?”“? ? ? ? ?”她的朋友们本想在数学作业上获得她的帮助，然后变得绝望了。她在博客中写道：“真奇怪，直到今天我才真正意识到自己是多么沉迷于互联网和手机……有趣的是，不仅仅是我依赖手机，我所有的朋友都依赖我的手机。”约翰经常每天花四到五个小时和他的团队或者随机的在线玩家玩在线游戏。有时候，他会花上几天的时间，把自己在游戏中最精彩的“杀戮”制作成系列视频，然后认真地配上音乐，发布到YouTube和Facebook上，以便最大限度地引起朋友们的关注。马丁每天至少用手机在Facebook上发布6次更新，尤其是在他搭乘长途火车往返于学校时，他还会不断地在网上和应用商店里收集灵感和图片，以便在他新建立的时尚博客上发布。在卡斯泰尔（Castells2010）看来，这些设备就像时空混合连接器。此外，它们还是物质、数字和虚拟财产的混合体，深深根植于日常生活中。它们不仅承载并追踪个人叙事和社交网络，而且也不断被用来创建、访问以及传播体验、意义和身份。

遗产还是……?

在项目调查的推动下，这些青少年在意识到自己对数字媒体和设备的参与程度时感到惊讶，甚至感到震惊。从对“你认为自己是数字原住民吗?”

这个问题的不同反应中也可以明显看出他们对自己行为的无意识。菲利普（16岁）有三、四台电脑，每小时会收到600条Facebook更新。他声称自己如果没有谷歌就会感到失落，他每月在移动通信上要花150英镑。他迅速对这个问题做出了回答："不，我不是数字原住民。我太老了。我仍然记得我没有电脑和手机的时候。原住民年轻得多，他们是伴随着媒体长大的。就像我11岁的弟弟，每天玩反恐精英4个小时。"其他人回答说："我想你可以说那是像我们这样的人，一直在使用媒体技术。"或者"我爸可能是数字原住民。他伴随着每一种新技术设备长大；电视、电话和电脑。"这些青少年都不熟悉"数字原住民"的概念，即使他们只花了一刹那的时间就做出了回应，也总是能激发出热情和投入交谈。有些东西正处于危险之中，尽管它从未被有意识地反映出来。它是共同实践的关系，共享的网络，以及叙事和个人身份建构的体验。这些都是文化，不是虚拟现实，而是"真实的虚拟"（Castells 2010：428），就像他们文化生活世界里的任何体验和表达一样真实，真实和虚拟的意义领域没有区别。在他们的日常实践中，青少年正在形成一种自我意识和身份认同感，这种意识严重依赖于他们所使用的现代数字媒体，在这个过程中，他们正在创造未来文化遗产的痕迹。数字原住民项目的作用是通过将青少年的身份作为展览的一部分，使这一过程更加清晰，这是对新兴非物质文化遗产的一种公开的数字材料呈现。

通过参与式设计创建数字装置

经过6周的合作，这些青少年探索并发展了自己作为原住民的想法，他们创造了一系列设计理念，并在一个模拟展览中表达出来。互动设计师，代表项目的三个设计伙伴，受邀参加青少年展，并介绍了他们的材料。这些理念是为了表达年轻人的愿景而构思出来，它们作为设计材料指明了设计的方向，并为创建展览概念做出贡献。吸引设计师在后期进入设计过程是一种有意的安排，目的是弱化消费者角色以及用户和专业人士之间的权力关系，同时打造更真实的用户参与（Bødker 1999；Iversen和Smith 2012b）。以这种方式促进他们进入设计过程，能使青少年在项目中获得存在感和责任感，并为他们提供了一次发言和树立权威的机会，以便其接下来与设计师以更平等的条件进行合作。

对话中的工作

设计师和年轻人分组合作，为他们的数字装置开发创意。在这里，我作为设计人类学家的角色发生了变化，我在作为文化代理人的青少年、作为专业创作者的设计师和展览整体策划之间，扮演了一个协调人的角色。我作为各个小组之间的黏合剂，不断地在小组内部的微观层面和宏观层面管理整个项目。我试图在对话和介入的散漫的创作过程中，扮演设计人类学家、项目经理、协调员、展览策展人、朋友和联络员的各种角色。主要的关注点是支持青少年作为联合创造者，在项目的多种看法之间进行协调。在设计过程中，中心问题也是以不同视角进行的积极交织：数字文化（遗产问题）；技术（表达方式）；以及观众体验（参与模式）。这些方面的平衡整合对于创建一个完整的展览至关重要，对话空间跨越了材料/数字和博物馆/观众的边界。

正是在这些问题的中心，青少年和设计师之间的挑战出现了，也创造了一种富有成效的张力，促成了每一个装置的出现。设计师们被吸引到数字化上，这是对技术的一种迷恋。许多人把自己想象成“相关的原住民”，声称自己的想法是正确的，因为他们熟悉并参与设计技术。一些人把青少年仅仅看作是内容提供者，并且发现从青少年的想法，以及人类学研究视角的批判性本质出发，会使工作受到约束，因为这似乎阻碍了他们作为设计师的专业创造力。因此，他们自己对设计、用户和技术的假设，阻碍了他们与青少年世界的真正接触，阻碍了他们与设计伙伴和设计对象的接触。对于年轻人来说，将自己的身份外化，成为代表一代人的创意专家是一个巨大的过程，而在他们自己的特定生活中，他们只是青少年。

根据经验或技术进行设计

团队的很多讨论都集中在类别的问题上。数字原住民的生活中有哪些文化类别适合表达他们的日常体验？一个突出的例子是“肖像”装置，由利尔和艾达两个年轻的女孩共同创作。她们的想法是基于一系列她们认识的人的肖像制作一个艺术视频装置。她们关注的是所有年轻人都热爱的，比如书籍、摄影、电影和时尚。通过一些工作坊，两位设计师与她们一起工作，探索她们对视觉媒体和美学的迷恋。但当设计师们试图利用这些见解作为信息，为观众互动创造系统分类时，女孩们迅速做出了反应。她们拒绝将自己的生活简化为一系列简单的选择，或者由观众随意选择的按钮。她们还拒绝了设计师们的想法，不愿把她们的图像与YouTube上成千上万的任意视频混在一起以表达数字时代无尽的网络选择。（她们认为）这些解决方案削弱了她们作为创作者的艺术表现，并破坏了她们的完整性、身份和隐私感。令设计师们费解的是，尽管年轻人一直忙于数字活动，但他们从来没有把注意力放在数字技术上。事实上，这些青少年一直在远离对技术的关注，尤其是对互动本身的关注。他们无视“他们这一代人”的一般概念或范畴，继续强调个人价值和经历。正是在这里，设计师和青少年的兴趣和焦点明显分化，设计师的假设有时会减弱青少年的兴趣。

利尔的数字世界

在后期的设计过程中，我和利尔讨论了展览的中心概念，创作了一幅3米长的海报，展示了利尔的数字世界。上面印着她过去一年所收集到的数码照片、Facebook上的更新、短信和照片，这些都被细心地组合成个人故事的数码痕迹（见图16）。比如，她和她最喜欢的乐队克什米尔的演唱会，一张她和主唱的照片，一张她在其音乐录影带中的特写的打印照片，以及她和其他人在Facebook上发表的一连串评论和连接片段的短信。或者是她和所有朋友一起庆祝高中毕业，以及为当时去世的祖父哀悼的那一幕。看到这张海报的项目人对它能够将特定的个人体验融入并贯穿于技术之中感到兴奋。这是一个无形的数字世界的物质表达，允许研究团队“将反思从肤浅的知识意识转移到新的生活体验上”（Sengers等2005：50）。这张海报帮助我们实现了我们所追求的反思性的协同设计空间，这是我们能够达成共识的第三个位置。它帮助设计师们欣赏年轻人生活中丰富的细节，而我则试图将他们数字化生活中以人为本的方面融入设计过程中。这种物化数字的方式促成了展览中心理念的出现，这是任何利益相关者都无法单独设想的。在朔恩（Schon，1991[1983]）关于与设计材料进行反思对话的概念中，迭代设计过程允许我们在数字、非物质和物质之间摇摆，以探索和理解我们的材料，并为指向未来的文化遗产创造可能性。

"数字原住民"展览

"数字原住民"展览围绕4个数码装置展开：数字海洋、谷歌我的头（像）（Google My Head）、人物画像和DJ站。每一个装置都尝试了视觉和审美的交流方式，让观众探索原住民的生活并与之互动。

数字海洋

展厅的中心是"数字海洋"。这是一个视觉上令人震撼的水平式投影，让观众可以从各种媒体和移动平台上探索7个年轻人的数字材料（见图17）。Facebook上的更新、照片、短信和视频随意漂浮在地板上，人们可以根据自己的兴趣，双脚踩在这些片段上激活它们。天花板上安装的摄像机跟踪观众运动，被选中的材料在地板上放大，同时相关图像浮出"海面"，包围着游客。"数字海洋"长5米、宽3米，有蓝色的阴影图形、旋转的形式和良好的效果，在美学上是突出的，起着展览的物质和虚拟中心的作用。该装置与其他装置相连接，因此展览的其他部分的活动也会影响在海洋中出现的事物。"数字海洋"代表了破碎的日常叙事，以及青少年日常生活中跨各种媒体平台构建的数字连接的无限网格。

谷歌我的头（像）（Google My Head）

与"数字海洋"相连接的是"谷歌我的头（像）"，这是一个带有大型多点触控显示器的交互式桌面装置（见图18）。它鼓励用户浏览“数字原住民”的在线和移动更新以及上传到界面的图片和视频。观众在浏览数字痕迹时，面临着完成句子“数字原住民是……”的任务。他们可以选择4个数字片段或图片来支持自己的论点，并使用屏幕键盘创建语句，如“数字原住民是‘有创造力的’”“数字原住民是‘以自我为中心、被宠坏了的’”和“数字原住民‘和其他人没什么不同’”。观众可以根据自己的兴趣浏览这些材料，并创建关于数字原生代的新的关系和陈述，作为展览的一部分存储和展示。因此，通过社交媒体的形式和语言，观众受邀去探索数字原住民的日常生活和文化，并通过参与展览，促进他们产生新的理解。

人物画像

人物画像是一种艺术互动视频装置，投射在一个2米×3米的半透明大屏幕上。这个装置邀请人们去探索一个女孩和一个男孩的世界，以及他们对书籍和摄影的热爱。这些影片是对个人和审美的描绘，让我们得以近距离地了解年轻的数字一代的梦想和自我表现。视觉效果是片段剪辑，而不是连续的电影，观众可以与之互动。红外摄像机跟踪观众，观众运动的强度影响剪辑的时间和选择、播放速度和视觉着色。舞蹈或跳跃使视觉效果更疯狂，色调更冷，当女孩面对观众起舞时，影片达到高潮，书页像雨点一样落在她身上。缓慢的动作呈现出暖色调，而她则平静地读着她的书。作为一个由青少年自己制作的关于他们自己的直接的视觉表现，这个装置为观众提供了新颖的个人体验和主观解读。

DJ站

“DJ站”是一种使用基于基准跟踪的有形用户界面的交互式视听装置。[3]装置中包含了一系列的音乐立方体和效果立方体供观众参与。每个立方体都代表了一个数字原住民的音乐品位，立方体的每一面都包含着一个独特的循环，这个循环是与这位青少年共同制作的。通过在桌面上放置更多的音乐立方体并给它们添加效果，人们可以组合和改变循环并创建复杂的混搭（见图19）。这些年轻人的视觉图像聚集在各自的音乐立方体周围，并与界面上其他立方体的图像进行交互。桌面上的现场活动投射到墙上，观众创作的曲目在展览网站上播放。通过这种方式，DJ站让观众与这7个年轻人的音乐世界进行互动，同时获得他们混音和混搭文化的第一手反馈，这是他们接触数字媒体的与众不同的方式。

与观众互动

展览吸引了来自中小学班级的青少年、大学生、教师、家长和中年夫妇这些参观者。观察、定性访谈和预演表明，尽管媒体空间高度饱和，但这些装置吸引人们花大量时间探索和参与其中。这些装置激发了观众之间对于关键主题的个人反思、对话和创造性互动：成为数字原住民意味着什么？他们真的存在吗？他们和我们其他人一样吗？

“人物画像”装置似乎在挑战观众的个人界限，以及他们与被展示的两个角色之间的关系。这种微妙的互动让一些观众感到困惑，并让他们体验到技术是参与的障碍。对其他人来说，它创造了一系列情感和反思体验，以及一种直接与人物和装置中令人震惊的艺术宇宙相连接的感觉。一位女士评论道：“这在某种程度上触动了我……当然，因为你影响了发生的事情，因此在那一刻，它创造了一种感觉，你只是伸手去触摸那个人，还是与坐在那里的那个人建立一种联系。”与“人物画像”的僻静空间相比，“数码海洋”和“DJ站”更具包容性和明显的探索性。观众被这两个装置的美学和趣味性所吸引，并在探索展览其他部分的间隙回到它们旁边。人们在地板上走动、蹦跳、起舞，与他们自己对视觉材料的追踪相关联，也与周围其他观众的动作相关联。与此同时，“数字海洋”与其他装置的连接在展览中给人一种微妙的重复感和连贯感。在“DJ站”，人们会花30多分钟独自或集体探索并创作歌曲和音乐。同样，装置的语言、布局和物理特性把展览变成了一个社会舞台，让观众成为展览的表现部分。

相当多的观众将这些装置和材料视为年轻人世界的一种表达，这些世界向他们敞开了大门，并邀请他们参与他们的数字宇宙。一些人注意到青少年通过展览展示自己的勇敢和真诚，这促使观众反思青少年的实践和行为，并反思他们自己的数字化和与技术的关系。两个25岁左右的女孩说："要理解Facebook的形象背后的东西有点难。我的印象是，数字原住民对自己创造的形象非常在意，这有时会激怒我。所以我想，通过这次展览，我能了解到那个形象背后的东西，了解到与他们有关的事情。但我想，那在Facebook上是缺失的。"观众反应的不同与其说是由年龄或对数字技术的熟悉程度决定的，不如说是由他们自己作为参观者的期望决定的。那些经常来博物馆参观、对自己作为观众的角色有一定假设的人，与那些认为参与展览的互动性和探索性方法具有挑战性的人之间，似乎存在某种关联。

大多数人都很欣赏这些技术所带来的互动和授权，将他们与展览的主题联系起来。他们通过反思、创新和身体接触投入展览空间，并使用这些技术积极探索数字原住民，并与他们彼此互动。一位女性以以下方式表达了她的经历："对我来说，受它（这项技术）吸引不是一件自然而然的事。但我认为，花了这些额外的时间，我完全被通过媒体获得的一些东西震撼了。是技术获得了更吸引人的东西……它把人吸引进去。我认为这就是它的本质：有一种人类存在感。" 同样，展览的探索方法也因其具有创造一系列个性化体验的能力而受到普遍重视。一位男士评论道："这意味着这件作品带给人很多不同的体验。这和普通的艺术品没有什么不同，但在这里你能真正地影响它。"通过展览体验观众的参与和反应，也让参与项目的青少年对设计师在设计过程中所推动的互动方面有了更深的理解。从设计过程到展览的转变意味着他们暂时陌生化了自己的数字材料和叙事，并通过观众与装置的接触以新的方式体验它们。因此，数字的物化和参与为数字化和遗产开拓了新的体验和理解。

文化遗产的设计

"数字原住民项目"是文化遗产的成功展示或设计吗？数字技术对项目

有什么影响？创建设计人类学的过程产生了什么影响？

数字博物馆

观众的经历强调了展览中年轻原住民的存在或缺席。一些人觉得这项技术阻碍了他们的参与；然而，大多数人觉得碎片化叙事和故事的新形式是通过数字元素和体验的交织而产生的。展览内容与技术之间没有分离。这些装置需要观众的积极参与，而观众反过来又成为他们体验的共同创造者。通过这种方式，各种对话空间出现了，它们将观众与原住民的生活连接起来，同时让他们面对自己对技术、年轻人和当代遗产的实践和假设。该项目形成了一种新的语言和展览固有的“虚拟物质性”，表明物品可以是数字的，新的信息技术可以是物质的（Witcomb 2007）。除了展览，这些装置本身就是物品，而不仅仅是对物品的诠释。它们通过观众与观众之间的对话，在观众之间形成了多层次的主观参与。展览中没有一个单独的声音在说话，而是无数碎片化的视角和共同创作的故事。展览表明，青少年和观众都被装置中用作探索手段的技术所吸引，而不是被他们自己本身的焦点所吸引。相反，他们关注的是以人为本的自我表达、关系的建立和他们持续参与的身份认同等问题。就像在所谓的原住民的生活中一样，当通过数字表达进行重构、转换和增强时，现实变得更加生动和真实。

设计遗产

通过设计过程和数字与材料之间的摇摆不定，我们创造了对文化遗产的另一种理解和体验。但我们做到这一点要归功于两种方法，一个是让人们参与到对话空间中，另一个是对日常生活中不断产生和再现的当代遗产的无形含义和表达方式进行协商。这是人类学家所强调的文化形成和转变共有的流动性和辩证法，在这种情况下，文化和身份只通过——而不是排除——表达和消费而存在。人们体验这些文化和身份的方式不能与他们所进行的情景对话行为一分为二，通过情景对话行为，他们的文化和身份得以被实现和协商

（Ashcroft 2001）。在展览期间，青少年暂时变成了原住民，我们的原住民，同时，一种在项目之前不曾有的共享文化意识出现了。通过这次展览，青少年们体验到自己是展览的共同创造者。他们作为学校班级和观众的主持人，邀请博客上的博主来评论展览，在“数字原住民”的Facebook页面上发表文章，并通过媒体以“数字原住民”的身份出现。这是一个意想不到的、本质上的结果，但它成为展览势头的一部分，成为文化转型和共同创造的另一个辩证层面和迭代。

“数字原住民”是一个持续的表演，通过这个表演，我们积极地与展览中的原住民和观众一起创造遗产。但是，我们并没有要求其一定要具有真实性或专业性，而是用当下、情境和变动来做实验。该项目的成功之处在于，它从强调个人当下的行动转变为强调个人、社区和博物馆参与遗产的社会和文化生产。“原住民”并不是被置于他们自己的环境中来研究，而是通过设计过程和展览来协商、改造和创造他们的表达方式，就像他们每天与数字媒体和技术打交道一样。该项目提出了一种将遗产视为现实关注的观点。

从遗产的制造和设计以及利用数字技术来构建、探索和表达这个意义上来说，这次展览创造了另一种可能的未来。

参与式设计与社会人类学

参与式设计过程允许我们通过与用户和受众紧密合作，以各种方式融合研究和设计。探索和对话的设计空间被延伸到展览中，创造了过程和产品之间的连续性，并允许展览概念作为一个共享的创作出现。与作为项目的共同创造者的年轻人一起工作，与他们一起探索并协商什么是有意义的，从而把青少年作为主观个体而不是笼统的表现对象来关注。设计人类学的过程意味着我们可以用观察到的实践，直言不讳的思考，以及我们创造并用物质表达出来的想法来工作。这种在人们所说的、所做的和所创造的之间延伸的三角关系，为年轻人和设计师的价值观和假设，以及他们对数字的微妙看法提供了新的见解。

虽然“数字原住民”项目的共同焦点是展览的开发，但总体目标是学术性的，既对设计产生影响，也对人类学产生影响。作为一个合作项目中的设计人类学家，我在一个探索性项目的研究奠定条件和基本框架方面发挥了核心作用，该项目挑战了博物馆现有的策展和设计方式。通过我的人类学方法，我不断地尝试将人性的维度推进和植入研究和展览中，试图理解并包容青少年作为真正的合作者的观点和角色。结构松散的设计过程，以及项目中大量的利益相关者，都是要求很高的，尤其是当合作失败时，而且，青少年、设计师和博物馆合作伙伴的个人兴趣和议程往往与我的人类学见解或关注点不一致。因此我们在合作这一方面具有挑战性，需要不断地协商。但它迫使我们不断地关注个人和集体、私人和外化，以及数字和材料之间的焦点转换，创造出不可预见的遗产表达和体验形式。正是通过这个对话式的策展和遗产设计的过程，不同的视角融合成展览的媒介。

走向设计人类学

如果博物馆和文化遗产机构希望利用数字媒体和技术提供的机会以新的方式吸引观众，它们需要更仔细地研究这些媒体如何通过日常生活向人们传达意义。正如“数字原住民”项目所展示的那样，技术与博物馆外的当代数字文化的各种含义和表达方式的关系是根深蒂固的、相互交织在一起的。我们需要学习去创造与当代问题相关的、挑战和协商这种当代问题的遗产体验，并允许参与和对话。这不仅可以借助于物质对象来实现，还可以同时借助于社会、情感、反思等一系列的背景层面来实现。如果说展览传统上是关于物质性和学习性的，那么在一段时间内，它们同样也是关于一起去介入、创造或增强人类生活中与数字、虚拟和物质世界相关的无形因素。

设计人类学可以是一种应对这些挑战的反思和创造性的方式，在不忽略过去的情况下，实现当前和未来世界之间的对话。这种探索机会的方法不一定提供稳定的解决方案或简洁的设计需求。但是，通过协作过程、迭代工作流程和设计机会的产生，设计人类学可以创建见解、合并不同的观点，并针对预先设想的假设进行工作。人类学家可以在这些项目中发挥至关重要的作用，为研究和介入搭建基础设施，与多个利益相关方合作编写理论愿景和以人为本的方法论方法。这项工作是不可预测的，充满了竞争和不确定性，但提供了设计人类学田野调查或“重新运作”民族志的实验方式的可能性（Holmes和Marcus 2005），这可以丰富设计人类学的领域和实践。

致谢

我要感谢“数字原住民”的每一位参与者，尤其是参与这个项目的7位年轻人。“数字原住民”是一个合作性质的研究和展览项目，如果没有我能有幸与之共事的青少年、同事和设计伙伴的共同努力，这项工作是不可能完成的。

注释

[1] 2009年10月至2011年1月，“数字原住民”在丹麦奥尔胡斯大学数字城市生活中心（Center for Digital Urban Living，Aarhus University，Denmark）与多个外部合作伙伴合作开展。它们包括高级可视化与交互中心（CAVI）、亚历山德拉研究所（The Alexandra Institute）、创新实验室（Innovation Lab）、摩斯加德博物馆（Moesgaard Museum）。展览于2010年12月在奥尔胡斯艺术厅（Kunsthal Aarhus）举行。我们的研究是在参与式IT中心（Center for Participatory IT）和奥尔胡斯大学当代民族志项目中进行的。

[2] 这些信条包括以下原则：①观众在创造展览内容和体验方面起着核心作用；②博物馆体验应该是一种社交体验；③展览中的交流必须是对话的，但不一定是真实的。

[3] 基准点标记手动应用于对象，以支持在特定场景或安装中启用追踪功能。

参考文献

Ashcroft, B. (2001), *Post-colonial Transformation*, London: Routledge.

Binder, T., De Michelis, G., Ehn, P., Jacucci, G., Linde, P., and Wagner, I. (2011), *Design Things*, Cambridge, MA: MIT Press.

Bjerknes, G., Ehn, P., and Kyng, M. (eds.) (1987), *Computer and Democracy: A Scandinavian Challenge*, Aldershot: Avebury.

Bødker, S. (1999), "Computer Applications as Mediators of Design and Use: A Developmental Perspective," Doctoral dissertation, University of Aarhus .

Bowker, G. C., and Star, S. L. (1999), *Sorting Things Out: Classification and Its Consequences*, Cambridge, MA: MIT Press.

Castells, M. (2000), *The Rise of the Network Society*, Oxford: Oxford University Press.

Castells, M. (2010), "Museums in the Information Era: Cultural Connectors of Time and Space," in R. Parry (ed.), *Museums in a Digital Age*, London and New York: Routledge, 427–434.

Ciolfi, L. (2012), "Social Traces, Participation and the Creation of Shared Heritage," in E. Giaccardi (ed.), *Heritage and Social Media*, London and New York: Routledge, 69–86.

Deshpande, S., Geber, K., and Timpson, C. (2007), "Engaged Dialogism in Virtual Space: An Exploration of Research Strategies for Virtual Museums," in F. Cameron and S. Kenderdine (eds.), *Theorizing Digital Cultural Heritage*, Cambridge, MA and London: MIT Press, 261–280.

Ehn, P. (1993), "Scandinavian Design: On Participation and Skill," in D. Schuler and A. Namioka (eds.), *Participatory Design: Principles and Practices*, Hillsdale, NJ: Lawrence Erlbaum Associates, 44–77.

Fabian, J. (1991), *Time and the Work of Anthropology: Critical Essays 1971– 1991*, Amsterdam: Harwood Academic Publishers GmbH.

Fairclough, G. (2012), "A Prologue," in E. Giaccardi (ed.), *Heritage and Social Media*,

London and New York: Routledge.

Galani, A., and Chalmers, M. (2010), "Empowering the Remote Visitor: Supporting Social Museum Experiences among Local and Remote Visitors," in R. Parry (ed.), *Museums in a Digital Age*, London and New York: Routledge, 159–169.

Giaccardi, E. (ed.) (2012), *Heritage and Social Media: Understanding Heritage in a Participatory Culture*, London and New York: Routledge.

Giaccardi, E., and Palen, L. (2008), "The Social Production of Heritage through Cross-media Interaction: Making Place for Place-making," *International Journal of Heritage Studies*, 14(3): 281–297.

Heath, C., and Lehn, D. (2008), "Configuring 'Interactivity' : Enhancing Engagement in Science Centres and Museums," *Social Studies of Science*, 38(1): 63–91.

Holmes, D., and Marcus, G. (2005), "Refunctioning Ethnography," in N. Denzin and Y. Lincoln (eds.), *Handbook of Qualitative Research*, London: Sage Pub- lications, 1099–1113.

Hunt, J. (2011), "Prototyping the Social: Temporality and Speculative Futures at the Intersection of Design and Culture," in A. Clarke (ed.), *Design Anthropology: Object Culture in the 21* st *Century*, Vienna and New York: Springer, 33–44.

Iversen, O. S., and Smith, R. C. (2012a), "Connecting to Everyday Practices. Experiences from the Digital Natives Exhibition," in E. Giaccardi (ed.), *Heritage and Social Media*, London and New York: Routledge, 126–144.

Iversen, O. S., and Smith, R. C. (2012b), "Scandinavian Participatory Design: Dialogic Curation with Teenagers," in *Proceedings from IDC 2012*, Bremen, Germany, 106–115.

Löwgren, J., and Stolterman, E. (2004), *Thoughtful Interaction Design*, Cambridge, MA: MIT Press.

Lui, S. B. (2012), "Socially Distributed Curation of the Bhopal Disaster: A Case of Grassroots Heritage in the Crisis Context," in E. Giaccardi (ed.), *Heritage and Social Media*, London and New York: Routledge, 30–55.

Odom, W., Zimmerman, J., and Forlizzi, J. (2011), " Teenagers and the Virtual Possessions: Design Opportunities and Issues," in *Proceedings from HCI 2011*, Vancouver, BC, Canada, 1491–1500.

Pierroux, P., Kaptelinin, V., Hall, T., Walker, K., Bannon, L., and Stuedahl, D. (2007), " MUSTEL: Framing the Design of Technology-enhanced Learning Activities for Museum Visitors," in J. Trant and D. Bearman (eds.), *Proceedings of International Cultural Heritage Informatics Meeting (ICHIM07)*, Toronto: Archives and Museum Informatics, October 24, 2007. Available at: www.archimuse.com/ichim07/papers/pierroux/pierroux.html. Accessed October 16, 2012.

Prensky, M. (2001), "Digital Natives, Digital Immigrants," *On the Horizon*, 9(5): 1–6.

Schön, D. A. (1991 [1983]), *The Reflective Practitioner: How Professionals Think in Action*, Farnham: Ashgate.

Sengers, P., Boehner, K., David, S., and Kaye, J. (2005), " Reflective Design," in O. Bertelsen, N. Bouvin, P. Krogh, and M. Kyng (eds.), *Proceedings of the 4th Decennial Conference on Critical Computing: Between Sense and Sensibility (CC '05)*, New York: ACM, 49–58.

Weiner, A. (1992), *Inalienable Possessions: The Paradox of Keeping-While- Giving*, Berkeley: University of California Press.

Witcomb, A. (2007), " The Materiality of Virtual Technologies: A New Approach to Thinking about the Impact of Multimedia in Museums," in F. Cameron and S. Kenderdine (eds.), *Theorizing Digital Cultural Heritage*, Cambridge, MA and London: MIT Press, 35–48.

第三部分

设计的时间性

第8章　从描述到对应：最新人类学

卡罗琳·加特　蒂姆·英戈尔德

作为设计，关于设计以及借助于设计

人类学从两个方面来研究设计。一方面是它本着普适性的精神对待设计，就像它可以把语言或象征性思维作为人类提出建议的能力来对待，并且设想在物质层面实现之前就在心里预先设定目标一样。然而，另一方面是它以民族志描述的特殊模式来对待设计，即研究当代西方社会中以专业设计师自居的人的知识、价值观、实践和制度安排。如果两方面之间存在关联，也只存在于这一点：那些为设计行业提供了一种基本的章程，并保证了它的合法性的假设，其实与那些长期推动人类学，探索人类认知共性的假设基本相同，事实上它们是同源的。他们回到了“人是创造者”的定义，即“费伯人”（Homo Faber），他把自己（在本文中，通常是一个“他”）与其他所有类型的生物区分开来，而这些生物只是使用自然所能提供的东西。根据这个定义，正是设计将使用提升到制造。1875年，弗里德里希·恩格斯（Friedrich Engels）是典型的代表性人物，他宣称，人类的行为与其他动物有着本质的区别，因为人类的行为是由“预先设定的目标”驱动的（Engels 1934：34）。人类生产，动物只是收集，而正是设计——这一先于并指导任务的概念——将最无能的人类制造者与最有成就的动物区分开来。在这里，设计的能力——奈杰尔·克罗斯（Nigel Cross 2006）称之为“设计能力”——被认为是我们人性的组成部分。

假设每一个制造行为都由两个部分组成：智慧部分负责设计；机械、身体部分负责执行。那么设计的概念就与普遍存在的二元论联系在一起，这种二元论存在于设计项目的大脑和执行项目的身体之间。在一些欧洲语言中，“设计”这个词和“绘画”这个词是一样的：在法语中是“德辛（dessin）”，在意大利语中是“迪塞尼奥（disegno）”，在西班牙语中是“迪布加尔（dibugar）”。但是，这里的绘画并不被理解为运动或手势的轨迹，而是心理图像的几何投影（Maynard 2005：66–67）。早在1568年，乔治·瓦萨里（Giorgio Vasari）就这样写道：“设计不过是一种视觉表达，它阐明了一个人头脑中的概念，以及一个人在头脑中想象并在想法中建立起来的概念。”（Panofsky 1968：62）。4个世纪后，同样的观点在赫伯特·西蒙（Herbert Simon）的《人工科学》（*The Sciences of the Artificial*，1969）一书中得到了重申。这门“设计科学”与当代的人工智能、计算机技术、管理和组织理论的发展密切相关，正如露西·萨奇曼（2011：16）所指出的那样，“设计科学”在人类学学科即将开始进行内部自我反省的同一时期出现了。随着这种反省，曾经关于认知普遍性和文化特殊性的确定性逐渐被解构或暴露为现代主义的谬论，人类学和设计，一旦融为一体，就变得越来越矛盾了。人类学对自身关于人的基本理念——人，其本性就是超越自然——的批判性研究，不可避免地需要对设计科学的认知基础进行相应的批判，根据这一基础，思维机制使得思维能够对机制进行智能设计。

本着这种精神，萨奇曼敦促我们不要将人类学彻底改造为设计（或为了设计而改造），而是将批判的设计人类学作为当代更广泛人类学的一部分。她认为，这样的人类学将需要“民族志研究项目，它能阐明描绘设计承诺和实践的文化想象力和微观政治”（2011：3）。实际上，它会将我们从一个极端带到另一个极端：从将设计理念融入其基本原理的认知人类学，到作为民族志的人类学，将这些相同的原理以及支持它们的行业置于其文化、政治和经济语境中。然而，这一章的论点是萨奇曼提出的设计人类学（anthropology of design），太局限，因为它将人类学的范围缩小到设计领域，缩小成一个实质上的民族志项目，而且还缩小到对设计科学的出现的关注——特别是在美国20世纪下半叶——这是一种历史和地理上都非常狭隘的研究。“……的人类学”的模式的问题在于，无论是应用于设计，还是应用于任何其他人类活动，它都将这一活动变成了分析的对象。相反，我们的目标是将设计恢复到人类学学科实践的核心。这并不是要提倡回归认知主义。但这意味着，除了预先设定确定的目的，还有其他思考设计的方式，除了描述和分析已经发生的事情，也有其他思考人类学的方式。更具体地说，我们主张开放性的设计概念，它允许希望和梦想以及日常生活的即兴动力，以及人类学学科被视为对人类生活条件和可能性的一种推测性探究。

结合二者，我们提出的人类学不是设计的人类学，不是作为设计的人类学，也不是为了设计的人类学，而是借助于设计的人类学。这样的设计人类学将采用宫崎广和（Hirokazu Miyazaki 2004）所说的“希望的方法”（method of hope）。就像它所追求的生活一样，它的本质上是实验性的和即兴的，它的目标是丰富这些生活，让它们更具可持续性。从时间的角度来看，这将与传统的借助民族志的人类学方法背道而驰，它将与人们的欲望和抱负一起前行，而非回顾过去。也许，我们可以从人类学与神学的关系中找到相似之处。从这里开始思考人类学与设计的关系似乎不太可能。然而，乔尔·罗宾斯（Joel Robbins）在关于前者的最新文章中提供了与我们在此尝试的结果最接近的对等内容。罗宾斯区分了三种人类学参与神学研究的方法。第一个是揭露和批判基督教神学是如何支撑宗教和文化等人类学概念的普遍化的。第二种是把神学家自己的著作当作民族志分析的数据。然而，在第三种方法中，人类学可能会将神学作为其自身项目灵感的有力来源，承认我们有很多东西要从给予他人生活希望和承诺的信仰、承诺和智慧中学习（Robbins 2006：285）。我们的“第三条道路”设计方法反映了罗宾斯对神学的方法。这并不是说其他两种方法是不可接受的。对于塑造了我们对人类状况的现代理解的知识潮流，设计人类学仍有一种批判性的警觉。设计人类学仍然致力于将设计师的活动置于他们的社会和文化背景中，但我们的目标不同。

设计的再思考和人类学的再思考的关键是对应的概念。因此，我们首先介绍这个概念。然后我们继续思考这对日常生活的设计意味着什么。这将导致对参与观察在借助于设计的人类学中的核心作用进行重新考虑。我们利用我们一位同事（卡罗琳·加特）和环境保护主义组织国际地球之友（FoEI）最近的田野调查，来说明这种观察在实验性的实践中需要什么。最后，我们对我们关于人类学反思性转向这一论点的含义进行了一些思考。[1]

关于对应

马塞尔·莫斯（Marcel Mauss）在1925年发表的一篇关于礼物的文章中反复强调，在礼物交换中，被赠予的东西与赠予者密不可分。因此，在交换中创造的纽带"实际上是人与人之间的纽带，因为事物本身就是人或属于人。因此，给予就是给予自己的一部分"（Mauss 1954：10）。请注意：根据莫斯的观点，给予和接受的人不只是剧中人，他们的礼物交换也不是演员的角色扮演，演员们在扮演他们的角色时，他们自己被限制在面具后面，彼此封闭。莫斯所建立的并让他的文章在初次出版时如此具有革命性的内容是一种自我渗透，相互融合，每个人都参与他人正在进行的生活的可能性，他们没有因此牺牲他们的身份以获得一个更高级实体，埃米尔·迪尔凯姆先前曾将这类更高级实体称为"社会"。莫斯写道，在社交生活中，我们看到人们、群体以及他们的行为，"就像我们观察海里的章鱼和海葵一样"（1954：78）。与迪尔凯姆的社会截然不同的是，这是一个流动的现实，在这个现实中，没有什么东西是一成不变的，也没有什么东西是永远重复的。在这个海洋世界里，每一个生物都必须为自己找到一个位置，避免被海浪冲走，它们伸出卷须或生命线把自己和其他生物绑在一起。在它们交织的过程中，这些生命线构成了一个无限延伸的网状结构。

至关重要的是，编织网络涉及时间的推移。在交换礼物的过程中，一个人不会立即作出补偿，而总是间隔一段时间，否则，与原捐赠人的关系将被视为终止。正如皮埃尔·布迪厄（Pierre Bourdieu）所观察到的，"中间间隔的时期与惰性的时间间隔正好相反”，“惰性的时间间隔”作为实现预先设想的项目的附带条件，原则上可以无限延长或压缩成瞬间（1977：6）。人和关系只能在实时的时间潮流中进行或持续。作为生成性过程的物质体现，礼物也充满了持久性，承载着它曾经经受的传递者之间关系的历史，并推动这些关系进入未来。礼物的精神，它的生命力或冲动，恰好等同于这种持续的内容。脱离了时间的流动，礼物将恢复到一种无生气的物体的状态，而人将恢复到个人的状态，成为社会结构中的固定点，在这些固定点之间只有相互的、来回的交换是可能的。然而，礼物不会来回传递，而是在生命线重叠、彼此缠绕的地方传递，就像接力一样，从一个人传到另一个人。就像对话中的一句台词那样，一项特定的交易承载了社会生活的流动，并将其向前传送，它的意义只能在之前的交换历史的语境中才能被理解，而之前的交换历史只是一个单一的时刻。

社会世界现象学家阿尔弗雷德·舒茨（Alfred Schutz）在将社会生活描述为“一起变老”的过程中，也提出了大致相同的观点。舒茨坚持认为，共享一个时间社区，每个社团都参与到其他社团的持续生活中（1962：16–17）。在一篇著名的论文中，他将这种参与比作创作音乐。例如，弦乐四重奏的演奏者并不是在交换音乐理念——从这个意义上说，他们不是在互动——而是在一起前进，一边演奏一边听，每时每刻都在分享彼此鲜活的当下（Schutz 1951）。在一项关于日常步行的研究中，我和同事乔·李得出了非常相似的结论（Lee和Ingold 2006）。我们发现，并肩行走通常是一种特别适宜的活动形式。即使他们经常交谈时，同伴们也很少进行直接的眼神交流，他们协调步态和步伐时，顶多只是微微地将头向对方倾斜，通过对运动特别敏感的周边视觉来进行。相比之下，面对面的直接交流被发现远没有那么容易进行交际。一个关键的区别是，在一起行走时，同伴们几乎拥有相同的视野，而在面对面的互动中，每个人都能看到对方背后的东西，这为欺骗和托词提供了可能性。当他们转过身来面对对方，停在各自的轨道上，彼此挡住对方的路，互相盯着对方看时，交谈者似乎陷入了一场争论之中，双方不再分享各自的观点，而是来回地讨论。

在1921年发表的一篇关于“视觉互动”的经典文章中，格奥尔格·西梅尔（Georg Simmel）认为，眼神交流“代表了整个人际关系领域中最完美的互惠关系”，在参与者之间促成了一种结合。他推测，这种结合“只能靠两眼之间最短最直的线来维持”（1969：146）。然而，正如西梅尔所描述的，在两点之间画一条直线，使得每一点都静止不动，毫无感觉。这种接触可能是理性的，但不可能是充满活力的。就像那些不和谐的步行者一样，他们彼此摆好架势，没法继续前行。互动（interaction）一词的前缀inter-的含义是，互动各方彼此是封闭的，好像它们只能通过某种搭桥操作连接起来。任何这样的操作本质上都是去时间性的，它切断了运动的路径，并成为运动，而不是与之结合。相反，在我们提出的对应关系中，点被设置成运动的，用来描述相互环绕的线，就像对位中的旋律一样。例如，想想弦乐四重奏中交织在一起的旋律线。虽然演奏者可能面对面坐着，身体不动，但他们的动作和随之而来的声音是相对应的。行人在一起走路时的动作也是如此。同样，交换礼物或在交谈中交流言语也会建立起一种联系，在这种联系中，每一句话都要不断地对另一句话作出回答。简而言之，要与世界相对应，不是去描述世界，也不是再现世界，而是回应世界。

在此基础上，我们可以在本章继续我们的主要目标。本章主要提出了一种设计人类学，试图与其追求的生活相对应，而不是描述它。简而言之，我们的论点是，虽然借助民族志的人类学是一种描述的实践，但借助设计的人类学是一种对应的实践。

为生活设计环境

设计是关于塑造我们所生活的世界的预测性的活动。然而，在许多方面，这似乎是前人的失败所预示的一种无望努力。如果他们成功地为我们塑造了一个未来，那么我们除了遵从他们的命令，就没有什么可做的了。同样，如果我们成功地塑造了我们的后继者的未来，那么他们将囿于已经为他们设计好的实施方案之中，继而成为纯粹使用者。如果要让每一代人都有机会展望一个属于自己的未来，设计似乎必须失败。的确，设计的历史可以被理解为人类共同努力以终结它的累积记录：一系列没完没了的最终答案，回想起来，没有一个最终答案是最终的。或者借用建筑作家斯图尔特·布兰德（Stewart Brand）的一句格言：所有设计都是预测；所有的预测都是错误的（1994：75）。这听起来不像是可持续生活的公式。可持续性不是关于预测和目标，也不是关于实现稳定状态，而是为了让生活继续下去。然而，设计似乎倾向于通过指定完成的时刻来终止它，即事物的形式符合最初的设计意图之时。“形式是终结，死亡”，艺术家保罗·克利在他的笔记中提到，“赋形是运动，是行动。赋形就是生命”（1973：269）。

通过给事物设定目标，我们不就像克利暗示的那样，要把它们消灭掉了吗？如果设计给一个开放式和即兴的生活过程带来可预测性和丧失类似抵押品赎回权那样的权利，那么设计不就是生活的对立面吗？以克利为例，我们能够将设计的重点从形式转移到赋形吗？换句话说，我们怎样才能把设计看作生命过程的一个方面，使这个过程的主要特征不是朝向预定目标，而是持久的？[2] 我们此时需要这样的再思考。我们想说的是，设计并不是一群专业专家的专利，这些专家的任务是为我们其他人创造未来可以消费的产品，是我们所做的每一件事的一个方面，因为我们的行动是由希望、梦想和承诺所引导的。也就是说，设计不是为我们在地球上的居住设定参数，而是居住过程中不可或缺的一部分（Ingold 2000）。同样的道理，它也与不断创造各种居住环境有关。那么，在一个通过其居民的活动而永远处于建设中的世界里，设计事物意味着什么呢？这些居民的首要任务是让生活继续下去，而不是完成一开始就指定的项目。我们认为答案在于，设计与其说是创新，不如说是即兴创作。

这是要认识到，设计的创造性不在于对可感知的环境问题提出预先设想的新奇的解决办法，而是在于居民对其生活中不断变化的环境作出精确反应的能力。将创造力等同于创新是从结果的角度反向阅读，而不是以产生创造力的运动的角度正向阅读（Ingold和Hallam 2007：3）。从一个新颖物体形式的结果出发，通过一系列的前提条件，追踪到代理人头脑中一个前所未有的想法。然后，这个想法被认为是该物体的设计。相比之下，将创造力等同于即兴创作，则是将它向前阅读，跟随世界发展的轨迹，而不是在已经走过的道路上，从终点到起点，寻找一条连接链（Ingold 2011：216）。这种富有创造力的即兴创作需要灵活性和远见。灵活性的要素不仅在于发现世界发展的趋势——以它希望的方式发展——还在于让它适应不断发展的目标。因此，这不仅仅是随波逐流的问题，因为你也可以给它指明方向。为生活而设计是指出方向，而不是指定终点。正是在这方面，它还涉及远见。

在远见和预测之间有一个重要的区别。长期以来，规划者和决策者的自负之处在于，他们认为想象未来就是预测：也就是说，设想一种尚未实现的新的事态，并预先指明实现这一事态所需要采取的步骤。然而，预见是比事物先行一步，将其拉到人们的身后，而不是通过现在的推断去预测。它寻求的不是对未来的推测，而是对未来的展望；它是一段即兴创作，而不是用前所未有的表现形式进行创新。它告诉我们，在这个世界上，一切都不是预先注定的，而是刚发端的，永远在现实的边缘（Ingold 2011：69）。它是关于开辟道路而不是设定目标；是关于预期，而不是预先决定。最重要的是，远见包括运用想象力。然而，这并不是要把想象力理解为一种想象形象的能力，也不是表现未存在的事物的能力，而是想象一个不断发展的世界的能力。我们已经注意到，在一些欧洲语言中，“设计”和“绘画”是一回事。假设我们保留了同义词，但不将绘画视为心理图像的几何投影，而将其视为感知演变的轨迹。那么设计会是什么样子呢？

克利有句名言，他把画画描述为选择一条散步的路线（1961：105）。散步的路线不会投射或预估任何东西。它只是简单地继续，一边走一边跟踪路径。轻装前行，不受负重拖累，设计师草图的线条任逃亡的想象驰骋，却又在幻想脱缰之前将其勒住，设置为实践领域的路标，让建筑商或制造商可以以自己更为缓慢和沉闷的节奏跟随前行。可以说，设计师是一个捕梦网。如果说设计和制作之间有区别的话，那不是项目及其实施之间的区别，而是希望和梦想的牵引和物质约束的拖拉之间的区别。正是在这想象力的延伸与物质的阻力相遇之处，或者是雄心的力量与世界的坚硬边缘摩擦之处，人类才得以生存。计划和项目，以及希望和梦想的区别在于前者预期最终的结果，而后者则没有。希望和梦想这两个动词并不是及物动词，比如制造或建造；而是不及物动词，比如居住和成长。它们表示的过程不是从这里开始，到那里结束，而是进行到底。我们建议在为生活设计环境时，也应该把设计当作不及物动词来理解。

正是在这个意义上，设计可以是开放式的。回想克利的论点，形式是死亡，但赋形是生命。克利在他1920年的大作《创作信条》中宣称“艺术不是再现可见的，而是使之可见”（1961：76）。他的意思是，艺术不寻求复制已经固定的形式，无论是头脑中的图像还是世界上的物体。相反，它寻求加入那些使之成形的力量。因此，画出来的线从一个运动的点开始生长，就像植物从种子开始生长一样。沿着这些线绘画，并回到绘画和设计之间的同义词，我们可以看到，设计也可以是一个成长的过程。就像正在生长的植物一样，它会在不断变化的生命条件中展开。从这个意义上说，设计并不能改变世界，它或多或少就是世界自身转变的一部分。然而，这个自我转变的过程不是沿着一条路径展开的，而是沿着多条路径展开的。这在本质上是一种对应。同样地，它没有特定的起点或终点，也没有人知道它的结果。正如建筑师尤哈尼·帕拉斯马（Juhani Pallasmaa）所写，“设计总是在寻找一些事先未知的东西”（2009：110–111）。帕拉斯玛认为，正是这种他在绘图中表达的内在的不确定性推动了创作过程。

简而言之，让我们把设计生命环境的过程想象成一个对应的过程：这个过程不仅包括人类，还包括生命世界的所有其他组成部分——从各种各样的非人类动物到树木、河流、山脉和地球。这是一种既具有过程性和开放性，又具有基本包容性的对应。

重新定位参与观察

在我们看来，人类学是一门慷慨、开放、全面、比较而又批判性的学科，它研究的是我们共同居住的世界中人类生活的条件和潜力。它是慷慨的，因为它建立在一种倾听和回应的意愿上——也就是说，对他人告诉我们的事作出回应。它是开放的，因为它的目标不是达成最终的解决方案，从而结束社会生活，而是揭示它可以继续走下去的道路。因此，人类学所追求的整体观（holism）与整体化（totalization）正好相反（Otto和Bubandt 2010：11；Willerslev和Pedersen 2010：263）。它完全不是把所有的部分拼凑成一个整体，把所有的东西都连接一起，而是试图表明，在社会生活的每一个重大事件中，都包含着关系的整个历史，而这事件只是关系的暂时结果。正如莫斯笔下的礼物，把它放在整体的背景下是要“抓住社会及其成员对自己和自己与他人相关的处境进行情感评估的瞬间”（1954：77–78；这也是我们的重点）。人类学是比较的，因为它承认没有一种存在的方式是唯一可能的方式，而且对于我们发现的或决心采取的每一种方式，都可以采取将导致不同方向的替代方式。因此，即使我们遵循一种特定的方式，“为什么是这种方式而不是那种？”这个问题也总是我们关注的重心。它是批判性的，因为我们不能满足于现状。大家普遍同意的观点是生产、分配、管理和知识这些在现代占主导地位的组织把世界带到了灾难的边缘。在寻找继续前进的方法时，我们需要所有能得到的帮助。但是，没有任何人（没有土著群体，没有专门的科学，没有教条或哲学）拥有未来的钥匙，要是我们能够找到它多好。我们必须为自己创造未来，但这只能通过对话来实现。人类学的作用是扩大这种对话的范围：与人类生活本身进行对话。

现在，人类学家有了一种他们引以为豪的工作方式。他们称之为参与者观察。这本质上是一种对应实践。实践中，人类学观察者与他或她所追踪的人的生活联系在一起，将他或她的意识或注意力的运动与他们的联系起来。我们所称的研究甚至田野调查实际上是一门漫长的培养大师的课程，通过这种对应，初学研究的人逐渐学会了像他或她的导师那样看事物，听事物，感受事物。简而言之，就是接受一种注意力教育（Gibson 1979：254；Ingold 2001）。这种教育产生影响，让学习者发生转变。它塑造了你思考和感受的方式，使你成为一个不同的人。在这方面，我们认为，通过参与者观察来学习与民族志有根本的不同（Hockey和Forsey 2012：72–74）。因为民族志的目的不是转变，而是纪实。这并不是否认民族志的实践可能具有转型作用。例如，民族志写作的行为本身就是一种实时的运动，它要求人们集中注意力和专注力，从而改变了作者。阅读一本民族志专著也能带来转变。但是，这种效果对民族志的描述目的是辅助性的，尤其是在阅读的情况下，与它的描述形成的情况相去甚远。从他们各自的时间取向来看，描述是回顾性的，转变是前瞻性的。我们提出了一种借助于设计的人类学研究方法来替代传统的借助民族志的人类学研究。我们的目标是将设计定位于参与者观察的转变效果中，以及与我们共事的人的、实时的、前瞻性的对应中。从这个意义上说，设计出现在民族志之前。它迫使我们再次转向这个世界，寻求它能教给我们的东西。它让参与观察者回到他或她在事物之中所处的位置。

然而，这给我们留下了一个问题，即借助设计的人类学是否或者以何种方式要求参与观察的实践，不同于民族志学家和人类学家所习惯的实践。它是否要求我们重新评估参与观察在民族志和人类学项目中的地位？我们相信确实如此。在借助设计的人类学中，人类学家在建立人际关系和制造事物方面的积极参与——也就是说，在为田野调查中正在发生的事情做出贡献——必然会变得更加深思熟虑和更具实验性。与此同时，重要的是要认识到，在借助设计做出对应的人类学任务中，田野调查期间所产生的价值，等于或大于田野调查后以书面民族志的文献形式所产生的价值。人类学家在他们的田野调查中，与某一特定地区的人进行了长时间的接触，他们已经认识到这种关系对他们自身生活所形成的价值。维纳·达斯（Veena Das）就是这样一位人类学家。由于她的经验，她也在寻找一种方法来重新定位田野调查中建立的关系在人类学里的价值。[3]

达斯（2011）在长达11年的时间里，对德里郊区的贫困社区进行了研究，她每年都会访问这些社区。在这些年中，她还参与建立了一个名为社会经济发展与民主研究所（ISERDD）的非政府组织。这是一个研究组织，为该组织调查地区的穷人提供医疗和教育援助。它招募和培训的许多实地工作者来自与该组织进行研究的领域相似的领域。在访问期间，达斯不仅着手自己的田野调查，还协助开展组织的工作。例如，她帮助培训了田野调查人员的技能；她参加他们的会议，并关注非政府组织所援助的那些人的情况。研究所通过其有限的资源能够提供的小型援助项目，以及达斯与研究所工作人员的交流，为她自己关于城市贫困和日常生活的调查提供了材料。

达斯（2011）在回顾她在这一领域多年的工作时指出，她致力于生命是流动的这一理念，但她感到遗憾的是，作为一种写作形式，民族志不利于这种流动。她写道："我们不可避免地会利用某些事情变得清晰的离散时刻来结束，而不是利用事件意义出现问题的连续时刻来结束。"宫崎提出了他的希望之道，我们之前已经提到过，作为一个具体的反例来强调民族志描述固有的回溯性。这种描述使人类学家无法察觉人们对未来的憧憬和希望对他们当前活动的影响。宫崎认为，希望之道应该考虑到面向未来的实践的影响。然而，他声称，人类学家在他们的著作中不可能与田野调查的主题保持暂时的同时性，因此不可能不具有回溯性（2004：11）。对宫崎来说，理解希望的唯一方法就是实现希望，而在学术写作中，实现希望的唯一方法就是强调当下尚未得到满足的希望。在写作上，如同在生活中一样，"委托行为产生不确定性的影响"（2004：84）；他们推迟终止。然而，宫崎之所以放弃同步性，或者用我们的话说，放弃对应，是因为他认为人类学实践依赖于文本的产生。达斯（2010）指出，为了优先考虑日常生活中正在进行的努力，作为人类学家工作的成果，我们在田野调查期间建立的关系可能比我们随后撰写的文本更为重要。这些对应关系属于过程；它们是持久性的，因此保留了正在进行的、达斯认为尚未完成的民族志文本中缺失的特质。

长期在德里田野调查期间形成的关系中，达斯的贡献是公认的：在为那些提供研究数据的人员提供帮助的原则上，在对具有相似背景的研究人员的培训中，特别是她在德里时为田野调查人员提供持续的帮助，她在美国时也通过电话为他们提供帮助（Das 2010）。这些关系既是达斯田野调查的产物，也是她作品的产物。正如人类学知识现在被广泛认为是主观创造出来的一样（Coleman和Collins 2006），我们也可以把田野调查关系或（如达斯的）参与视为对话构成的人类学产品。这一认识要求，从提供学术文本的数据收集工作到人类学生产力的中心和焦点，对人类学的参与者观察重新定位。我们同意达斯的观点，即田野调查中的人类学成果与民族志文本同等重要，如果不是更重要的话。将参与者观察看作是对应，这些在田野中的关系——这些对话产品——举例说明了设计如何揭示进行的路径，而不是定义终点。在下文中，加特讲述了她与国际地球之友组织（Friends of the Earth International）在田野调查中进行的一项借助于设计的人类学实验。

借助设计的人类学中的一项实验

与达斯的11年不同，我的田野调查仅限于更短的博士学习期间的经历。在这个实验中，因为我正在进行的研究，具体说来是因为研究我的同事们是如何开始了解人类学家可以提供什么的，我的借助设计的人类学工作由此引出。借助于设计的人类学的特点之一是，在田野调查中对研究和人工制品的生产进行深思熟虑和反思的交织。

我博士时期的田野调查，研究了被称为“国际地球之友”的跨国环保主义者联合会（以下简称FoEI）是否以及如何“团结在一起”（Hannerz 1996：64）。我试图了解这样一个遍布76个国家的组织是如何建立和维持的。作为这项研究的一部分，我与巴西的FoEI组织进行了为期6个月的实地调查，该组织名为“核朋友组织”（Núcleo Amigos da Terra，以下简称NAT）。[4] 在安排我的田野调查时，我一直通过电子邮件与小组协调员保持联系。我在几封详细的电子邮件和随后的电子邮件交流中解释了我田野调查工作的重点，以及我在办公室和巴西活动人士合作时，我希望做的工作。

当我到达巴西的时候，我发现这些活动人士已经和到访者非常熟悉了，因为志愿者经常会来和他们一起工作6个月。他们也熟悉社会科学家对其工作和历史的兴趣。阿雷格里港被认为是巴西环境保护主义的诞生地或先驱州，NAT是这一运动的非政府组织先驱之一（Urban 2001）。出于这个原因，一些博士生采访了NAT的积极分子。此外，两名积极分子在大学里学过人类学课程，因此熟悉参与者观察的概念。其中一位积极分子与我分享了她认为有关巴西环保主义的重要书籍。很明显，我自己的研究问题是与我一起工作的人之间的“共享谜题”（Marcus和Fischer 1999：xvii）。马库斯和费舍尔（1999）预测，当代的许多人类学田野调查工作将围绕这些共同的谜题展开，在这些谜题中，人类学家和“被调查者”将拥有共同的知识兴趣。安娜莉丝·瑞尔斯（Annelise Riles 2000）提供了一个例子。在研究斐济女性非政府组织的过程中，瑞尔斯发现人类学家古典式探索社会关系的形式已经被她的调查对象通过组织结构图和地图加以质疑、分析和表达。

同样，在我的NAT田野调查中，我与活动人士都有兴趣了解组织内部关系的形式。与瑞尔斯的经历相比，一个不同之处在于，我既是NAT活动人士的顾问，也是主动制作组织结构图的参与者。这需要分析当时构成该组织的关系的进展。第二个同时也是关键的不同之处是，我被要求创建这些图表，不仅仅是作为文档，作为对现有事务状态的描述，而且也是为了纳入活动人士对组织未来几年应该如何发展的期望。我被要求编写程序章程和组织图表来说明这些规章制度，这些章程将根据管理和领导的明显冲突的理想来指导组织未来的行动。要求我提出这些章程的决定是基于活动人士知道我以前为一些非政府组织起草过程序章程。此外，更重要的是，我之所以被要求完成这个任务，是因为我已经和他们所有人，特别是与讨论领导力的不同派别谈了很长时间，这是我人类学研究的一部分。他们认为，我作为一个人类学家，感兴趣的主要是理解活动人士的经验，而我已经设法与团队里的不同组员建立信任，这意味着我的建议是可以信赖的，不是党派之争，也不是先验地与争论的一方或另一方保持一致。

争论涉及领导风格。其中一名活动人士维罗妮卡在NAT内部并没有特别大的影响力，但她确实对该组织的创始成员以及巴西其他非政府组织的观点产生了一定程度的影响，这些创始成员至今仍受到当前活动人士的极大尊重。维罗妮卡希望该组织由“头脑清晰而强有力的领导”带领。有几次，她向我抱怨，NAT的现任协调员安德里亚没有这样的领导力。在她看来，NAT的活动似乎陷入了无休止的关于“过程”的内部讨论。结果，NAT的成就远不如一位创始女士担任协调员时的成就。另一方面，受到现在NAT多数活动人士支持的安德里亚认为，领导不应该把一个人的意志强加给别人。相反，领导力应该是协调活动人士不同利益和能力的能力。安德里亚认为，这种对领导力的理解也最适合NAT等非政府组织所面临的现实。安德里亚所指的现实是NAT活动人士在资助其活动时所面临的持续挑战。大多数活动人士的工资都很低，他们必须通过为自己提议的项目争取资金，来保障自己年复一年的生活。这意味着每年年底，许多活动人士可能无法再继续为NAT工作。同时，这也意味着活动人士有足够的动力来提出项目，获取自己的资金，从而降低领导者在不疏远员工的情况下，将自己的优先事项强加于人的可能性。这还意味着NAT需要有足够的组织灵活性，以适应不断变化的优先事项和人员流动，以及适应环境行动主义不断变化的要求，这些都是NAT计划作出回应的要求。

我被要求为NAT起草程序章程，以适应这些不同的情势。我当时提出的文件是因为巴西“地球之友”（FoE）组织需要和希望有一个指导方针，能够包括足够的结构，以促进连续性和生产力，并具有足够的灵活性，以包括多样性和包容性的原则以及满足快速的人员流动的要求。这些文件是一个对话设计的人类学人工制品的例子，它来自田野调查的协作学习过程，并通过该过程而出现。在这种情况下，人类学的人工制品是回应工作的有形痕迹。这条痕迹并不是仅仅提到和源头（无论是时间上还是地理上）的某种差距，而是直接参与了随后不断进行的回应。

制定这些章程的任务对我的田野调查产生了方方面面的影响。我与个别活动人士一起，绘制了他们开展工作的地图，以便了解这些程序需要涵盖哪些方面的努力。这些工作地图也让我对环保实践有了一定的了解，并将其应用到我的博士研究中。我明确地将我从生活史访谈中学到的东西，以及我在那时候进行的长达5个月的参与观察纳入了章程之中。这为建立在不同派别的各方和我本人作为文件提案人之间相互信任基础上进行的文件讨论提供了实证基础。如果安德里亚，或者任何支持安德里亚的人，提出了这份文件，讨论就会以对抗的方式开始，就像维罗妮卡提出的建议一样。

我提议的主旨是那些必须自己寻找资金的活动人士应该成为项目经理，有权管理自己的项目。但是，作为项目管理人员，他们将不仅需要向执行委员会（Conselho Diretor）报告，而且还需要向年度大会（leia Geral）报告，从而对自己的工作更加负责。实际上，这意味着，虽然项目经理每天都有更多的自由，但他们必须在每年的股东大会上说服股东支持他们计划的项目，并在年底向他们说明整个项目的运作情况。实际上，这项建议减少了对全面协调员的需要，但却期望项目经理成为自己项目强有力的领导或协调员，并亲自负责自己项目的管理质量。图20显示的是我根据自己的实证观察绘制的组织结构图（organogramma），以及我基于NAT不同成员当时的期望提出的建议。

反思转向的下一个再转折

加特在田野调查期间所撰写的文件并未被完全采纳：那不是目标。它们提供了一个以活动人士的关切和经验为基础的具体起点。制定和提出这些章程的工作为她的博士研究提供了依据。与之相反，这些活动人士知道，加特的研究兴趣与她需要探索的内容保持一致是为了撰写文献。她之所以被要求这样做，是因为她的存在、她的特殊兴趣，以及她作为一名对理解活动人士经历感兴趣的人类学家在办公室政治中的中立立场。

长期以来，人类学家一直对他们在田野调查的环境中所产生的影响保持警惕。事实上，正如我们已经表明的，虽然人类学家承诺保持中立，然而他们的承诺也必定涉及研究方法（Okely 1996）。例如，在前面所述的情况中，加特作为人类学家的地位是至关重要的。20世纪80年代，在所谓的“反思转向”中，人们认识到人类学家必定牵涉到研究领域。这是人类学开始自我反省的时期。在接下来的几年里，反思敏感性往往意味着人类学家将在他们的写作中纳入特定研究展开的详细背景（包括政治和经济的先决条件使一些项目得到资助，而另外一些则无法获得资助）并阐明偏见的潜在来源（Whitaker1996）。反思性也被打磨成一个工具，在参与观察中产生进一步的见解。人们对人类学家在社会环境中的地位进行了反思性分析，以了解人类学家的存在所引起的文化特殊性（Kenna 1992）。反思转向使得人类学知识或多或少是由主体间相互作用产生的这一概念成为主流。人类学家被广泛认为是田野调查的个人关系所产生的知识的共同作者；在这一点上，人类学家的创造性得到了认可（Amit 2000；Coleman和Collins 2006）。但是这种创造性，至少在学术评价的目的上，仍然局限于文本的制作（或者如果它超越了文本，也只被用于民族志电影的制作）。

尽管这种反思转向使人类学家的创造性作用凸显出来，但由于种种原因，这种新的范式并没有鼓励人类学家参与公开辩论或与他们的受调查对象合作（Eriksen 2006；Gatt 2010；MacClancy 1996；Whitaker 1996）。这与马库斯和费舍尔的希望相反，在1986年出版第一期《人类学文化批判》（Marcus和Fischer 1999）时，他们在反思转向中占据了中心位置。我们认为，人类学家在田野调查中有意地和反思性地参与人工制品的生产（例如个人关系、文件，甚至文本）——换句话说，借助于设计的人类学——是继反思转向之后人类学学科要走的下一步。在这方面，借助于设计的人类学提出了一个对反思性的长期的学科关注。

在前面提到的例子中，作为一名进行参与观察的人类学家，加特不仅仅是学习如何学习（借助设计的人类学）；她还将自己的经验和技能贡献给与她一起在这一领域工作的人们的正在进行的、不断发展的道路。虽然任何参与观察都是一种回应的实践，但借助于设计的人类学将参与观察向前推进了一步：它变成了观察参与。借助于设计的人类学研究，既不会让田野调查者成为永恒的文化学徒（Agar 1996），除了批判性的质疑之外没有任何贡献，也不会让他们成为一个非常熟悉的在自上而下的体制下发展项目的管理者（Croll和Parkin 1992；Hobart 1993）。在起草程序章程草案的过程中，加特以一种独特的立场——和其他所有活动人士一样独特——并以独特的技能参与其中。她的角色是在这些观察的基础上，引出其他人的理解，并提出她自己的建议，这些观察包括从以前的经验中积累的观察，NAT活动人士的希望，以及她富有想象力的贡献。程序章程是一种对话构成的人工制品，与民族志文本相同，因为它是田野调查参与者和人类学家共同创造的成果。然而，与民族志文本不同的是，这种人类学产品的形式和受众参与了正在发生的现场事件。

在借助于设计的人类学中，人类学家避开了马库斯和费舍尔所设想的广泛的公众讨论，这种讨论被认为是文化批判，而其他大多数人将其称为参与式人类学（Eriksen 2006；MacClancy 1996；Scheper-Hughes 1995），旨在与他们进行田野调查的人的日常生活保持对应。在这样做的过程中，他们成为了正在进行的生活情境中的参与者，而非超越者和脱离者，在这些情境中，他们和他们的设计与其他所有人在同一水平线上展开。

注释

[1] 虽然我们合作撰写了这一章，但除了引言和结论“反思转向的下一个再转折”，所有的章节都是独立撰写的。前两节“关于对应”和“为生活设计环境”由蒂姆·英戈尔德撰写；接下来两节“重新定位参与观察”和“借助于设计的人类学实验”由卡洛琳·盖特撰写。在这几节中，我们各自使用第一人称时，都是指我们自己。

[2] 当然，我们不否认，对于许多实践者来说，设计永远无法完成，他们把他们的实践看作是思想和物质形式之间的持续对应。我们的问题

（也是实践者的问题）是：如果是这样，设计意味着什么？

［3］我们认识到与行动研究的相似之处，特别是其关于“生活探究”的概念（(Reason和Bradbury 2008)。然而，学科的把关和认定“好的民族志”的标准仍然由学术受众（Kelty 2009）裁定，而不是由在田野调查期间与之对应的人类学家来裁决。事实上，在大学之外工作的人类学家并不总是被认为是“恰当的人类学家”。南希·谢佩尔–休斯（Nancy Scheper-Hughes 2009）甚至警告人类学家不要将倡导与学术工作混为一谈。具有讽刺意味的是，谢佩尔–休斯被认为是从事人类学的拥护者（Scheper-Hughes 1995)。我们在这里讨论的理论问题——关于过程和日常生活——将推动传统学术实践走向这种生活探究，不仅因为它所包含的伦理含义，而且因为它所承诺的理论见解。

［4］加特的博士田野调查研究包括对巴西“地球之友”的六个月参与观察，对“地球之友”阿姆斯特丹国际秘书的五个月的参与观察，对马耳他“地球之友”的六个月的参与观察，以及在2003年至2006年3月期间，加特对马耳他“地球之友”的工作的积极参与。田野调查亦包括她在2003年至2007年间出席的九次国际会议，以及在2003年2月至2007年12月期间通过电子邮件的持续参与观察。加特感谢阿伯丁大学“六世纪学生奖学金”资助了她的研究。

参考文献

Agar, M. (1996), *The Professional Stranger*, London: Academic Press.

Amit, V. (ed.) (2000), *Constructing the Field*, London: Routledge.

Bourdieu, P. (1977), *Outline of a Theory of Practice*, trans. R. Nice, Cambridge: Cambridge University Press.

Brand, S. (1994), *How Buildings Learn: What Happens to Them after They're Built*, New York: Penguin.

Coleman, S., and Collins, P. (2006), “Introduction: ‘Being. . .where?’ Performing

Fields on Shifting Grounds," in S. Coleman and P. Collins (eds.), *Locating the Field: Space, Place and Context in Anthropology*, ASA Monographs 42, Oxford: Berg, 1–21.

Croll, E., and Parkin, D. (eds.) (1992), *Bush Base: Forest Farm. Culture, Environment and Development*, London: Routledge.

Cross, N. (2006), *Designerly Ways of Knowing*, London: Springer Verlag.

Das, V. (2010), " Reversing the Image of Time: Technologies of the Self and the Task of Detachment," Unpublished paper presented at the conference Reconsidering Detachment: The Ethics and Analytics of Disconnection, Cambridge, UK, June 30–July 3.

Das, V. (2011), "Poverty, Suffering and the Moral Life." Unpublished paper presented at the American Anthropological Association conference, Montreal, Canada, November 19.

Engels, F. (1934), *Dialectics of Nature*, trans. C. Dutt, Moscow: Progress.

Eriksen, T. H. (2006), *Engaging Anthropology: The Case for a Public Presence*, Oxford: Berg.

Gatt, C. (2010), "Serial Closure: Generative Reflexivity and Restoring Confidence in/of Anthropologists," in S. Koerner and I. Russell (eds.), *Unquiet Pasts: Risk Society, Lived Cultural Heritage and Re-designing Reflexivity*, Farnham: Ashgate, 343–360.

Gibson, J. J. (1979), *The Ecological Approach to Visual Perception*, Boston, MA: Houghton Miffl in.

Hannerz, U. (1996), *Transnational Connections: Culture, People and Places*, London: Routledge.

Hobart, M. (1993), "Introduction: The Growth of Ignorance?" in M. Hobart (ed.), *An Anthropological Critique of Development: The Growth of Ignorance*, London: Routledge, 1–32.

Hockey, J., and Forsey, M. (2012), " Ethnography Is Not Participant Observation: Reflections on the Interview as Participatory Qualitative Research," in J. Skinner (ed.), *The Interview: An Ethnographic Approach*, London: Berg, 69–87.

Ingold, T. (2000), *The Perception of the Environment: Essays on Livelihood, Dwelling and*

Skill, London: Routledge.

Ingold, T. (2001), " From the Transmission of Representations to the Education of Attention," in H. Whitehouse (ed.), *The Debated Mind: Evolutionary Psychology Versus Ethnography*, Oxford: Berg, 113–153.

Ingold, T. (2011), *Being Alive: Essays on Movement, Knowledge and Description*, London: Routledge.

Ingold, T., and Hallam, E. (2007), " Creativity and Cultural Improvisation: An Introduction," in E. Hallam and T. Ingold (eds.), *Creativity and Cultural Improvisation*, Oxford: Berg, 1–24.

Kelty, C. (2009), " Collaboration, Coordination, and Composition: Fieldwork after the Internet," in J. Faubion and G. Marcus (eds.), *Fieldwork Is Not What It Used To Be: Learning Anthropology's Method in a Time of Transition*, New York: Cornell University Press, 184–206.

Kenna, M. (1992), " Changing Places and Altered Perspectives: Research on a Greek Island in the 1960s and the 1980s," in J. Okely and H. Callaway (eds.), *Anthropology and Autobiography*, London: Routledge, 147–162.

Klee, P. (1961), *Notebooks, Volume 1: The Thinking Eye*, ed. J. Spiller, London: Lund Humphries.

Klee, P. (1973), *Notebooks, Volume 2: The Nature of Nature*, trans. H. Norden, ed. J. Spiller, London: Lund Humphries.

Lee, J., and Ingold, T. (2006), " Fieldwork on Foot: Perceiving, Routing, Socialising," in S. Coleman and P. Collins (eds.), *Locating the Field: Space, Place and Context in Anthropology*, Oxford: Berg, 67–85.

MacClancy, J. (1996), "Popularizing Anthropology," in J. MacClancy and C. McDonaugh (eds.), *Popularizing Anthropology*, London: Routledge, 1–57.

Marcus, G., and Fischer, M. (1999), *Anthropology as Cultural Critique: An Experimental Moment in the Human Sciences*, Chicago, IL: University of Chicago Press.

Mauss, M. (1954), *The Gift*, trans. I. Cunnison, London: Routledge and Kegan Paul.

Maynard, P. (2005), *Drawing Distinctions: The Varieties of Graphic Expression*, Ithaca, NY: Cornell University Press.

Miyazaki, H. (2004), *The Method of Hope: Anthropology, Philosophy and Fijian Knowledge*, Stanford, CA: Stanford University Press.

Okely, J. (1996), *Own or Other Culture*, London: Routledge.

Otto, T., and Bubandt, N. (2010), "Anthropology and the Predicaments of Holism," in T. Otto and N. Bubandt (eds.), *Experiments in Holism: Theory and Practice in Contemporary Anthropology*, Chichester: Wiley-Blackwell, 1–16.

Pallasmaa, J. (2009), *The Thinking Hand: Existential and Embodied Wisdom in Architecture*, Chichester: John Wiley.

Panofsky, E. (1968), *Idea: A Concept in Art Theory*, New York: Harper and Row.

Reason, P., and Bradbury, H. (2008), "Introduction," in P. Reason and H. Bradbury (eds.), *The Sage Handbook of Action Research: Participative Inquiry and Practice*, London: Sage Publications, 1–10.

Riles, A. (2000), *The Network Inside Out*, Ann Arbor: University of Michigan Press.

Robbins, J. (2006), "Anthropology and Theology: An Awkward Relationship," *Anthropological Quarterly*, 79(2): 285–294.

Scheper-Hughes, N. (1995), "The Primacy of the Ethical," *Current Anthropology*, 36(3): 409–440.

Scheper-Hughes, N. (2009), "Making Anthropology Public," *Anthropology Today*, 25(4): 1–3.

Schutz, A. (1951), "Making Music Together: A Study in Social Relationship," *Social Research*, 18: 76–97.

Schutz, A. (1962), *The Problem of Social Reality*, collected papers I, ed. M. Nathanson, The Hague: Nijhoff.

Simmel, G. (1969), "Sociology of the Senses: Visual Interaction," in E. W. Burgess and R. E. Park (eds.), *Introduction to the Science of Sociology*, 3rd edition, Chicago, IL: University of Chicago Press, 146–150.

Simon, H. (1969), *The Sciences of the Artificial*, Cambridge, MA: MIT Press.

Suchman, L. (2011), "Anthropological Relocations and the Limits of Design," *Annual Review of Anthropology*, 40: 1–18.

Urban, T. (2001), *Missão (Quase) Impossível: Aventuras e Desaventuras do Movimento Ambientalista no Brasil*, São Paulo: Peirópolis.

Whitaker, M. (1996), "Reflexivity," in A. Barnard and J. Spencer (eds.), *Encyclopedia of Social and Cultural Anthropology*, London: Routledge, 470–473.

Willerslev, R., and Pedersen, A. (2010), " Proportional Holism: Joking the Cosmos into the Right Shape in North Asia," in T. Otto and N. Bubandt (eds.), *Experiments in Holism: Theory and Practice in Contemporary Anthropology*, Chichester: Wiley–Blackwell, 262–278.

第9章　创新与实践的构想：室内气候设计

温迪·冈恩　克里斯蒂安·克劳森

当人们在住宅、机构和办公室之间来回移动时，他们逐渐将室内气候当作生活体验来认知，在这个过程中，他们记住了门窗开闭的历史；开关散热器、空调、毛巾架和地暖下的恒温器；穿脱衣服；应对供暖、通风和供水系统的故障；改变一下供暖系统中的气流流动；尽可能地寻找节约能源的方法。这些“途中的事件和经历”涉及在不断变化的环境中对他人和事物的响应（Ingold 2011：154）。因而，认知来自“从一个地方到另一个地方的旅程和沿途不断变化的视野”中的运动（Ingold 2000：227，2011：154）。通过这种方式，人们对室内气候的了解不再是与诸如温度、相对湿度或二氧化碳浓度等物理因素的相关水平。相反，“它们位于行动和响应的融合之中，不是由它们的内在属性来识别，而是由它们唤起的记忆来识别。”因此，事物不像事实那样被分类，也不像数据那样被制成表，而是像故事那样被叙述（Ingold 2011：154）。重要的是，这些故事并不编码指令；它们描述了一个有节奏的过程。这里的舒适有时间维度。人们在家里、幼儿园或办公室里会与旧传感器和旧的技术模型达成协议，这意味着人与技术都有生命历史。随着时间的推移，他们会变过时[1]。

人类学与工业的融合

“室内气候和生活质量”项目是由桑纳堡参与式创新中心（以下简称SPTIRE）[2]组织，并由丹麦企业建设管理局（EBST）资助的一项为期三年（2008—2011）的“参与式创新项目”。五家丹麦公司和两所大学的合作伙伴受邀参与该项目，包括一个天窗制造商，一个自然通风工程制造商，一个保温材料制造商，一个机械通风制造商，一家建筑项目管理公司、室内气候研究小组的研究人员、丹麦技术大学（DTU）和南丹麦大学桑纳堡参与式创新中心。该项目的核心理念是探索如何让更多的利益相关者参与室内气候产品和系统的设计，从而为建筑行业带来创新（Buur 2012：3）。

尽管我们在室内气候领域工作的项目合作伙伴强调可识别、可测量的舒适性参数（温度、湿度、光线、噪声、空气质量、二氧化碳），并集中精力开发基于行为模型的工程产品和系统，可研究人员对参与式创新的理念备感兴趣，所以SPIRE研究人员想要在室内气候控制产品和系统的设计中加入定量和定性知识。同样地，SPIRE的研究人员通过参与人们在日常居住的室内气候活动过程中的即兴能力来让更广泛的利益相关者参与到设计过程中（Boer和Donovan 2012；Buur和Matthews 2008；Jaffari，Boer和Buur 2011；Jaffari和Matthews 2009）。具体来说，研究小组关注的是环境的两种含义之间的两难境地。一种来自参与家庭、幼儿园和办公室的室内气候的日常生活体验；另一种来自环境，在这种环境中日常经验被认为独立于一个预定的世界之外，数字和科学证据是合法知识主张的基础。

与项目伙伴一起参加SPIRE研讨会，使本章的作者（一位人类学家和一位工程师）能够熟悉与室内气候设计相关的创新和实践的不同概念。我们的主要研究问题是，在设计室内气候产品和控制系统的合作实践中，对室内气候的不同（和相似）看法如何趋同。在SPIRE、DTU和公司代表的工作场所举行了17次研讨会和4次电话会议，与会者包括SPIRE研究人员、DTU室内气候研究人员和公司代表（2008—2011）。工作坊的重点是探讨让幼儿教师、儿童、家庭成员和有室内气候设计经验的办公室工作人员参与的可能性。重要的是，我们提出了这样一个问题：通过对与室内气候产品和控制系统达成协议的日常实践的实地研究[3]获得的定性知识，能否成为建筑行业创新潜力的源泉？作为研究人员，我们的任务是探索项目合作伙伴的组织对用户知识的吸收程度（Gunn和Clausen 2012b）。通过持续参与“室内气候项目”，SPIRE工作坊，研究研讨会和工作坊参与者的采访，我们获得了民族志调查，在此基础上我们处理了分析框架，并基于我们的项目伙伴对将终端用户知识纳入他们的设计过程的反应，提出以下主张，以指导进一步的研究：

主张1：就创新潜力而言，用户无法给我们提供任何东西。

主张2：用户知识只会导致现有创新框架内的小变动（如果有的话）。

主张3：通过包含知识的不同形式的物质痕迹的对话，你无法复制现有的创新方式。

实践

SPIRE工作坊

对丹麦托儿所儿童、教师、家庭和办公室工作人员进行的实地研究表明，人们使用室内气候产品和系统的方式往往远远超出这些产品和系统的设计者的想象。例如，控制托儿所、家庭住宅或办公室的新鲜空气，不仅与开窗和关窗有关，而且与社会关系交织在一起。我们的研究还表明，人们通过持续使用，积极地干预产品和系统的配置。人们在与室内气候设计判断给定的张力和待响应的张力进行协商的过程中，不断即兴发挥。项目合作伙伴对SPIRE研究人员观察到的人们日常与室内气候产品和控制系统协商的做法感到惊讶：“令我惊讶的是，用户往往不知道如何使用这些系统……我还惊讶地发现，用户无法控制他们的室内气候，并将其转化为一种新的配置实践。”（自然通风工程师）[4]

与合作伙伴对人们实践的理解相反，我们认为，在与室内产品和系统达成协议的实践中，人们成为熟练的实践者，而不是被动的消费者（Kilbourn

2010）。将室内产品和系统的被动消费者的观念替换为熟练实践者的观念，是对消费者观念的挑战，是将我们的注意力重新集中到运用和增加技能的当地实践上。这需要不同的设计思维方式，允许人们发展技能，并通过使用来创造与事物之间有意义的关系（Gunn和Donovan 2012）。我们的立场是室内气候是直接的，经验丰富的，并涉及应运的当地实践。我们还认为，在室内气候协作设计过程中采取这种立场，并不会带来创新，而是对创新可能是什么进行了重新定义。

SPIRE组织的一系列工作坊（2008—2011）都鼓励项目参与者参与有关“行动中的反思”的活动（Schon 1983）。这样做是为了激发工作坊参与者，并将终端用户的见解，转移到创新潜力上，其目的有三：①创造一种隐形假定意识，即对终端用户有潜力对室内气候设计创新做出贡献；②探索在设计过程和实践中，将人们与室内气候产品和系统互动的日常体验融入其中的可能性；③注意项目伙伴对室内气候的不同看法。同时，一系列SPIRE研究研讨会着重于根据项目合作伙伴对用户知识的理解来改变SPIRE研究人员自身的假设。

这些工作坊是在整个项目期间按程序构建的。在SPIRE工作坊的展开过程中利用设计材料，可以被认为是设计工作室实践的一种形式，通过“正在出现的领域或正在发生的特定故事或正在浮现的主题接管了设计”（Rees 2008：116）。受乔治·赫伯特·米德（George Herbert Mead 1934）关于扮演他人角色的研究影响，想法是通过持续的协作活动中出现的理解而产生的，并使参与者担任不同的职位——从公司代表、室内气候的终端用户到大学研究员。在工作坊活动中，SPIRE的研究人员想要挑战基于终端用户实践的对创新潜力的隐含理解，也就是说，我们的项目合作伙伴预见到，将终端用户理解为协作设计室内气候的潜在活跃者将会在遥远的未来成为现实。SPIRE的研究人员开始发问，需要什么样的机制才能让终端用户更接近对室内气候设计创新的参与？为了解决这个问题，工作坊的参与者根据丹麦幼儿园、家庭住宅和办公室的实地调查结果，使用了视频剪辑、原型、A型框架、设计主题和敏感概念等形式的设计材料。各种各样的设计材料也被放置在家庭住宅、幼儿园、办公室和项目工作坊里，以支持多个层面的思考：①了解人们如何随着时间流逝与室内气候产生联系；②激发对室内气候生活体验的行动中的反思（见图21）。在对实地研究结果进行协作感知的过程中，材料被理解为一种积极的方式，能够引起对人们体验的关注，而不是对室内气候参数相关的统计数据的关注。重要的是，为了有一个共享的动态，与材料交谈（*to talk with*）是非常重要的，材料制造的目的是为工作坊参与者提供一些与他们的交谈方式产生共鸣的东西，而材料的共同分析被认为是一种设计工作（Boer2012；Donovan和Gunn 2012；Mogensen 1994）。工作坊主持人将这些不同的材料组合起来，目的是利用材料资源支持参与者进行共同分析、协作设计和交叉比较等活动。然而，要记住，参与者没有直接与来自幼儿园、办公室或使用室内气候的家庭一起工作。他们也没有调动从现场材料中获得的见解。相反，他们致力于为终端用户的知识建立显性的隐性框架，以备它们在室内气候设计过程中被引入其他形式的关系。组织工作坊使事情朝着这个方向发展需要一个执行者——研讨会主持人——（在SPIRE研究团队的世界中）认真对待用户。然而，认真对待用户，就是要质疑用户本身的想法，并超越设计师需要用户参与以便为设计师提供想法的观点。因此，SPIRE的研究人员对代表用户本身并不感兴趣。相反，我们感兴趣的是保留与我们一起在工作坊上进行研究的人们的发言权，这是在设计和使用之间建立关系的一种手段。

追溯这一过程中所建立的关系对本章的作者提出了挑战。在建立关系的过程中，在终端用户的叙述是如何形成框架这方面出现了一些情况。工作坊参与者面对的是对不断变化的对象的分析理解，而主体（在本例中是室内气候的终端用户）是由这种时间思维定义的。因此，正如马尔库斯所说，这个话题是“另类想象”（alternatively imagined 2011：19）。在工作坊活动中，框架在生成知识方面所起的作用是不容易阐明的。其原因在于涉及设计材料的意义构建、共同分析和交叉比较的活动具有持续的时间性质和涌现性。正如前面所讨论的，为了能够将工作坊参与者参与生成知识的同时产生的最终用户知识的隐性框架显性化，就要使参与者准备好重新构建设计师和终端用户之间的关系。

融入叙事的痕迹？

工作坊参与者通过筹划不同和相似的理解室内气候的方法的兴起过程，来理解正在展现的事件（Turnbull 2007）。有时，这导致个别人说他们无法明白室内气候终端用户的声明如何在他们的组织中使用。时间是一个至关重要的问题，尤其是当非语言知识转化为语言知识时，因为所有参与者都同时参与了活动。共同分析活动的一个例子是处理一系列的舒适主题："舒适是人们创造的；舒适是带来和谐的感觉和理解；舒适是关于社会关系的；舒适是一种政治建构；舒适意味着健康；室内舒适与室外相连。"

每个主题都提供了一个重点，以共同分析来自不同领域现场的视频材料的具体叙述。这导致了一系列研究问题的展开。为了解决这些问题，SPIRE研究人员、外部研究人员和工作坊参与者随后修改了工作空间内外的舒适主题。这些主题是一种民族志激发的形式，由SPIRE的研究人员和工作坊参与者在6个月的时间里合作完成（Buur和Sitorus 2007）。该活动的一个重要方面是，在协作感知的过程中，为原本难以理解的、与体验室内气候相关的抽象概念赋予了形式。

组织工作坊的首席主持人通常是一位高级研究员，他深知应该在何时何地引入工作坊参与者的能力以转移讨论的焦点。他或她还擅长通过设计活动和材料转换，将人们的注意力吸引到对居住室内气候的不同理解上，从而为"富有想象力的同理心"找到共享场所（Rapport和Harris 2007：325）。2009年8月开展了一个工作坊，旨在将舒适主题引向未来的创新项目。工作坊期间，主持人总结了通过一整天的协作感知和共同分析活动产生的想法。与会者选择了四个可能的主题："民主化谈判""授权行动""连接室外"和"可视化变化"。以前通过工作坊活动产生的主题是通过过去和现在人们与室内系统和产品达成协定的实践形成的实地叙述产生的，而波士顿矩阵（BCG）[5]上覆盖的四个主题是关于未来的。

工作坊的参与者开始告诉主持人便利贴应该放在BCG矩阵的哪个位置，以表示创新潜力的大小。主持人会将带有主题的便利贴放在矩阵的具体位置，是根据参与者对每个主题未来创新潜力的想象决定的，包括：①对主题的信念；②对主题将成为现实的信念。图22显示了由三位工作坊参与者决定的贴有便利贴的BCG矩阵。与会者还口头表达了他们对个别主题在未来实现创新潜力的信念："民主化谈判"源自丹麦的办公室处理的实地材料。这一主题来自一场关于办公室职员在开放式办公室中就温度控制达成协定时所面临的问题的讨论。这个主题让工作坊上的一位与会者很难相信："我认为这个主题将推动办公室和幼儿园的讨论，但我不确定它是否会推动创新潜力。"（来自保温材料制造商的工程师）"授权行动"源于用户希望更多地控制室内气候产品和系统。一位工程师认识到，更大的个人控制可能具有更高的创新潜力。然而，他并不认为所有人都能以正确的方式利用控制："因此，前进的方式可以是创造一种控制的印象"（来自丹麦技术大学室内气候研究小组的工程师）。让人们能更好地控制室内气候的想法对一名工程师来说是有问题的："我认为这个主题带来的麻烦比创新更多，因为沟通工程巨大"（来自窗户制造商的工程师）。然而，用"即使这意味着教育用户"的方式做一些事情，这个主题仍然有"巨大的创新潜力"（来自绝缘制造商的工程师）。"连接室外"是一种思考人们如何将他们对室内气候的感知与外部环境联系起来的方式。创建对内部和外部环境的关系方面的意识，对于用户和设计人员来说都是一种探索的可能性。这涉及使控制系统"可以为人所用"，而这被认为是"不那么容易"（工程师和SPIRE研究员）。对于窗户制造商来说，这个主题是重中之重，因此"应该具有创新潜力"（来自窗户制造商的工程师）。然而，根据保温材料制造商的说法，尽管潜力"很大……没有人这么做"。没有人这么做的原因又引出了一个新问题："创新缺失了吗？"（来自保温材料制造商的工程师）。"可视化变化"处于低创新潜力和高创新潜力之间。其潜力在于能够反复向人们展示“哪里有点不对劲”，他们需要立即纠正这种情况（来自丹麦技术大学室内气候研究小组的工程师）。如果可视化改变能够帮助人们“控制与户外的连接”，“那么这将具有很高的创新潜力”（来自窗户制造商的工程师）。

这些设计主题写在便利贴上，然后覆盖在BCG矩阵上。并置设计材料是一种令熟悉的工程系统表现出既陌生又熟悉的感受的方法。重要的是，此处的并置是实现（或不实现）设计实践和使用实践之间关系的一种方法。在这里，属于幼儿、教师、家庭成员和办公室工作人员的叙事痕迹，如安德森所说，被战略性地放置以：①“使设计师能够质疑传统问题解决方案设计框架中的固有的想当然的假设”（Anderson 1994：158）；②反思“设计思维的核心及问题—解决方案的参考框架”（Anderson1994：159，161）。

在显化终端用户知识创新潜力的隐性框架的过程中，呈现的概念比方法更受重视。SPIRE的研究人员认为，这种基于人们与室内气候达成协议的实践的设计概念是改变人们对哪些知识具有（或不具有）创新潜力的信念的核心。工作坊上提供的民族志设计方法与为了让设计师产生想法而让用户参与的方法不同。相反，设计师的认知和行动方式是通过突现的社会动态来发现的，而且工作坊的形式不太限制内容[6]。

交流和分享知识

室内气候模型、日光计算器和建筑需求都基于广义的知识系统，并嵌入室内气候工程实践、营销和产品、系统和服务的配置中。这类工程知识优先考虑单个因素的计算，作为工程设计解决方案或基于调查的研究的基础（Jaffari和Matthews 2009）。相比之下，人们与室内气候达成协议的实践中产生的定性知识，很难被纳入影响室内气候工程概念化的数学模型中。SPIRE工作坊试图质疑构成项目参与者对什么知识被认为具有，或不具有创新潜力的判断的基础的工程模型。

工作坊期间的知识交流并没有使项目伙伴在其公司、机构设置和接待地点产生任何立即可用的结果。但是请记住，当项目伙伴试图在公司或机构环境中实施工作坊中所学到的知识时，工作坊中知识交流和共享的效果并不意味着价值等同于效用（Leach 2011：90–91）。体验室内气候的用户知识对告知模型模拟温度和通风等设计变量有价值。项目伙伴还重视科研机构在使他们在组织产生信誉方面发挥的作用。对2：1访谈的共同分析还表明，项目合作伙伴对组织中几种知识实践可能共存的想法很感兴趣。这些做法之所以受到重视，是因为它们能够随着时间的推移而适应并反映不断变化的政治关切和观点。

利用工作坊内现有的动态资源在陌生的领域中导航很重要，但这并不总是产生达成协议的过程（Farnell 2000：410）。“室内气候和生活质量”项目经理[7]关注大学和产业伙伴之间的差异，他在访谈中说，“研究人员开始关注这一时刻，并试图利用创造的开口来继续对话”（2010）。他接着说道，“有可能部分地吸收”这些时刻产生的东西。他将自己参与项目的经历比作采取步骤：“当你回顾或展望未来时，你在学习，但当你知道这一步时，它是同一角度上的。在这里，重要的是知道和做的方式能（还是不能）结合起来，以及在面对相似性和差异性时遇到的摩擦（Tsing2005）。正如青（Tsing）所言，SPIRE研究人员和他们的项目伙伴之间的合作取得了部分成功，“因为没有人停下来去意识到他们的分歧有多深。合作不是达成共识，而是为产生混乱打开了大门”（2005：247）。求同存异是合作的一种方式（Suchman 2011：15）。

运动的痕迹

SPIRE工作坊试图塑造可以共享知识的关系。作为研究人员，我们感兴趣的是知识是如何通过这样的活动产生的，并能够在处理事务期间在不同的社区之间移动（Strathern 2004）。协作活动是SPIRE工作坊设计的核心，因而没有时间与参与者单独工作。因此，我们开始对与组织或机构中个别项目参与者合作感兴趣。作为研究人员，我们面临的挑战是寻找方法来跟踪在工作实践中涉及定性知识的创新潜力的概念的转变，以及这些知识是如何在他们的公司和大学得以实践的（Lave 2011）。半结构式2：1访谈以丹麦语进行，访谈对象包括项目公司合作伙伴的三名工程师和室内气候研究中心的三名研究人员，他们都积极参加了SPIRE的参与式创新工作坊。

我们的方法是跟踪定性知识在各个现场之间的移动，并分析这些知识是如何在工作坊参与者的组织和机构中被采用、被拒绝或被转化的。问题涉及“变化的节奏和一连串事件的瞬间”（Marcus 2011：23）。正因如此，我们关注的是一种知识，它“在时间上和空间上做了相同程度的调整”（Marcus 2011：23）。具体来说，我们要求项目参与者描述他们机构中占主导的知识实践的特征，并将其与参与SPIRE工作坊时共享的知识进行比较。作为下一步，受访者被要求就设计主题发表评论，这些主题包括从视频剪辑中截取的剧照，以及在工作坊上展示的终端用户叙述的摘录。在访谈过程中，受访者更多的是提及实地研究，而不是具体的设计主题。通过进一步的分析，我们追溯了工程师之间的关联。特别是为了追求创新潜力，我们建立了终端用户描述、知识实践、知识对象组织以及与之相关的更广泛的系统之间的关系。访谈问题集中在项目合作伙伴的组织和机构对终端用户知识的吸收。我们还提出了标准化和规章制度在概念化创新潜力方面所起作用的问题。与此同时，两位作者还研究了以前公司和大学合作伙伴参与的工作坊和实地研究的文字抄录和视频材料。对2：1访谈和工作坊文档的共同分析导致建立了一个分析框架，关注于工作坊参与者如何在以下二者之间形成关系：①摘要—材料之间；②社会—技术科学之间；③在协商他们的专业实践时采用定性—定量的方式。分析框架是建立在民族志材料的基础上的，这些材料是在我们的田野调查情况中产生的。我们以这种方式发展这个框架与反复出现的证据有关，证据来自我们正在参与的工作坊、视频档案录像和对这些区别的采访转录，而非来自工程师在这些类别之间制造的关系。

作为工作坊、演讲和后续写作的研究人员，我们不断面临的一个挑战是保留所有项目参与者的声音。这包括将“主导的［强烈的“趋势”］、剩余的［“挥之不去的思维和方向”］和涌现的［“思索和计划”］彼此充分联系起来”（Rabinow等2008：103）。正如拉比诺所说，“这个三人组似乎构成了一组复杂的我们需要做出选择并且不能忘记的时间结构，”（Rabinow等2008：103）。作为工作坊的参与者和SPIRE研究者，我们面临着自身定位的局限性，因为作为研究者，我们的定位是在研究过程中质疑他人。在协作活动中而非活动后对我们知识传统的形式和领域提出质疑是一个挑战。我们日常参与协同设计活动中重视的内容并不是活动结束后产生的内容，即民族志专著或评论，专利或产品方案，而是在我们与人在某一特定时刻建立合作关系时所做的事。（参见本书中加特和英戈尔德关于借助于设计的人类学对应任务的讨论。）

在参与式创新项目的条件下，我们质疑这样一种观点：是否你只是把不同的知识传统结合起来，就会导致创新——一切并非那么容易。我们正在进行的合作，以及我们在研究团队——工程师和人类学家——中所扮演的角色，使我们从特定的方法论立场出发，思考为什么以用户为本的方法不能立即带来创新。在当代知识生产的理念中，常常假设不同学科的结合是创造创新潜力的主要途径（Strathern 2004）。我们的立场是，虽然不同种类的知识组合对研究很重要，但大学和产业之间的学科交流和合作不会立即导致创新（Gunn和Clausen 2012a）。

我们发现了什么？

来自天窗制造商的工程师的回答

天窗制造商的工程师表示，他非常清楚在他的组织中记录的规则，因为这些规则被认为是传播和共享知识的一个巨大障碍。他赞赏通过SPIRE活动来对抗定性知识，但正如他所指出的，在更广泛的组织中，对定性知识的吸收似乎有限。尤其是在确定创新潜力时，工程师很难指出组织中可以进行创新的地方。只要用户的意见与天窗制造商当前的营销策略一致，只要策略能够突出产品的设计框架，即“室内气候不会止于窗户”，用户的意见就会得到肯定。他承认室内气候的终端用户（幼儿园教师、儿童、办公室工作人员和家庭成员等）实际上积极创造他们的环境。但是，他认为创新潜力并非源自室内气候用户对环境的积极利用。相反，他参与这个项目最重要的一点是寻找控制室内气候的不同方法。在工作坊里，重新构建一个窗口的概念的想法对他产生了影响，用户叙述的痕迹也对他产生了影响。他不寄希望于创新来自像“室内气候和生活质量”这样的项目。然而，作为参与者，他欢迎工作坊带给他的“神奇的”SPIRE方法，并在他的公司中进行了尝试，取得了一些成功。事实证明，在更广泛的组织中吸收SPIRE生成的这类知识是如此困难，这与他的组织依赖基于证据的技术论据有关。只有基于量化的论点才被最高管理层和营销部门认为有效。这意味着证据需要建立在大量的数据集和科学的基础上，或其他类型的基于证据的测量的基础上。他体验到的这种知识是一种不同于SPIRE工作坊的科学知识。他有意描述了在工作坊期间知识实践之间的一次会议——他没有遗忘这次会议。正如他所说，“它有话要对我们说”。然后，他将定性知识称为与“一小部分……事实上，我们可以从一些陈述中得到信息，它们实际上是在对我们说些什么……但随后，我们所工作的组织结构开始与我们对话。它们认为这种知识很难在组织中传播……如果我已经写了点什么，那会容易得多。”（来自天窗制造商的工程师）。

天窗制造商的工程师对使用定性知识将“小数字放大为大数字”很感兴趣。这一点很重要，因为在他的组织中知识总是要回到系统。在他的世界里，销售和技术经济推理需要确凿的证据。他很清楚，这类证据在他的组织中很重要，“如果这不重要”，他很难说出组织中有什么有趣的东西。正如他所言，“一个谈论技术经济的结构，是唯一一个能够谈论……并为知识的传播开辟了不同渠道的结构”。他意识到，其他室内气候产品专家可能会批评他/或他的组织，因为他们只关心人们能否打开或关闭窗户。对于工程师来说，想象一扇窗户除了可以开和关之外，还可以用来做其他事情是很困难的，例如，具有创造意义的社会功能。在工程师看来，以这种方式重新构造窗户的想法与过去有关，或者与建筑师没有测量工具之类有关。重要的是，工程师认为窗户具有社会功能的想法是没有创新潜力的。他还强调，SPIRE的研究人员应该忘记项目的公司参与者之间进行创新的想法。就建筑业的运作方式而言，这是不可想象的。

来自保温材料制造商的工程师的回答

这位来自保温材料公司的工程师并没有意识到她自己的理解和工作坊上讨论的舒适设计主题之间的显著差异。事实上，其他工程师确实表示，保温材料制造商的工程师是参与工作坊的工程师中唯一一位理解定性田野调查材料的。她解释了她所在部门的知识实践是如何与营销渠道开展紧密的社会联系以及从中进行学习的。与市场营销方面相比，实验室和产品开发中的知识实践具有高度定量化、参数化和面向技术性能指标改进的特点。因此，她习惯于处理相当多样化和并存的知识实践，在向同事传播工作坊的意见或在本组织获得管理支持方面没有遇到困难。通过与可持续住宅设计的更广泛背景相联系，这位工程师指出，需要协调不同社会和工程领域的室内气候定义和产品设计。正如她所说，“我把工作坊视为一个机会，扩大我们与各公司之间的对话和研究，以便为开发行业解决方案提供平台”。

在这里，这位工程师期望创新主要通过建立关系和创造新的市场来实现。她还指出，在建立一个基于定性用户思考的标准开发的创新空间方面，企业之间存在着共同的兴趣。在这里，终端用户不仅仅是一个与物质世界分离的可变的社会组成部分，而且是一个有能力的创新者。然而，虽然终端用户参与创新过程，但终端用户不一定被赋予积极的角色，而是被认为是一个受教育和被告知的角色。

生活世界和工程世界

在丹麦家庭、幼儿园和办公室进行的实地研究结果表明，室内气候的终端用户有兴趣根据其他难以感知的参数（如二氧化碳），提高对室内气候质量的认知。然而，数字并不总是对人们有意义，正如一位联合分析师提醒我们："他们似乎在说，这些机器有我看不见的数字。但在家里，我不需要数字，因为我可以感觉到室内气候的变化"（"为生活参与者设计环境"项目）。[8]我们确实发现了基于用户描述的创新潜力的例子，但这并不是主流观点。我们的公司和大学合作伙伴普遍相信基于数字的技术论据，尽管他们认识到，室内气候的终端用户在试图与室内气候产品和控制系统协商时，并不总是理解数字。作为研究人员，我们也意识到，除了数量之外，还可以用表面质量的方式来处理数字，安德森和他的同事已经证明了这一点（2009：125）。也就是说，与我们合作的研究人员和工程师专注于数字的功能方面（Crump 1990：149）。由这个方面来看，数字可以轻松地从一种环境移动到另种环境，并提供了权威的外观（Crump 1990；Guyer等2010）。

如前所述，项目伙伴认为田野调查研究和设计材料是基于统计分析产生的另一种知识。对工程师来说，设计材料很难解释，而研究成果，例如挑衅性原型（provotypes）也被认为是不完整的。但是，以用户陈述形式编写的田野研究材料被认为是有用的假设生成器，可用于编制定量调查问题。最后，这些假设还需要进一步的定量检验。然而，我们的合作伙伴之一（丹麦技术大学室内气候研究小组的工程师）曾试图利用SPIRE田野研究来处理设计定量问卷中社会和材料之间的普遍差别。这些问卷是对丹麦1000名室内气候产品和系统用户进行普查的一部分。基于SPIRE田野研究结果的定量问卷调查是由我们合作大学的工程师发起的（他们的研究重点是受控环境下的室内气候模型开发），并逐渐将重点放在人类行为上（实际调查）。定量问卷调查的结果旨在为建筑规范的制定和工程实践的改进提供依据。问卷调查在该项目中的作用是验证来自田野研究的定性知识，并通过定量调查对研究假设的产生作出贡献。与最近的民族志挖掘实验一样，室内气候研究小组的工程师无法开发出"连接个人和大规模数据集的方法"（Aipperspach等2006：10）。

在设计定量调查问卷时，试图在广义的知识体系中扩展和潜在地重构研究问题。尽管如此，为了推广研究结果，来自室内气候研究小组的工程师们坚持认为，田野研究结果应该通过对大量受访者的定量调查得到证实。因此，定性方法最终应限于为定量调查产生假设和问题。

工程知识的主导体系

通过与室内气候工程师三年的合作，我们观察到用户对室内气候的生活体验逐渐偏离了目前流行的普遍理解。但是，这种运动是模糊的，并且受限于产生单一维度甚至单一图形作为设计建议的想法，受到为用户行为提供解释和预测这种期望的影响。在这个意义上，用户在工程计算中被简化为一个变量。建筑行业中处理室内气候的主要工程知识系统都有一个共同的可参考的气候模型。这些模型描述了某些室内气候参数（通常是温度、空气质量、光线和噪声）之间的一般关系。在工程领域，工程模型的作用以及室内气候模型是如何构建的这类问题很少受到质疑。丹麦技术大学室内气候研究小组在开发基于研究的室内气候模型方面发挥了重要作用，并代表了一个受到国际尊重的研究环境。第一个气候模型是建立在实验室的一个人造的、受控的环境中，用人体模型或真实的测试者做实验的基础上（见图23）。在这些模型中，室内气候的居民被表示为一个广义的人类，由不同的测试样本组成（Jaffari和Matthews 2009；Shove 2002）。

在工程领域，涉及日常实践的室内气候产品和控制系统（尤其是住宅领域）的理论反思例子有限（Rohracher 2003；Stevenson和Leaman 2010）。然而，住房占用率反馈是讨论建筑性能和评价时出现的一个重要辩论领域。研究人员关注的是评估用户的感知和行为与房屋的性能和具有这种的原因之间的关系（Vischer 2008）。这一领域的研究人员仅限于发现预测性能和实际性能之间的差距（Stevenson和Leaman 2010）。工程系统需要一个强大的技术体系——包括体现知识如何在系统中流动的某些思想的系统知识。这就意味着知识流动的困难，而且现有的知识和体制结构不能处理任何一种知识。

工程师们很难理解其他人能从室内气候的实践中得到什么，这说明在这样一个系统中进行彻底的创新是多么困难。通过关注居住室内气候中的过程和动态，SPIRE研究人员挑战了这些既定的知识结构（Marchand 2010；Rapport和 Harris 2007）。我们尤其挑战了关于设计在哪里发生以及由谁进行的概念。

用户兼生产者

对于公司和大学的合作伙伴来说，很难说在室内气候产品和控制系统设计的哪些方面可以进行创新。然而，参与者愿意对什么样的知识具有创新潜力，取决于对什么是创新的模糊认识做出判断。我们确实发现的一些证据表明，尽管主导框架来自工程建模实践，终端用户知识的概念化还是受到了挑战并发生了轻微的变化。用户仍然为室内气候设计师提供想法。

正如对职业和居住的区分一样，英戈尔德对职业知识和居民知识进行了区分。居民知识是一种认知的方式，是世界运动的一部分。运动的线是前行而不是交叉的，每个运动都是正在进行的活动的一部分（2011：154）。因此，英戈尔德的用户兼生产者概念将室内产品和控制系统的终端用户设定为设计师本身，而不是将室内气候的居民视为设计事物的潜在用户（2012）。英戈尔德要求我们以用户兼生产者的固有概念来考虑设计，如同想象一个开放的未来。不同于在使用和生产之间、设计和使用之间、人和事物之间注入某种形式的封闭，事物并未完成，“而是在使用中继续得以延续，即使您继续自己的生活也是如此”（2010：5）。这里的事物被认为是海德格尔意义上的事物。日常与室内气候产品和控制系统达成协议的实践可以被理解为一种设计方法。然而，人们在日常行动中协商和设计的方式，并不是提前确定事物的最终形式和实现目标所需的所有步骤，而是“开辟一条道路并即兴通过”（Ingold 2012：27）。从这个意义上说，预见“是对未来的展望，而不是对现有事物的未来状态进行预测；是看你要去哪里，而不是确定一个终点”（Ingold 2012：27）。这种远见是关于预言的，而不是在工程模型或功能编号中发现的预测。这种远见是让人们使用室内气候产品和控制系统，而不是被他们行动过程中产生的事物所阻碍（Ingold 2012：27）。相比之下，工程师们依赖数字作为预测的形式，使得人在工程计算中成为一个变量。将确定性投射到未来的目标也与开放式的创新方法背道而驰。在开放式创新的方法中，不确定性的过程和持续的重新构建是创新的关键，而不是多余的不确定性的来源。

对创新潜力做出判断

项目参与者认为与室内气候用户的持续创新和他们的工作相矛盾；毕竟，公司需要冻结概念才能生产。如果公司认识到，邀请室内气候的用户兼生产者与他们合作，需要进行根本性的创新，那么他们就需要比目前工程知识传统范围所及更广泛的视角。这需要对如何判断室内气候工程设计实践中的创新潜力进行背景和政治反思。

一些项目合作伙伴问我们：为什么SPIRE的研究人员对构建即兴技巧感兴趣？一些人认为这是对灵活系统的需要，而另一些人则认为这是对获得宜人的室内气候的不必要的偏离。与创新不同的是，实践领域的即兴创作并不太关注创造新事物，而是寻找持续下去的方法。正如英戈尔德和哈勒姆之前所指出的，创新和即兴创作之间的区别在于，创新与生产回顾性分析有关（2007：2）。与以前的事物相比，这种事物被认为是创新的。因此，一旦你判断某件事是创新的，就有必要回到创新产生的最初状态。相比之下，即兴创作关注的是前进，它本身就是一个与人们在世界范围内的行动同步进行的过程。这并不是说即兴创作和创新是不同的活动；而是说它们是对同一活动的不同判断。一种是对我们参与运动（向前运动）的前瞻性判断。另一种是对先前状态的回顾性判断。[9]

致谢

我们非常感谢SPIRE对我们的合作研究的慷慨支持。我们还要感谢“室内气候和生活质量”项目合作伙伴使我们能够在他们的组织中继续与他们合作。

注释

[1] 桑德堡参与式创新中心（SPIRE）于2009年为苏格兰大学研究所的“为生活设计环境”项目举办了一系列的三个工作坊。有关该项目的背景信息，请访问www.scottishinsight.ac.uk。本文作者于2013年3月11日查询该网站。在2009年11月10日举行的第三个工作坊上，西蒙斯、钱德勒和英戈尔德提出室内气候的生活体验是暂时的。

[2] 参见SPIRE的网站。可在www.sdu.dk/SPIRE查到。本文作者于2012年5月27日查询该网站。

[3] 两名博士生于2008年到2010年期间，在丹麦的家庭、幼儿园和办公室进行了田野研究。一名博士生具有语言和沟通背景，另一名具有交互设计背景。参与研究的还有一位交互设计博士后、一位项目经理、一名机械工程师、一些以及具有交互、工业设计和工程经历的IT产品设计硕士研究生。

[4] 在此情况下及以后，除非明确提到出版和书目来源，否则我们承认来自对未命名的项目合作伙伴的采访中收集到的材料。为了避免主要和次要来源之间的混淆，此处对合作伙伴的引用使用斜体。为了确保项目参与者的匿名性，我们没有提供公司名称，而是将个人称为专业角色。

[5] 波士顿矩阵是工程师广泛使用的一种管理工具，用于可视化公司业务部门的产品线的优化。

[6] 来自苏格兰大学洞察研究所（Scottish Universities Insight Institute）和苏格兰格拉斯哥斯特拉斯克莱德大学（Strathclyde University，Glasgow）于2009年12月16—17日举办的第四次“设计生命环境工作坊”（*Designing Environments for Life Workshop*）上，参与SPIRE工作坊实践的伊米莉亚·费拉罗（Emilia Ferraro）提出的行动中反思。

[7] 在与项目伙伴进行2：1访谈的同时，我们还采访了SPIRE项目经理。

[8] 来自2009年11月10日，苏格兰大学洞察研究所和苏格兰格拉斯哥的斯特拉斯克莱德大学举办的第三次“设计生命环境工作坊”的参与者发表的评论。

[9] 2009年9月10日，在苏格兰格拉斯哥的斯特拉斯克莱德大学和苏格兰大学洞察研究所举办的第一次“设计生活环境工作坊”上，蒂姆·英戈尔德就创新和即兴创作之间的制度划分发表了评论。

参考文献

Aipperspach, R., Rattenbury, T. L., Woodruff, A., Anderson, K., Canny, J. F., and Aoki, P. (2006), *Ethno-mining: Integrating Numbers and Words from the Ground Up*, Electrical Engineering and Computer Sciences, University of California at Berkeley, Technical Report No. UCB/EECS-2006–125. Available at: www.eecs.berkeley.edu/Pubs/TechRpts/2006/EECS-2006–125.html.

Accessed May 21, 2011.

Anderson, K., Nafus, D., Rattenbury, T. L., and Aipperspach, R. (2009), " Numbers Have Qualities Too: Experiences with Ethno-mining," in *Ethnographic Praxis in Industry Conference Proceedings*: *The Fifth Annual Ethnographic Praxis in Industry Conference*, Chicago, IL, August 30–September 2, 123–140.

Anderson, R. J. (1994), "Representations and Requirements: The Value of Ethnography in System Design," *Journal of Human-Computer Interaction*, 9(3): 151–182.

Boer, L. (2012), " How Provotypes Challenge Stakeholder Conceptions in Innovation Projects, " PhD dissertation, Mads Clausen Institute, University of Southern Denmark.

Boer, L., and Donovan, J. (2012), " Provotypes for Participatory Innovation," in *Proceedings DIS '12 Designing Interactive Systems Conference*, Newcastle Upon Tyne, UK, June 11–15, 388–397.

Buur, J. (ed.), (2012), *Making Indoor Climate: Enabling People's Comfort Practices*,

Sonderborg: Mads Clausen Institute, University of Southern Denmark.

Buur, J., and Matthews, B. (2008), "Participatory Innovation," *International Journal of Innovation Management*, 12(3): 255–273.

Buur, J., and Sitorus, L. (2007), "Ethnography as Design Provocation," in *Ethnographic Praxis in Industry Conference Proceedings*, Keystone, CO, 140–150.

Crump, T. (1990), *The Anthropology of Numbers*, Cambridge: Cambridge University Press.

Donovan, J., and Gunn, W. (2012), " Moving from Objects to Possibilities," in W. Gunn and J. Donovan (eds.), *Design and Anthropology*, Farnham: Ashgate, 121–134.

Farnell, B. (2000), "Getting out of the *Habitus*: An Alternative Model of Dynamically Embodied Social Action," *The Journal of the Royal Anthropological Institute*, 6(3): 397–418.

Gunn, W., and Clausen, C. (2012a), "Reframing What Innovation Could Be: Observation, Juxtaposition and Challenging Taken for Granted Assumptions" (abstract), in *Proceedings of International People Environment Studies Conference*, University of Strathclyde, Scotland, June 24–29.

Gunn, W., and Clausen, C. (2012b), "What Does This Mean to Industry?" in J. Buur (ed.), *Making Indoor Climate: Enabling People's Comfort Practices,* Sonderborg: Mads Clausen Institute, University of Southern Denmark, 31–35.

Gunn, W., and Donovan, J. (2012), "Design Anthropology: An Introduction," in W. Gunn and J. Donovan (eds.), *Design and Anthropology*, Farnham: Ash- gate, 1–16.

Guyer, J. I., Khan, N., and Obarrio, J., with Bledsoe, C., Chu, J., Diagne, S. B., Hart, K., Kockelman, P., Lave, J., McLoughlin, C., Maurer, B., Neiburg, F., Nelson, D., Stafford, C., and Verron, H. (2010), "Introduction: Number as Inventive Frontier," *Anthropological Theory*, 10(1–2): 36–61.

Ingold, T. (2000), *The Perception of the Environment: Essays in Livelihood, Dwelling and Skill*, London: Routledge.

Ingold, T. (2010), *Bringing Things to Life: Creative Entanglements in a World of Materials* , Realities (Part of the Economic and Social Research Council National Centre for Research Methods Working Papers no. 15). Available at: www.socialsciences.manchester.ac.uk/morgancentre/realities/ wps/15–2010–07-realities-bringing-things-to-life.pdf. Accessed November 11, 2012.

Ingold, T. (2011), *Being Alive: Essays on Movement, Knowledge and Description* , London: Routledge.

Ingold, T. (2012), "Part Ⅰ Introduction: The Perception of the User-producer," in W. Gunn and J. Donovan (eds.), *Design and Anthropology*, Farnham: Ash- gate, 19–33.

Ingold, T., and Hallam, E. (2007), " Creativity and Cultural Improvisation: An Introduction," in E. Hallam and T. Ingold (eds.), *Creativity and Cultural Improvisation*, Oxford: Berg, 1–24.

Jaffari, S., Boer, L., and Buur, J. (2011), " Actionable Ethnography in Participatory Innovation: A Case Study," in *Proceedings of The 15th World Multi-Conference on Systemics, Cybernetics and Informatics* , Orlando, FL, July 19–22, 100–106.

Jaffari, S., and Matthews, B. (2009), " From Occupying to Inhabiting: A Change in Conceptualising Comfort," Beyond Kyoto: Addressing the Challenges of Climate, *IOP Conference Series: Earth and Environmental Science*, 8(1): 1–14.

Kilbourn, K. (2010), " The Patient as Skilled Practitioner, " PhD dissertation, Mads Clausen Institute, University of Southern Denmark.

Lave, J. (2011), *Apprenticeship in Critical Ethnographic Practice* , Chicago, IL: University of Chicago Press.

Leach, J. (2011), " 'Step Inside: Knowledge Freely Available' : The Politics of (Making) Knowledge-objects," in P. Baert and F. Domínguez Rubio (eds.), *The Politics of Knowledge* , London: Routledge, 79–95.

Marchand, T.H.J. (2010), " Making Knowledge: Explorations of the Indissoluble Relation between Minds, Bodies, and Environment," *Journal of the Royal*

Anthropological Institute, (N.S.): S1–S21.

Marcus, G. E. (2011), "Multi-sited Ethnography: Five or Six Things I Know about It Now," in S. Coleman and P. von Hellerman (eds.), *Multi-sited Ethnography: Problems and Possibilities in the Translocation of Research Methods*, London: Routledge, 16–34.

Mead, G. H. (1934), *Mind, Self, & Society from the Standpoint of a Social Behaviorist*, Chicago, IL: University of Chicago Press.

Mogensen, P. (1994), "Challenging Practice: An Approach to Cooperative Analysis," PhD dissertation, Computer Science Department, University of Aarhus.

Rabinow, P., and Marcus, G. E., with Faubion, J. D., and Rees, T. (2008), *Designs for an Anthropology of the Contemporary*, Durham, NC and London: Duke University Press.

Rapport, N., and Harris, M. (2007), "A Discussion Concerning Ways of Knowing," in M. Harris (ed.), *Ways of Knowing: New Approaches in the Anthropology of Experience and Learning*, Oxford: Bergahn, 306–330.

Rees, T. (2008), "Afterward 'Design' and 'Design Studio' in Anthropology," in P. Rabinow and G. E. Marcus, with J. D. Faubion and T. Rees (eds.), *Designs for an Anthropology of the Contemporary*, Durham, NC and London: Duke University Press, 115–121.

Rohracher, H. (2003), "The Role of Users in the Social Shaping of Environmental Technologies," *Innovation*, 16(2): 177–192.

Rohracher, H. (2005), "From Passive Consumers to Active Participants: The Diverse Roles of Users in Innovation Processes," in H. Rohracher (ed.), *User Involvement in Innovation Processes: Strategies and Limitations from a Socio-Technical Perspective*, Munich: Profi l-Verlag, 9–35.

Shove, E. (2002), "Converging Conventions of Comfort, Cleanliness and Convenience," Department of Sociology, Lancaster University, Lancaster, UK. Available at: www.lancs.ac.uk/fass/sociology/papers/shove-convergingconventions.pdf. Accessed November 11, 2012.

Schön, D. (1983), *The Reflective Practitioner: How Professionals Think in Action* , New York: Basic Books.

Stevenson, F., and Leaman, A. (2010), "Evaluating Housing Performance in Relation to Human Behaviour: New Challenges," *Building Research & Information* , 38(5): 437–441.

Strathern, M. (2004), *Commons and Borderlands: Working Papers on Interdisciplinarity, Accountability and the Flow of Knowledge*, Oxon: Sean Kingston Publishing.

Suchman, L. (2011), "Anthropological Relocations and the Limits of Design," *Annual Review of Anthropology* , 40: 1–18.

Tsing, A. L. (2005), *Friction: An Ethnography of Global Connection*, Princeton, NJ and Oxford: Princeton University Press.

Turnbull, D. (2007), " Maps, Narratives and Trails: Performativity, Hodology and Distributed Knowledges in Complex Adaptive Systems—An Approach to Emergent Mapping," *Geographical Research* , 45(2): 140–149.

Vischer, J. C. (2008), " Towards a User-centred Theory of the Built Environment," *Building Research & Information* , 36(3): 231–240.

第10章　可能的民族志

约阿希姆·哈尔瑟

人类学和想象力

最近人类学和设计专业的学生在丹麦皇家美术学院设计学（Royal Danish Academy of Fine Arts School of Design）的一门实验研究生课程中紧密合作。在这门课程中，人类学学生艾斯帖·弗里奇（Esther Fritsch）以这种方式表达了她积极参与设计干预的经历：

我们并不是在描述此时此地。对我来说，这两个学科之间的协同作用是通过我们的"介入"显现出来的，"介入"允许我们提出一种扭曲的"此时此地"，或者一种可能的未来，让我们能够获得一种新型数据。我们通过阐明一个假想的世界而被邀请进入一个由人们的思想和思考组成的新宇宙（2011）。

这一章是关于探索作为民族志关注的这种延伸的可能的未来。但在更详细地讨论可能的民族志的含义之前，我将首先在既定的人类学讨论中确立想象力的主题。

在《当代人类学的设计》（*Designs for an Anthropology of the Contemporary*）中，拉比诺和马库斯通过与福比昂和里斯的对话（2008）来寻求人类学的更新和活力。在他们看来，挑战在于将人类学从传统方法论中解放出来，不再把重点放在过时的人身上，而是更好地让人类学家具备应对当代的能力，在这里，当代被理解为世界可能正在发生变化的一个开放的时刻。为此，四位对话者以建筑设计工作室的形象来规划人类学的未来。在考虑建筑设计工作室的优点时，他们采用的理念是将研究理解为一个设计过程，在这个过程中，知识生产的主导模式是临界实验和围绕未完成的概念与同行、用户和客户的协作（Rabinow等2008：83–85）。我赞同通过学习设计过程的某些方面，特别是合作和实验研究，来丰富人类学知识的生产这一目标。在这一章中，我希望通过提出设计人类学实践不仅可以从设计工作室的探究形式中，还可以从它的探究对象（那些无具体存在的，富有想象力的对象）中汲取灵感，以对这一讨论有所贡献。

在最近一本关于设计人类学的选集中，贾莫·亨特（Jamer Hunt）表达了他对描述性的飞跃的关注，与本章所述相似，他指出“民族志很少是预测性的；它不推测接下来会发生什么”（2011：35）。民族志项目通常通过观察、采访、分析和解释来描述现在或过去的情况，这也成为该学科的固有方法（Hammersley和Atkinson 1995）。我所关注的是，设计人类学的新兴领域作为对现实的遐想，并没有抛弃对人们的未来是如何被有意识地塑造和投射的想象和推测，因为很难通过传统的民族志方法来审视这种创造性的领域。

这并不是说人类学根本不研究接下来可能发生的事情。当然，文森特·克拉潘扎诺（Vincent Crapanzano）的《想象力地平线》（*Imaginative Horizons*）涉及想象的过程以及人们如何理解可能性。克拉潘扎诺将想象暗喻为地平线：“当一条地平线和它之外任何事物被赋予表达形式，它们立即冻结我们对眼前现实的看法。我会说这种看法是致命的，因为如果事实并非如此，一旦超越地平线的事物有了清晰的形式，一条新地平线就出现了，随之还出现了一个新的超越”（2004：2）。开放和封闭之间的辩证关系是关键。通过蒙太奇和并置鼓舞人心的风格，克拉潘扎诺表现出对想象过程的具体表现的强烈的民族志关注。但是，在探究来自世界各地的人们的希望、恐惧和抱负时，克拉潘扎诺依靠的是传统的民族志采访、观察和文献资料。似乎没有民族志工具来探究可能的身体和物质体验，或是通过什么过程给予它清晰而试探性的形式。

我在这里提出的问题旨在扩大民族志实践的范围：民族志本身如何成为这些变革行动的一部分？当想象力话题从地平线之外被积极地带到一个可以开始阐明和争论它们轮廓的地方时，情况将会怎样？当我们面对它们的直接表现时，当人们要么寻求机会庆祝他们所看到的，要么急于将其视为不切实际的幻想或太过现实的威胁而不予理会时，有什么方法论资源可以帮助我们？

斯尼斯（Sneath）、霍尔布拉德（Holbraad）和佩德森（Pedersen）也提出了类似的问题："一个认真对待想象力的人类学会是什么样子？"（2009）他们的抱负是摆脱对想象的概念化，这种想象过于同质，掩盖了局部差异。他们专门批评查尔斯·泰勒（Charles Taylor）将社会想象理解为"如果不是整个社会共享，也是大群体共享"（泰勒引用，斯尼斯等2009：8）。为了避免想象的无所不包的内涵，并细化想象的人类学特征，斯尼斯和同事建议将重点放在想象的技术上，即"产生特定想象的社会和物质手段"（2009：6）。"想象力的技术"的概念对于我们此处的目的是很有用的，借此我们可以欣赏在设计事件中特定愿景和关注的具体想象产生的异构过程。

对一种可能的未来进行的民族志调查

正如斯尼斯和他的同事们所指出的，要从民族志的角度对想象加以限定，我们必须进入具体的研究。对于一个与产生特定想象的社会和物质手段有关的民族志，我建议把重点放在设计事件上，将其理解为成为现实的有生命的时刻，尤其是那些走出设计工作室、走进野外的时刻。设计实践有趣的一个方面是，所关注的对象并不存在。设计的关键是将不存在的事物变为存在的一个过程。有时这发生在抽象的层次上，如想法、愿景或幻想，有时发生在更具体的层次上，如图纸、原型或制造规范。设计的对象在设计的实践中是不可得的；它还在酝酿中。人们在研究这种随着实际的设计实践展开的可能性空间时，将研究一些尚未被仔细研究的东西——至少不是传统意义上的民族志田野调查。

因为探索性设计的对象部分地属于想象范畴，超出了可以完全表达的范围，在日常生活中使用原型进行实验相当普遍，常常以生活实验室、设计干预、田野测验的名义进行。这些实验的直接目的是在一个具体问题及其解决办法尚未充分发展之前，在它所针对的人的环境和通过人产生的环境中建立和探索一个可信和有意义的做法。考虑到可供选择的资源（新技术、流程或组织）的可用性，这种设计实验采用了一种有趣的模式，尝试了日常生活如何在这种模式下以不同的方式进行，并以一种对参与者有意义的方式进行。设计原型的典型问题是：如果我们这样看待它，会发生什么？

这个问题试图为提议或假设提供清晰的表达形式，当它发挥最佳效果时，会将提议或假设暴露在批判性对话和反思中。

站在设计人类学这个新兴领域的立场上，我专注于两个实证设计活动。在这些事件中，想象被具体地表现在玩偶场景和全面实施的事件中，以反省将人类学方法论遗产用于可能的未来方向意味着什么。我想指出的是，民族志有潜力将视角从被给予的和或多或少体现历史性的实践，扩展到建议的、面向未来的实践，并通过或多或少临时的设计活动来促进这些实践。其目标是为干预主义实验争取一个潜在的跨学科地位，它利用设计工具和方法来阐明物质形式的可能性，同时保持对相关人员的社会和政治意义的民族志敏感性。

变革性事件

最近，布鲁斯·卡普费雷尔（Bruce Kapferer）重新审视了“事件”（the event）在民族志研究中的作用，批评了事件被作为支持民族志描述一般模式的例证而经常因其典型性而被选择的方式。相反，卡普费雷尔指向由曼彻斯特学派的马克斯·格拉克曼（Max Gluckman）提出传统的情境分析。它将活动本身视为构成性的："特纳曾意识到，格拉克曼的情境分析的关键含义是人类学家通过关注活动，可以在创造和生成时刻掌握社会。"（Kapferer 2010：9）卡普费雷尔认为，事件是创造和改变的核心这一理解主要归功于维克多·特纳（2010：10）。特纳的核心观点之一是对正常秩序的仪式性的暂停是使存在的现实实现重构的关键一步（Turner 1969）。理查德·谢克纳借鉴了维克多·特纳（Victor Turner）在仪式和社会戏剧方面的著作，用"真实"来定义那些非模仿的、尤其是具有变革性的时刻，即此时此地发生了一些有争议的事情，给参与者带来了不可挽回的后果（1988：26–65）。谢克纳用实际的概念，非常具体地跨越了民族志和表演理论之间的界限，因为他把它与仪式性的战斗和交流、戏剧表演和政治激进主义联系起来。"实际"这个概念特别有趣的地方在于，它将变化、创造力和创造未来既不定位于可能共享的想象领域，也不定位于虚拟世界中那样明显不存在的事物里，而是定位于通过事物和过程的具体表达而在获得中实现的东西。

支持商业设计过程的民族志田野技术在收集那些所谓是生活在那里的真实人物的证据时，被指责为朴素实在论（Nafus和Anderson 2006）。为了对抗记录现有实践的民族志学家和发明未来实践的设计师的简化形象，将过去、现在和未来之间的时间关系复杂化可能是有成效的。在其死后出版的《当代哲学》（*Philosophy of the Present*）一书中，乔治·赫伯特·米德（George Herbert Mead 2002［1932］）提出了一种对现在的理解，即现在是过去和未来的组成部分。米德说，现在"在某种意义上标出并选择了使其独特性成为可能的东西。它以其独特性创造了过去和未来。我们一看到它，它就变成了历史和预言。"根据米德的观点，过去和未来"是我们所称的现在的边界，并由事件与其情境的条件关系所决定"（2002［1932］：52–53）。从这个角度来看，在设计事件中被原型化的东西可以被理解为扩展了现在的边界。设计事件是生活与想象的人工制品相遇的地方，无论是在购物中心、建筑工作室，还是失业中心，人们的身体姿态、社会关系、文化偏好和技术能力都可以投射到仍在制作中的人工制品上。

探索未来废物处理的可能性

我来介绍一下2008年在丹麦发生的两个具体的设计事件。两个事件都是通过一个关于废物处理的设计和研究项目产生的，我有丰富的第一手经验。由于日益增长的大量未分类的垃圾，坐落在哥本哈根的国有垃圾焚烧发电厂（Vestforbrænding）里的焚化炉达到了极限。工厂邀请一个设计研究团队，其成员来自大学和专业咨询公司，他们有做过工业设计、概念的发展和研究人类学的背景，包括我在内，团队的工作是探索现有的和新的废物处理方法。该项目由丹麦政府“用户驱动创新”项目和参与伙伴自己提供部分资金。

该项目的既定目标是让市民和专业人士参与以设计为导向的对话，探讨和发掘改善废物处理方法的潜力。为时两个月的挑战是由赫勒福（Herlev）市政府和这个工厂（Vestforbrænding）承办的，以确定当地小商铺、生活区的市民和市政府之间可能存在的跨行业跨区域的关系。邦斯广场（Bangs Torv）是一个中型的购物中心，周围是住宅，它被选为对话的具体舞台。在下面的实证分析中，我想提出两个值得注意的观点，作为可能的民族志特别重要的场合：微型玩偶场景和1：1的身体动作，两者都以非常实体的形式发生在当下，但通过将愿望和关注投射到可能的未来，延长了这一刻，延展了这些形式。

和设计研究团队一起，我们通过短期的参与式观察熟悉了购物中心和附近的居民：在商场里漫步，拍摄商场保安巡视的视频，并对店主和店员进行了半结构化的采访，住家式观察，以及对居民进行半结构化访谈。除了民族志技术，我们还设计了与购物广场的顾客互动的对话板游戏，并维护了一个在线博客，允许和鼓励参与者了解这些通过混合方法产生的故事是如何构成的。与此同时，我们为专业废物部门的成员举办了工作坊，并要求他们为未来的梦想项目制定自己的版本，以便从废物专家的角度了解什么在技术上是可行的和可取的。

从这些方法产生的材料中，我们本可以尝试识别模式，对假设进行三角剖分（triangulate hypotheses），并最终编写出一个连贯的描述邦斯广场的废物处理实践的民族志。但事实上，我们为那些参与者创造了一个舞台，让他们通过市政大厅举办的工作坊的形式参与对数据的理解（见图24）。这种方法的选择是由丹麦皇家美术学院设计学院协作设计研究小组开发和实践的更大的方法的一部分。该方法利用了参与式设计的资源（Greenbaum和Kyng 1991），美国实用主义与公众关注问题的形成（Dewey 1988[1927]），施滕格（Stengers）提出的将批判反思作为一种集体实践的世界性政治建议（2005），以及最近的将这些方面和特定的创造性设计实践结合起来的设计理论（Binder等2011）。

协作玩偶场景

我们的动机是，通过将市民的想象、关注、设计意念、环境挑战和商业机会以非常具体的方式结合在一起，来让所有合作的项目参与者，综合分析废物处理的情况，而不是撰写一篇详尽的民族志专著。工作坊的既定目标是使参加者熟悉购物中心的实地材料，促使他们讨论废物专家的完美项目中的问题，在这个特定的购物中心，联合制作未来可能的废物处理实践的综合故事，最后将这些故事以小视频的形式录制成玩偶场景。

为此，研究团队将以往调查的文献资料整理成研讨会活动的资料。来自邦斯广场的照片、视频剪辑和故事并不是作为民族志证据或真实的表现，而是作为片段式的快照呈现出来，这些快照需要进一步的解释、剪切，并与设计理念一起在剪辑组合或并置中重复使用（见图25）。由于这种材料的选择和组织的基础不是民族志分析，而是对其参与意义形成的质量的直观估计，这一特定的现场材料在多大程度上能使广泛的参与者作出不同的解释？选择过程有两个理想：第一，引导参与者对这个特定购物中心的节奏和事件有一个总体的认识；第二，尝试在所有参与者的希望和梦想之间建立部分联系，以提供事情可能会如何不同的可能性。

工作坊参加者包括本地居民、城市废物规划人员、商店职员、购物中心董事会主席、废物处理技术专家、看门人和他的儿子，以及设计研究团队，以小组为单位，探索及讨论开放式田野材料选择的意义。房间和家具被布置成一个参与式创作的地方，而不是一个听讲和学习的地方。展示内容不是流畅的视觉效果、新技术的演示，或者是项目参与者对目标的权威陈述，而是大量的本地照片和引用，粗略的设计理念草图，散落在桌子上的修补材料，以及改造它们的用具。这些桌子被摆放成小岛状，显示出一定程度的群体自治。在市政厅举行的工作坊活动中，政府官员担任官方主持，而我和我的设计研究团队的同事们则策划、介绍并推动了三个小时的工作坊项目。

为了构建团队逐渐熟悉开放式材料的过程，我们使用了一个设计游戏（关于设计游戏的深度处理，请参见Brandt，Messeter和Binder 2008）。游戏规则要求参与者选择他们认为最有趣的材料，并将其放置在一个简单的游戏板上或者在上面更换材料。此后，他们被要求相互解释这些材料及其与游戏板上其他材料的位置对他们意味着什么。规则包括轮流进行和邀请参与者（包括研究人员）进行，要依靠个人和专业经验创建一个关于邦斯广场作为废物相关实践景观的描述。在这个合作制作描述的过程中，民族志学家的声音得到其他声音的补充，比如关注吸烟权利的青少年的声音，关注分类材料的清洁的工程师的声音以及关注停车场美学的居民的声音，仅举几例。

在工作坊进行到一半时，邦斯广场人口聚集的景观被转换成具体的舞台，以展示各种可能性，当活动进入一种更有趣的模式时，他们会问，“如果邦斯广场的情况有所不同呢?”根据实证快照的支离破碎的状态，一些设计建议被作为“如果……将会怎样”的情景，以视觉草图呈现出来，这些情景被精心设计以唤起进一步的思考和想象，而不是通过风格完美的美学来说服他人（参见Foverskov和Dam 2010的“唤起性草图”）。这些草图还附带了一些来自于废物处理专业人士的梦想项目的问题，比如“万一广场上有一个垃圾收集站呢?”以及“万一上交二手手机很有趣呢?”经过短暂而紧张的工作后，一位和年轻的设计师一起工作的退休店主向我们解释了他们对一个居住区垃圾的设想，那是一个活跃的场所并开展了一系列的娱乐活动，人们可以在那里喝咖啡:“这样它就不仅仅是一个你扔掉东西然后匆匆离开的地方”（转录自2009年2月5日的视频）。

参与者使用简单的材料，如现场照片、草图和白纸，创造了未来可能发生的故事，并最终将其制作成为六个简短的玩偶场景。为它们拍下的一段视频，展示了一群人对未来有吸引力的废物处理方法的想法，如何随着时间的推移对特定的人产生影响。玩偶场景被认为是想象力的一种技术，它将想象力的抽象和一般产品与特定时间地点的高度具体的约束重新连接起来：喝咖啡的人的家具放在停车场哪个确切位置？如果这是私人用地，谁负责保养公共货柜？星期天开门吗？基于在本案例之外推动玩偶场景创建方面的丰富经验，该过程常常导致利益冲突之间的一些权衡。

乌拉和城市垃圾规划师多特一起，在邦斯广场生活了30多年，她设计了一个未来的场景。后者牵着一个看起来像店主艾伦的玩偶，乌拉牵着一个打扮得像她的好朋友莉莲的玩偶，莉莲也住在邦斯广场。两个玩偶在艾伦的店里相遇：

艾伦（由多特带领）：把你用过的电池放在这里，然后管理员迈克尔会把它们带到我们新的共享垃圾分拣站。你看到它已经有多繁忙了吗？

莉莲（由乌拉带领）：哦，是的。有了漂亮的花车和树木，一切都是那么美丽。看起来不错。一定是迈克尔把它保存得这么好（节选自2009年2月5日的视频）。

这段来自玩偶场景的小片段是一个关于事物、关系和环境的共同构建的故事，这些事物、关系和环境既指向众所周知的地方和关系，也指向这些事物的虚构方面。参与者使用玩偶和照片来构建一个类似于他们的特定购物中心的场景，但他们也使用设计草图和临时道具来完成他们可能的未来的故事。多特，废物规划师，专注于一个虚构的废物分拣站的好处，而乌拉，居民，表达了对她特定的家庭环境的审美关注。

同时包含高度本地化和特定的关注点（“我们如何避免焚烧炉中被投入废旧电池？”或者“万一我们能让公民的垃圾分类变得更好呢？”或者“万一

我们的停车场真的是一个很好的、很干净的地方呢?”),由此产生的新故事和场景就像玩偶场景一样，确实把这些不同的声音联系了起来。玩偶场景是工作坊一个有希望的结束点，一个具体的共同生产的结果。但作为基于比例模型的有点理想化的未来故事，它们也掩盖了一些具体的利益冲突。工作坊结束后，研究团队回顾了会上的讨论和玩偶场景的视频记录，并分析了它们的交汇点和冲突点。我们综合了材料中有前景的和反复出现的特点，形成了四个更简洁、有更多插图说明的设计方案。借鉴表演理论(Schechner 1988)和面向表演的设计方法(Binder 1999；Brandt和Grunnet 2000之后)，我们准备了开放式的邀请设计方案，通过现场表演将其具体化呈现，不再使用玩偶表现，而是由项目参与者自己全面参与。

真人演出

工作坊结束几周后，项目参与者聚集在艾伦位于邦斯广场的零售商店的地下室。城市垃圾规划师多特(Dorte)看到“商店内外”的粗略构想的展示时，评论道:“为这里的居民和商店提供一些共享的东西，将是一件新鲜事。但这里允许从其他地方带来一些东西，也是一件新鲜事。”(转录自2009年3月5日的视频)店主、保安、两名居民、城市垃圾规划师和设计研究团队继续探索，粗略勾画的想法在购物中心的具体物理环境中可能发挥作用。我们的目标是通过使用泡沫塑料、纸板、胶带和其他根据当地环境改造的道具来构建一个尽可能具体的场景，以便参与者随后可以尝试这一设想的安排。换句话说，店主艾伦现在愿意自己扮演自己的角色，而不是由木偶师来操控。两位接受过工业设计培训的研究人员带头安排了实物材料来支持这些想法，我充当了一个舞台管理者的角色，当地的参与者则以专家的身份参与进来，每个人都在扮演自己领域的角色。当每个人都有机会提出他们的担忧时，我们似乎已经就一个可接受的结构达成了一致，一种关于位置、所有权、大小和功能的假想的替代实践和人工制品的结构，于是我们带着这样一个问题进入了一个显然有趣的性能模式:万一这真的行得通呢?

店主艾伦向他的顾客介绍了这个部分想象、部分模拟的店内废物处理系统，莉莲对这个想象的、但具体的新可能性表示赞赏（见图26）。演出在商店正常营业时间进行，其他工作人员在场景舞台进进出出完成他们的工作。

想象中的电池机器的纸板和纸质模型不仅是一个综合了各种建议的容器，而且足够详细地提示了店主仔细演示如何正确地扫描身份证，以便机器识别用户。这一特殊事件引发了一场关于通过良好的回收习惯，获得和注册个人奖金的潜在好处与未经授权的监控这一紧迫问题之间的权衡，以及对"为什么有人需要知道我在这里做这件事"的热烈而重要的讨论。"店主和居民在扮演情境和有意识地表达他们真实和具体的关注之间取得了平衡，他们关注这件人工制品如何对他们产生意义，并可能成为他们生活世界的一部分"。当涉及场景中的关键时刻时，这个游戏对于隐含的参与者来说是非常严肃的。例如，当顾客带来二手电池时，店老板是否愿意为他们提供折扣，这个直接的问题迫使他在承诺一些他在场景之外业务不允许他做的事情之前再三考虑。从某种意义上说，在这些场景中发生的事情确实具有表演性，即使是提供折扣的戏谑承诺，也必须明确撤回或用括号标记假装将其与日常生活分开，并将其限制在一个暂时的想象世界中。以暗示参与者超出了特定表演的方式，真实和想象之间的微妙界限被跨越了许多次。最终，当在12个月的测试期内提供这项服务时，店主确实为使用过的电池提供了折扣。

另一个想法是在与管理员迈克尔讨论购物中心前的公交车站留下的麻烦的生活垃圾时提出的。项目参与者犹豫地同意寻求一个机会来调解这种非法行为，而不是立即作出试图通过制裁来制止这种行为的反应，这可能是有趣的做法。然而，在准备尝试的过程中，作为公民和当地居民的乌拉惊呼道："我认为这行不通！我不相信！我们为什么要把垃圾带到这个地方？"一些设计研究人员试图解释说，这种情况已经发生了（虽然是非法的），但乌拉坚持说："我不相信！突然我们就有了三个大容器。这看起来不太好"（转录自2009年3月5日的视频）。随后，这个想象中的垃圾收集站被移到了靠近商店和住宅的一处不那么显眼的地方。

堆起几个购物篮，并在上面贴上手写的纸标签（见图27），似乎是为了达到探索微型回收站的具体的身体互动的效果而付出的很小的努力；这不是按常规安排的放置，而是根据当时当地的具体情况。它的具体性质导致了以前在玩偶场景里被较简陋的道具掩盖了的分歧。这个特别的模型显然包含了五个小部分的废物，不多不少。将更大范围的废物纳入其中的建议必然会重新引发关于居民居家环境的大小、美学和包容性的讨论。一项包括药用废物的建议立即引起了人们对为了防止绝望的吸毒者闯入，废物站应具有的坚固性的关注。

在邦斯广场的整个会议持续了大约三小时，讨论了可能的废物处理方法的四项主要设计建议。其中一项建议在它的定义达到可以付诸实施的程度之前就被居民们否决了，因此，在演出和拍摄了三个场景后，会议就要结束了。参与者从表演中退出来，并彼此简要地回顾了一下演出的经历。这也成为提出任何剩余的反对意见的场合：

约阿希姆（设计研究员）：多特，你认为这可行吗？

多特（城市垃圾规划师）：我认为其中的一些方法是可行的。当然，我们必须想办法解决支付和费用的问题。我们不希望公民为企业买单，反之亦然，所以会有一些实际问题。但它可以试行一段时期；我想我们可以试试。（转录自2009年3月5日的视频）

我们在激烈的想象、讨论、反思、表演和寒冷的天气中精疲力竭，离开了。

我们的废物处理项目是建立在一个更普遍的文化想象中，即环境可持续性、废物回收和地方参与决策过程，这是三个模糊定义的理想。然而，运用想象力的特殊技术将焦点转移到了一个更具体的层面，即这些宏大的叙事如何在当地存在争论的可能性和对参与者的约束的时刻发挥作用。因此，想象力的技术，允许参与者指定事物的一些细节，否则，这事物只能部分地出现在想象的地平线上，或者至少在一定的距离内，这事物看起来可能是毫无争议的商品，或者恰恰相反。通过对两个设计活动的实证分析，我提出了玩偶场景和真人演出，这两个场景阐明了部分超出已知范围的可能的未来的特征。玩偶场景和演出的特定形式，使想象力可以直接用于体验式的探索，无论是否属于民族志范畴，都可以作为当前可观察到的现象。

用廉价的中间材料，比如纸上的草图、场景和纸板模型等，来重复描绘可能的未来的废物处理的过程，反映了迭代原型的广泛设计方法，在这种方法中，与更严格的阶段划分设计过程相比，提案的详细说明中的误解和错误会更早地暴露出来。然而，从设计人类学的角度来看，它的作用不止于此。这里描述的想象力的具体技术，允许开放性和封闭性的辩证，克拉潘扎诺（Crapanzano）将其定位为设计人类学的一个焦点。无论是在提供具体的民族志与想象的民族志接触，还是在为包含多个利益相关者的人类学知识生产过程提供灵感方面，都是如此。

与设计的批判性接触

人类学家常常寻求一种分析的批判性位置，以此可以对世界的既定秩序提出挑战。凡是通常被认为是理所当然的事情，都可能变得很奇特，需要解释；例如，通过揭示主导假设如何依赖于社会历史偶然性来进行。隐含的结论是，世界可以是不同的——至少在原则上是可以不同的。当然，我们可以把这个结论放在一边：这是人类学的事后思考，没有直接的后果。然而，对于登记为研究资料提供者的人来说，这个结论有着不同的直接含义。他们很少会放心地说，“世界可能会有所不同”，至少不会相信“原则上”的补遗。处理人们的梦想、希望和抱负，以及他们的恐惧和担忧等问题，通常与符合这些想象的方式影响世界的实际斗争紧密相连。我认为，不是将“万一事情真的不一样怎么办?”这个后续问题留给设计师、未来的魔术师或创新战略家去寻找答案，而是探索想象力的地平线如何能以清晰而试探性的形式呈现，这对于严肃对待想象力的人类学来说，可能是一个受欢迎的挑战。

作为施乐帕洛阿尔托研究中心（PARC）的一名前雇员，人类学家露西·萨奇曼（Lucy Suchman）在20世纪80年代率先将人类学应用于商业设计研究，她非常有资格考虑设计与人类学之间的学科冲突。她早期的工作是将民族志的能力应用到曾经自诩是世界创新中心之一的机构的备受瞩目的设计过程中，这铸就了她近期学术工作的背景，在研究中，她发展了一种受到后人文主义和女权主义理论影响的更为疏远的批判立场。由于她在设计领域的丰富经验，萨奇曼努力建立与它的分析距离。在《人类学搬迁和设计的极限》（*Anthropological Relocations and the Limits of Design*）一文中，萨奇曼警告大家不要天真地颂扬通过一厢情愿的想法解决世界上最紧迫问题的设计能力，例如“巨大变化”就过于简化了转换过程（2011：5）。针对设计自我推销的“未来创造者”所隐含的傲慢，她说“设计和创新是当代人类学中最有问题的对象。”（2011：3）萨奇曼在分析学科之间的这种距离时，要求的是一种学术研究，这种研究阐明了它对自己产生的知识的纠缠。我设想了一种设计人类学实践，与这一要求相一致，致力于坚持我们与我们自己产生的知识的纠缠。海德格尔有句名言：“存在于世界上总是被纠缠”（2003［1927］：180）。

对于积极参与转变过程的设计人类学来说，任何参与者的显性和隐性意图都不能被归类，并被视为与分析方法截然不同的实证领域的问题特征。这些意图也是分析方法的特征，因为它们也属于研究制度的范畴，最终判断结果是否有效。正如天下没有免费的午餐，也没有免费进入的民族志领域。作为人类学家或设计研究人员，我们很少能够完全基于一种广义的学术好奇心，自由地进入原型设计的环境。我们大量的人员为那些启动我们参与项目的特殊利益集团所招募，并必须不断考虑我们的角色。从现象学的角度来看，这些被项目纠缠的意图都是存在的，而且不可避免的，它们也是各种知识产生的可能性的条件。毫无疑问，在活动发生后，比在活动发生期间，有更大的空间来对毫无疑问的假设和有疑问的结果进行批判性的审查。但这样一来，我们就只能看到设计师和人类学家之间过于常见的分工：设计师介入其中，而人类学家则用姗姗来迟的批评性评论加以反对。

设计人类学的一项独特贡献可能是提供了开发想象的特殊技术，启动并鼓励在创造未来过程中进行批判性的反思。这里介绍的玩偶场景、开放式模型和演出尝试迭代地连接制造未来的投射模式和反思模式。这些想象的技术是由一个设计研究团队精心设计和推动的，允许所有参与者通过进入和退出想象的故事世界，在沉浸感和评论之间切换，以戏谑的方式来转换视角。邦斯广场的参与者并不是简单地扮演角色或假装喜欢某个特定的想法，而是不断地拒绝进入故事世界，除非他们的关注点被清晰地表达出来，或者想法获得重构。他们没有加入预先给定想法的戏剧表演，而是在被具有魔力的“假如”的设想所稍微改变的条件下扮演他们自己。

本章所概述的干预主义研究过程并没有什么是完全没有预谋的——游戏和表演技巧是我和我的同事精心设计的，目的是围绕一个新的公众的形成展开对话，这个公众跨越了市政官员、技术专家、公民和商业人士的传统组织边界（参见本书Clark）。研究和设计的参与者显然对什么构成一个有吸引力的未来废物处理实践持相反意见。但是每个人参与到这类项目中来都是有目的的，并且都有改进的愿望，（尽管）从他们的角度来看（见图28）。对一些人来说，期望与提高业务效率有关；对另一些人来说，它是关于提高对所提供服务的体验。还有一些人的愿望直接基于环境方面的考虑。对于我这个既渴求人类学又渴求设计师式的认知方式的人来说，这个项目是一个关注致力于尊重不同意见的民主理想的参与式转变过程的机会。证明这种对话式的、相对开放的面向未来的接触是可能的，是我参与其中的一个重要动力。

在2010年马德里“原型文化：社会实验、DIY科学和Beta知识会议”期间，吉梅内斯和艾斯特蕾雅提出了一个关键问题——当提出特定的可能性时，什么会分离或消失：“当我们让原型为我们暂停社会学想象时，不管它是开启了充满希望的/释放的/社群主义的暂停，会发生什么?”（Jimenez和Estalella 2010）。在这个特殊的项目中，非法浪费行为没有被讨论到，因为他们似乎很难在这种短时间内暴露出来的项目阶段被处理。技术快速解决排序问题的建议在很大程度上被忽略了，因为它们往往排除了项目的共同优先事项之一：设计过程中的社会资源。这份关于过失之处的清单可以无穷无尽地继续下去，但在这里，它只是在暗示一个微不足道的事实，即合作研究空间和其他任何领域一样存在争议。

竞争激烈的制造未来

有一种既定的人类学讨论将当代作为一个开放的时刻。拉比诺和他的同事认为，合作和实验设计方法可以帮助人类学研究当代（2008），克拉潘扎诺（Crapanzano）证明了实证的想象地平线如何能从人类学的角度概念化（2004），斯尼思和他的同事建议关注想象力的具体技术（2009），而卡普费雷强调了事件的变革性（2010）。利用这些人类学的资源，我把设计活动作为一个重要场合来探讨可能性。这种探讨不是抽象的，而是通过具体的工具和实践进行的，在这些工具和实践中，可能性似乎一定程度上可用于具体的体验和反思。为了探究作为形成时刻的设计活动，将关注点和愿望投射到正在制作的人工制品上，构成了传统民族志对现在和过去的凝视的扩展。正如米德所说，未来也是通过现在的互动来构成的（2002 [1932]）。人类学可以把当代的制造未来留给那些有足够特权的人，让他们代表所有人为诱人的未来指明方向，或者，我们可以开始利用人类学对差异和特殊性的敏感性，将其作为一种积极的驱动力，为设计活动建立更为开放的对话，讨论并从不同观点中发现，是什么构成了吸引力。

可能的民族志是一种通过对潜在受其影响的人的坚定的民族志，一种将想法、关注和推测物化的方法。它是关于如何将想象力与其物质形式联系起来的精心制作的叙述。它是关于创造出允许参与者振兴他们的过去，反思现在，并推断出可能的未来的人工制品。这些雄心壮志位于设计与人类学的交界地带。对于参与这类过程的设计师来说，这是一个新的挑战，不是制作美丽和令人信服的人工制品，而是与非设计师合作，为进一步的实验制作具有启发性和开放性的材料。另一方面，创造性地为此时此地的扭曲设定一个具有特定方向的场景，这是以具体的方式探索特定想象地平线的第一步，也是重要的一步。对于人类学家来说，这也是一个新的挑战。

参考文献

Binder, T. (1999), " Setting the Stage for Improvised Video Scenarios," in *CHI '99 Extended Abstracts on Human Factors in Computing Systems*, Pitts- burgh, PA: ACM Press, 230–231.

Binder, T., de Michelis, G., Ehn, P., Jacucci, G., Linde, P., and Wagner, I. (2011), *Design Things* , Cambridge, MA: MIT Press.

Brandt, E., and Grunnet, C. (2000), " Evoking the Future: Drama and Props in User Centered Design," in *Proceedings of Participatory Design Conference 2000* , New York: CPSR, 1–10.

Brandt, E., Messeter, J., and Binder, T. (2008), " Formatting Design Dialogues: Games and Participation," *CoDesign* , 4(1): 51–64.

Buchenau, M., and Fulton Suri, J. (2000), " Experience Prototyping," in D. Boyarski and W. A. Kellogg (eds.), *DIS '00 Proceedings of the 3rd Conference on Designing Interactive Systems: Processes, Practices, Methods, and Techniques* , New York: ACM Press, 424–433.

Crapanzano, V. (2004), *Imaginative Horizons*, London: University of Chicago Press.

Dewey, J. (1988 [1927]), *The Public and Its Problems*, Athens: Ohio University Press.

Foverskov, M., and Dam, K. (2010), "The Evocative Sketch," in J. Halse, E. Brandt, B. Clark, and T. Binder (eds.), *Rehearsing the Future* , Copenhagen: Danish Design School Press, 44–49.

Fritsch, E. (2011), " Designantropologi: Hvad er og kan denne sammensmeltede disciplin?" Royal Danish Academy of Fine Arts School of Design, Copenhagen.

Greenbaum, J., and Kyng, M. (eds.) (1991), *Design at Work: Cooperative Design of Computer Systems* , Hillsdale, NJ: Lawrence Erlbaum Associates.

Hammersley, M., and Atkinson, P. (1995), *Ethnography: Principles in Practice* , London, New York: Routledge.

Heidegger, M. (2003 [1927]), "Care as the Being of Da-sein," trans. J. Stambaugh, in

M. Stassen (ed.), *Martin Heidegger: Philosophical and Political Writings* , London: The Continuum International Publishing Group, 180–198.

Hunt, J. (2011), " Prototyping the Social: Temporality and Speculative Futures at the Intersection of Design and Culture," in A. Clarke (ed.), *Design Anthropology: Object Culture in the 21st Century* , Wien: Springer, 33–44.

Jiménez, A. C., and Estalella, A. (2010), " The Prototype: A Sociology in Abeyance." Available at: http://anthropos-lab.net/studio/episode/03. Accessed May 15, 2012.

Kapferer, B. (2010), "Introduction: In the Event—Toward an Anthropology of Generic Moments," *Social Analysis* , 54(3): 1–27.

Mead, G. H. (2002 [1932]), *The Philosophy of the Present* , New York: Prometheus Books.

Nafus, D., and Anderson, K. (2006), " The Real Problem: Rhetorics of Knowing in Corporate Ethnographic Research," in *Proceedings of the Ethnographic Praxis in Industry Conference* (EPIC 2006), Portland, OR, 244–258.

Rabinow, P., and Marcus, G. E., with Faubion, J., and Rees, T. (2008), *Designs for an Anthropology of the Contemporary*, Durham, NC: Duke University Press.

Schechner, R. (1988), *Performance Theory* , New York: Routledge.

Sneath, D., Holbraad, M., and Pedersen, M. A. (2009), " Technologies of the Imagination: An Introduction," *Ethnos* , 74(1): 5–30.

Stengers, I. (2005), "The Cosmopolitical Proposal," in B. Latour and P. Weibel (eds.), *Making Things Public: Atmospheres of Democracy* , Cambridge, MA: MIT Press, 994–1003.

Suchman, L. (2011), "Anthropological Relocations and the Limits of Design," *Annual Review of Anthropology* , 40(1): 1–18.

Turner, V. (1969), *The Ritual Process: Structure and Anti-structure*, Rochester: Aldine de Gruyter.

第四部分

设计的关联性

第11章 通过设计活动动员公众

布兰登·克拉克

项目工作的公共性

约翰·杜威（John Dewey 1954）认为，公众并不普遍存在，而是由个人通过面对面的互动，围绕对他们重要的问题采取行动而构成的。公众是当前机构关注范围之外的围绕个人关注的问题而形成的群体。杜威提出了一种将抽象的公共概念定位于人们的生活经验和实践中的实用主义的方法。私人和公众之间的区别是指事务的操作是否具有超出互动的影响。杜威公众概念的形成取决于对一个问题的理解与其后果之间的一致性。最终，公众寻求组织、获得资源和任命代表，以确保采取有利行动来改善影响。

在这里，我借鉴了杜威公众概念的形成模式，来阐明设计与人类学交叉处的工作实践。长期以来，人类学民族志一直被描述为一种在写作中审视过去和现在人类行为的描述性实践，很少考虑未来，而设计则被誉为通过物质干预和改变来实现未来的实践。当我们将焦点从单一的输出转移到包含每个实践的工作过程时，这些区别就变得模糊了。萨奇曼探索了社会实践与技术发展之间的相互关系，将重点从仅仅是设计的设备或设备网络转移到存在于更大的复杂关系集合中的技术生产和使用场所。她将“工作关系”定义为“维持有形和无形工作所需的社会物质联系，以构建连贯的技术并将其投入使用”（2002：91）。

这种对技术发展的不断扩展和动态的低调陈述，也扩大了可以被划分为设计的参与者的范围，延展了可能被包括在技术产品及服务的设计和实现过程的内容。在设计人类学的语境下产生的个人关注的问题可能与设计工作容纳和排除的人有关，与一个有趣的主题有关，例如可持续的实践，或者，如本章所述案例，与如何处理一个主题的理论方向有关。在引用杜威的公众概念时，我打算从技术上、政治上，将思辨性的、探索性的设计活动和为解决某个问题而发展的工作关系联系起来，以解决公共或私人服务的问题，或解决二者兼有的问题。

为了探索协作项目工作的组织如何能够导致公众的产生，我首先介绍了一个设计实践模型，它关注的不是"为使用而设计"，而是寻求利用设计传统来引发辩论（Maze和Redstrom 2008）。狄萨沃介绍了"设计手段"（designerly means），通过提高对问题的条件和后果的认识来促使杜威所指的公众采取行动（2009：52）。狄萨沃认为，与使用场景可视化来建议产品或服务开发的理想轨迹的规定性设计场景不同，商业设计的方法，即公众构建的设计，涉及关键轨迹的呈现，这就给公众的最终形成留下了机会。例如，为了可视化未来开发人类粪便发电的轨迹，设计研究人员创建了一个场景，产品"便便午餐盒"是一种特百惠塑料制品，一面标着"午餐"，另一面标着"便便"（DiSalvo 2009：53）。这些轨迹没有规定如何触发人们行动或采取行动，而是给人们提供了一个有形的、可能不受欢迎的选择或体验，它们包含与有利的方案相同的设计机制。

虽然"便便午餐盒"是伦敦国家博物馆展览的一部分，但其他的例子都是通过工作坊的形式来体验的。对于狄萨沃来说，将设计过程和实践与设计研究联系到杜威的公众构建模型是基于设计输出的有影响力的本质，以及关键的未来场景如何对技术发展的装饰性观点的荒谬性提出反思。

人类学有着悠久的文化批判传统，尽管它是对"他者"的民族志描述，但对人类学的读者起到了类似挑衅性的作用。人类学作为文化批判的一种有力形式，是通过对其他生活方式的描述，或明或暗地"迷惑读者，改变看法”（Marcus和Fisher 1986：111）。在关键的研究生产模式中，输出对受众的激励作用在很大程度上取决于受众的价值观和感知。输出扮演了一个候选场景的角色，一些可能是现实的东西，引发了人们对未来可能如何展开的思考。作为一名候选人，它有潜力促使人们努力接受这一轨迹，努力阻止它，或者不采取行动。

本章以狄萨沃的杜威公众构建模型为基础，将其作为设计活动过程中探索有利和不利可能性的一种模式，而非单纯的设计输出。它关注的是人们通过跨生产和使用场所的跨学科项目工作将理解转化为集体行动的经验，以及这种实践获得支持的方式。我探索了一种实践设计人类学的方法，它侧重于组织和展开定点的协作体验。将各种学科、组织和个人传统结合起来的工作需要指导。然而，当与那些对工作实践可能不熟悉的人一起朝着一个不确定的未来工作时，不仅要呈现未来的目标，而且要呈现实现目标的方法，这是很困难的。此处，我的目标是介绍一种实践，其重点是为参与者和潜在参与者的公众领域提供未来可行路径，以解决包括工作关系在内的各种问题。这些路径作为候选轨迹，寻求提供形成公众的参考点，无论它们对人们是有利还是不利。

我引用的一些例子，它们源于探索支持课堂环境之外的第二语言学习的新选项的一个项目。将语言学习定位为一种从与他人的情境互动中获益的互动活动，促使我们重新审视如何通过技术开发、潜在的学习资源以及人们在不同环境中扮演的角色来支持学习。我利用与设计站点和商业、研究及使用实践相关的定点项目进行探索。在介绍这个案例之前，我回顾了民族志田野调查中有价值的组织方面的内容、斯堪的纳维亚参与式设计的传统以及表演的概念。

作为研究工具的民族志学者

民族志研究传统上依赖于民族志学者作为研究工具，他或她通过谈判的方式进入通常是混乱纠缠的当地活动，这是体验式主观学习和数据生成的一种方法（Agar 1996；Powdermaker 1966；Rabinow 1977；Wolcott 1995）。这个过程是建立在与社区成员分享经验的基础上的，最终目标是“掌握当地人的观点，他们与生活的关系，实现他们对自己世界的愿景”（Malinowski 1932：25）。民族志研究和马林诺夫斯基的参与者观察模型引入了一个体验过程，将社会化融入其他人的生活实践中，这是研究者努力的一部分。在这种学习参与的互动层面上，研究人员与其主人之间日常互动的分解为业内人士的元解释，或向民族志学家展示文化规范提供了机会（Geertz 1973）。这些活动提供并成为获得新见解的机会（Otto 1997）。它们还提供同步和/或延迟的文献，试图通过保留研究对象的分类和视角来发展业内观点。阿加（Agar）认为，民族志田野调查的最初目标是能够通过“解码语言和非语言行为的长序列，然后将我们对这些序列含义的理解编码成一些话语，以检查我们是否理解刚刚发生的事情”的过程来解释人们在做什么（1996：129）。

当为设计社会材料实践而从个人的田野调查转向跨学科、跨组织的项目工作时，存在一种同样混乱的、常常是笨拙的体验组织，项目参与者身处其中，艰难地参与到彼此的实践中。在这种情况下，保留个人视图和分类不一定是理想的结果。相反，我们的目标是发展共同的实践和观点，将不同的生活经历、技能和经验结合起来。利用组织民族志研究的经验和传统为个人的民族志研究提供了一个模型的大纲，与项目工作的影响者和/或受影响者一起，在他们进行的活动中承担和被赋予各种角色。与此同时，多种调查方法的使用，以及各种情况、观点和工作方法的并列提供了组织活动和体验的动力，而不是书面的民族志。然而，尽管民族志学者作为一种研究工具已经被证明对个体研究人员（比如作者）是极有用的，但是参与式设计有着丰富的历史，其研究人员作为一个引导者使用物理材料的构建来协调协作活动。现在，我期待这一传统能让我对组织以相互学习为重点的社会物质协作活动有更大的欣赏。

相互学习

参与式设计（PD）的斯堪的纳维亚传统起源于20世纪60年代的工作场所民主运动，其重点是将新技术系统的用户囊括到开发过程中。PD的最初目标之一是开发支持技能构建的技术，而不是开发替代工人的专家技术（Greenbaum和Kyng 1991）。设计师与用户的互学模式是以设计师分享最新的技术进步，将设计过程介绍给用户，同时用户分享他们的熟练实践为前提的。埃恩（Ehn）借鉴维特根斯坦（Wittgenstein）的思想，将新技术系统的用户和设计师之间的设计活动框定为设计语言游戏，旨在打破描述和动作的笛卡尔式分离。以两个不同的语言游戏为来源，我们的目标是开发出第三款设计语言游戏，它与每一种专业实践都有相似性，但并不完全属于其中任何一种（Ehn 1988）。

穆勒（2002）将这些混合体验称为发生在系统使用和系统设计语境之间的"第三空间"。埃恩的"实践出设计语言游戏"使用了非语言构件，如模型和协作原型技术，这使得设计师和用户都可以识别出与他们自己的语言游戏的相似性，同时通过手中的原型体验不同的实践可能性。这是一种超越已知知识的尝试，旨在为技能构建支持系统服务。在这种类型的协作原型活动中，使用场景中的理解故障被用作触发器，激发对熟练使用和设计实践的反思，以及对通过调整原型和实践来解决冲突的反思（Kyng 1995）。

虽然PD协调者在为用户和设计师举办协作活动方面发挥了作用，但民族志学者（田野）调查的成功，在很大程度上取决于他或她是否愿意参与当地组织的活动。奥托认为，在田野调查中参与角色扮演活动是一种互惠的政治形式。他认为，"在这里，当地人会追求他们自己的兴趣，让研究者参与这样的角色扮演，后者可能会反思性地使用它来实验手段和解释，并获得文化行为的实践知识"（1997：99）。

探索他人如何通过参与来追求自己的利益，是探索未来轨迹的一个基本特征。我参考了戈夫曼的日常行为戏剧框架和表演理论，以便更好地理解如何根据参与者的日常经验组织表演，并着眼于活动中的激励机制。

提供表演的机会

戈夫曼（1959）的《印象管理》（*Impression Management*）一书提供了一个戏剧表演的词汇，可用作隐喻，模糊人与人之间的日常互动和舞台剧之间的区别：

表演，从我现在将要使用的有限意义上来看，是把一个人转换成一位舞台演员的一种安排，而舞台演员则是一个可以被“观众”角色的人全面、详尽地观察而不受冒犯的对象，并被视为一种引人入胜的行为（Goffman 1974：124）。

在民族志田野调查中，在日常的会议或演讲等办公室工作活动中，或在商店里面对店员时，我们参与使他人或我们成为表演者（被观看时不会冒犯）的安排。然而，在要求其他人在协作项目环境中表演时，我们借鉴了人们在一起表演时可能进行的互动方式。戈夫曼戏剧框架的核心是前台的概念，即个人或表演团队在表演中使用的表达工具。团队指的是那些“合作上演一出独幕剧”的人（1959：79）。当个人和团体在日常生活中执行（或帮助执行）各种各样的例行公事时，戈夫曼建议人们要特别注意那些影响他们“职业声誉”的惯例（1959：33）。

总的来说，人们和团队试图阐明一些特征，并减少其他特征，以保持一个特定的“情境定义”（Goffman 1959：83），即一个与观众合作的形象。借鉴相互学习的PD理想，试图在不同实践和学科方向的人之间挖掘潜在的相互联系，至少在一段时间内坚持对形势的有利定义，都是一种想要的效果。

戈夫曼为分析日常行为提供了一个戏剧框架，而表演理论则探索了（更大的）组织表演的过程，包括从审美表演到仪式表演（Schechner 1985）。谢克纳认为“表演是‘二次行为’”（twice-behaved behavior 1985：36）。对他来说，最常见的表演情景是当前的关注点如何决定从过去的经验中吸取什么内容，或将什么内容投射到过去。正是通过对即将到来的表演的特定目标或兴趣，才会在表演中调用行为片段（*strips of behavior*）。通过将行为片段与日常行为隔离开来，它们可以在工作坊活动中被解构，并通过排练重新开发，为即将到来的演出构建新的片段。

与此同时，表演过程可以被看作是一种仪式过程，它开启了一段新的可能性的阈值时期，类似于PD中的第三空间。特纳认为："这些规则可能'框定'了表演，但在这个框架内的行动和互动的'流动'可能会带来迄今为止前所未有的见解，甚至产生新的符号和意义，它们可能会被纳入随后的表演中"（1982：79）。按照谢克纳的理论推理，一场表演的变革性是不可预测的，这种变革性往往源于观众与演出结果的利害关系以及对演出成功的关注。

将表演作为协作项目的组织原则，使重点落在了旨在共享知识和专业知识的各种活动上，同时着眼于影响如何安排这些活动。然而，要求表演的前提是一个人有资格提出要求。就像民族志学者依靠自己的身份去协商进入他人的生活世界，表演性的民族志学者也对活动的影响进行协商。这包括招募人员在表演过程的不同方面扮演不同的角色，无论是代表特定专业知识的专业小组成员，还是仅仅是观众中的一名客人。协商需要准备材料，确定舞台，定位观众，并鼓励其他人配合。然而，与其说这是一场照本宣科的表演，不如说这是在探究一场表演会如何展开，可能会如何暴露出意料之外的结果。它的重点是以可见的方式，为其他人提供追求自己兴趣的机会。

支持语境化的语言学习

"语言的创造者"（Språkskap）是一个语言项目，关注如何通过开发信息技术（IT）工具和教育理念，将瑞典语使用者和学习者之间的日常情景转变为"语言学习的场所"。该项目源于对人们对课堂环境之外的学习语言缺乏技术和结构支持的批评，特别是在瑞典。常规学习研究人员（Lave和Wenger 1991）和第二语言习得研究人员（Firth和Wagner 2007）对情境化学习的理解与技术产品和系统、公共和私营组织以及公民互动如何支持语言学习之间仍然脱节。简而言之，第二语言习得的认知主导模式对支持教育、技术发展和政治等方面的语言学习的积极性具有抑制作用。这阻碍了对情境化学习支持的探索，并将语言学习的重担主要放在学习者的肩上。

“语言的创造者”在“每日IT”项目下获得了一笔资助，用于演示什么可以支持情境化学习活动[1]。预期的结果是建立一个IT演示程序（演示概念的事物），一个想法目录，并展开用户驱动设计方法的探索。三个合作组织代表了第二语言教育的商业设计及业务、研究和商业实践。我的角色是研究机构的项目负责人。我也是该资助提案的主要作者，并组织了伙伴联盟。一旦项目开始，挑战就在于如何通过提供舞台、观众和道具来探索项目的潜在轨迹，从而让不同的参与方以一种可观察到的方式追求他们的利益。

设计行业

设计顾问公司是该项目的三个合作伙伴之一。根据项目建议书，他们负责项目的设计能力、工程能力和业务开发。“语言的创造者”项目协作开始时，与设计咨询公司合作的交互设计师马登和我组织了一个全天的活动安排，涉及来自项目三个主要伙伴组织的四位核心成员：一位来自语言学校的教育者，一位来自设计咨询公司的工程师，以及马登和我。我们将工作坊称为“日常项目”（Clark和Lahtivuori 2011），在此，我们打算在项目初期以粗略、快节奏的方式进行项目的一些主要工作 。我们主要关注两个领域：能够支持课堂外学习的潜在产品和服务概念，以及将这些概念转换为目标用户可用的产品和服务所涉及的潜在业务场景。

在这个案例中，设计咨询公司的55名员工不仅代表了他们在各种各样的商业产品和服务设计项目中的经验，还代表了他们作为瑞典语学习者和使用者的经验。马登和我根据他们的经验招募了6名员工，让他们全天扮演不同的角色，比如产品用户和业务代表。

协作设计

PD传统中的协作原型为探索如何支持人与人之间的互动提供了一种模式，方法是使用手边的可塑材料创建场景（Kyng 1995）。模型可以结合纸张、泡沫和纸板来粗略描述出某个概念的功能。在这种情况下，我们要求设计团队开发出他们认为可行的概念，以支持课堂环境之外的语言使用者和学习者之间的互动。

类似于民族志田野调查中的组织采访和观察，在这里，我既参与了活动的组织，也积极参与活动之中。我们4个人被分成两队。我们使用学习者和使用者可以见面的日常场景的图片，比如父母把孩子送到幼儿园，学习者在公交车站等车、搜索公交信息等，然后开发了概念和模型来支持互动。另一个团队开发了“信标”（The Beacon）服务，一种根据个人资料信息在公共空间中连接订阅者的设备为这种服务提供支持。在第一个原型测试活动中，我扮演了一个瑞典语学习者（我确实是），而我的队友扮演了一个母语使用者（她确实是）。他们向我们介绍了“信标”的功能，并让我们表演一个在同一辆巴士上相遇的场景。在和我们一起探讨了这个概念之后，设计团队在与从设计咨询公司招募的不熟悉这个项目的语言学习者和使用者进行第二次会议之前重新调整了它的模型。

拉图尔认为，批评家的角色不再是解构，而是集合（assemble）。他认为，一旦“某物被建造，那么就意味着它是脆弱的，因此非常需要小心谨慎”（2004：246）。上午活动产生的两个模型代表了项目可能产生的概念类型，尽管它们是在对项目可能产生的概念类型的探讨中匆忙创建的。它们是在考虑到潜在用户的社会材料实践的情况下开发的，但没有考虑到发展和维持服务的商业方面可能需要的更广泛的工作关系集合。奥伊希纳（2004）认为，“绝妙创意的神话”（the myth of the brilliant idea）往往决定了产业创新努力的组织。他谴责过分强调创意本身，而忽视了创新的环境和条件。创意来自行业之外，而人们往往很容易简化创新过程，夸大新概念的力量。由于Språkskap项目伙伴来自不同取向的组织，因此探索业务开发中潜在的工作关系非常重要。在设计顾问公司，我们接触了首席执行官和高级商业战略家，想请他们为项目潜在的商业发展轨迹带来见解。他们同意为这个项目贡献一小时的时间。

推销戏剧

我们上演了一场推销戏剧，作为一项活动，它最能体现项目预期的结局。在简短的开场白之后，小组简要介绍了“语言放大镜”和“信标”的概念，强调它们如何支持学习者和使用者之间的互动（见图29）。然后，我把我们6个人分成两组，一组负责向风险投资家推销概念，另一组负责扮演风险投资家的角色。

在每个小组为角色扮演准备好论点和问题后，我介绍了戏剧活动并在角色扮演开始时，以一名推销团队成员的身份坐下来。20分钟的角色扮演主要是两位业务代表角色在来回讨论，项目团队核心成员则在旁观看。该项目的代表一开始就说：“您看，这是一种在数字设备上运行的服务。它可以通过许多不同方式的使用来加强语言学习者们之间的沟通。所以，尽管我们能在自己的设备上展示它，但我们的目标是开发一个纯软件应用程序，它将是一个全球版本。”他很快背离了原型概念的特点，将其重新规划为一种商业上可行的产品和分销渠道，一种在手机应用商店中可用的软件。他接着指出了目标市场：“我们将首先推出瑞典语，但我们有一个包括英语、西班牙语和普通话的推出计划。”背离最初的概念，例如因其市场潜力而适用于多种语言的概念，被认为是对概念的一种可喜的补充还是对一种有价值的概念的偏离，取决于个人的兴趣。

然而，商业化的角色扮演展示了工作关系如何展开的轨迹。业务代表是根据他们在类似情况下的经验和他们再现这种协商过程如何展开的能力来招聘的。当投资人扮演者问：“你怎么知道他们会买这个软件?”对于一个他之前可能已经回答过的问题，这个扮演者临时想出了一个貌似合理的答案：“我们实际上还不知道。在这些目标群体中，我们对产品进行了测试，并针对他们对产品的感受以及他们是否愿意使用这一产品进行了调查。我们的数据是基于这些调查得出的。”核心团队见证了说服投资者相信这一概念值得他们投入资源所需要的论证类型。

这一天并没有以核心项目团队产生一致同意的结果来结束。相反，推销剧的演出是当天最后一项活动。每个参与者都有自己的理解，并按照自己的想法来组织。作为一个组织者、引导者和参与者，我参与了第二语言的学习，我对自己的经历有自己的兴趣和关注。虽然我很满意我们通过努力成功地展示了项目可能的方向，但在销售角色扮演结束时，我却哑口无言，体力不支。我亲眼目睹了项目概念是如何迅速地从我所钟爱的核心特性中剥离出来，取而代之的是能够提供投资回报的畅销产品。我所面临的轨迹，在目前的形式下对我来说是不可取的，这威胁到我自己探索情境化学习解决方案的意图。与其他项目伙伴类似，我可以自由地提交资料，并就我所面临的发展轨迹进行协商。

基于使用的语言研究

协作项目工作通常力图将许多人的知识和技能结合起来。这些人与一个问题有不同关系，他们代表着不同的利益和意图，来自不同的实践传统，以及以不同的身份成为不同组织和实践团体的成员。在多地点的民族志研究中，马库斯将民族志学者描述为“潜在的活动家”，因为他或她在众多地点扮演不同的角色，从而伪造了各种相互矛盾的承诺。然而，在这种情况下，我明显对语言学习议程很感兴趣，而不仅仅局限于单个项目的范围。我试图与对主题领域有特殊兴趣和知识的人或可能对情境学习支持服务有贡献的人一起探索这个项目。在这种情况下，倡导不是基于一个特定的群体，而是基于一个特定的概念，即学习的场所和方式，以及技术、教育理念和支持学习的服务的潜在作用。然而，我们的目标并不是知识本身，而是建立示范，即不同角度和格式的知识可以在情境化学习的积极支持下体现的方式。

第二个例子发生在南丹麦大学（University of Southern Denmark）的语言学习小组。该小组并不是该项目的正式合作伙伴，但其中一名研究人员通过与我的交谈，对该项目产生了足够的兴趣，因此举办了一个工作坊。在一个下午的课程中，项目组的四名核心成员参加了两位教授和两位博士生的演示，他们描述了基于日常活动的语言学习和教学的理论、研究方法和例子。会话分析—第二语言习得法（CA–SLA）将交际中两个人之间的互动作为最小的分析单元。我们了解了基于使用的语言学，知道了它对第二语言习得（SLA）认知主导领域的挑战，阅读了冰岛语学习者和咖啡馆店员之间的一段互动的详细录音转录文字。这些研究人员并不将语言学习视为一种只能通过SLA获得的独立知识类型的，而是研究语言是如何在日常互动中完成的CA–SLA专家（Firth和Wagner 1997，2007）。“把语言学习作为社会实践”的观点反对把语言学习作为一个封闭系统来分析的“缺陷”模型，该模型认为语言学习需要一个认知习得的过程。因此，举例来说，这种观点允许CA–SLA在研究语言新手互动中所做的努力时，探索其成就的丰富性。在通过演示展示他们的专业知识的第一个半天之后，我们的团队负责推动一个工作坊，目的是将他们在内容领域的知识和我们的设计过程和目标结合起来。对于我们来说，这是一个将我们自己的项目意图与多年来针对项目兴趣的详细研究实践相结合的机会。

第二天，我们带来了事先准备好的工作坊材料，如分别标明“学习者与使用者相遇之前、相遇时和相遇之后”的各种大小的空白纸、便利贴、剪刀和笔。我们利用前一天提出的案例作为材料，组织了一个三小时的工作坊。在这个案例中，一名生活在冰岛的冰岛语第二语言学习者连续三年每周记录她的日常交流30分钟。她早期的一段录音来自她在当地一家面包店买面包的对话。研究人员的分析强调了这些数据是如何在同一对话中展示购买烘焙食品的商业行为和语言学习实践的。这正是我们的项目想要支持的情境化学习实践类型。

我计划了一个表演过程，试图利用团队表现中积累的丰富的研究实例、语言学习专业知识、设计和教学专业知识。在语言研究者把数据的细节告诉我们之后，我们根据冰岛咖啡馆的录音文字记录分成了3个小组，然后在全体会议上进行了简短的讨论，最后又分成了3个新的工作组。

通过使用纸、泡沫原型、白板和文本解释，工作坊具体化了三个设计方向：①影响学习者和烘焙工人之间相遇结构的材料和概念；②易于学习者记录和再现互动的技术平台；③注意语言事项的时间、地点。例如，在最后一场表演中，设计师马登和提供数据的研究人员古德龙的面前是一张桌子，上面放展示材料。马登描述了他们的解决方案如何集中于准备和互动阶段，并通过数据加以说明。她拿起一张大纸，夹在自己和古德龙之间，引入台面屏幕的概念，使学习者能够预见和实践与店员互动的可能顺序或场景，并在服务员准备她的订单时，使用自然的停顿。马登说："如果我是安娜，而你是一个职员，这将是我们之间的事。我们已经取代了这些，"她指着他们之间的纸说，"所以这是准备阶段，这是理解阶段，它是双向的。"这个例子强调了团队如何调整马登从瑞典带到丹麦的现成材料，以适应与学习者在咖啡馆中的互动密切相关的互动顺序。他们清楚地为观众和镜头表演了一种相互理解的过程，他们互相补充对方的观点，并期望观众和对方来验证他们的评论。

表演作为一种组织原则

在从组织个人的民族志体验到组织最终完成候选人轨迹表演的民族志活动的转变中，组织者的角色不再是研究中常见的从一个地点到另一个地点的专业知识的个人载体。相反，这个角色是要求表演，寻找机会组织表演过程，协商参与者的合作，确定和介绍当地的材料和空间，以及促进活动。关键部分存在于表演过程的组织中。观众、布景和团队构成是组织者赖以提供演出安排的设备的一部分。

在语言项目的语境下，我们提出了目前公共和私营组织没有充分解决的一项挑战。该项目试图探索通过语言学校单方面的努力，或通过设计、商业或学术研究无法获得的社会物质关系。在这些不同的语境下，公众的动力缺失在于问题和潜在的公众并不仅仅是为了被联系在一起或接受拜访而出现的。相反，这个问题的原因和后果需要不同立场的人去探索，并且需要通过某种过程将它们暴露给有形成潜力的听众，以将它们提升到候选人的机制。我们进行了一系列的设计活动，让不同的人根据不同的主题定位，以使支持情境化学习的社会材料关系具体化。

在合作项目工作中，最大的挑战之一是如何评估价值，以及如何解释已经发生的事情。斯特拉斯恩（Strathern）强调，“让跨学科研究变得困难的是，知道如何认识到它已经发生，并且知道它在多大程度上产生了成效——简而言之，知道如何确定互动的价值”（2005：82–83）。伯德克尔（Bødker）（1996）表明，参与式设计项目的缺点之一是“参与的集体体验”的好处通常不会超出直接参与者的范围而扩展到他们的同伴群体，也不会超出项目的寿命。由于以激发公众的形成为重点，在设计活动中涉及各种各样的参与者，而不只是那些可能仅仅将他们的技能添加到概念开发中的人，于是，具有这种集体体验的人的数量会增加。对工作关系的更大关注包括探索如何合法地从参与者的同龄人群体中招募人员。例如，从设计咨询公司短期招募用户和业务代表，就可以增加咨询公司中有项目经验的人员的数量。

组织与预期或计划的协作过程相一致的表演过程是为了让参与者观察并对某事做出反应。但是，个人或群体价值的基础是由什么构成的呢？邓恩和雷比在肯定式设计（affirmative design）和批判式设计（critical design）之间做了一个大致的区分。肯定式设计强化了当前符合“文化、社会、技术和经济期望”的趋势。而批判式设计“通过体现不同社会、文化、技术或经济价值的设计，提供了对当前形势的批判”（2011：28）。

我认为实践设计人类学的形式，本质上并不属于这两类，而是整合了两个方向的各个方面。辩论主要是由组成现有的和潜在的观众的那些人的合作活动的经验和成果产生。协作项目工作的地点、参与者和材料的选择或协商，以及表演过程的组织，在很大程度上决定了一项活动可能是肯定的还是批判的，以及它被认为是有趣的还是无趣的。

评估的相对性质表明，这种形式的实践的价值评估只能根据个人的特定兴趣来组织。苏奇曼运用女性主义理论，将客观性置于人们动态的生活话语之中。她主张“从以结束辩论为基础的主视角转向通过不断的对话找到其客观特征的多种的、有定位的、片面的视角”（1994：22）。对协作表演的关注旨在提供一种可能的体验演示，作为潜在行动的基础。这与促进个人观点的活动组织形成了对比，并留下了关于学科、组织或观点如何通过个人行为编织在一起的猜测。

举一个我自己的例子，在丹麦的研究型设计工作坊结束一年半之后，有一位参与者联系了我，她向我描述了她从工作坊中获得的巨大灵感。此后，她组织了一个伙伴联盟，并正在为一个名为“冰岛村”的项目寻求资金，该项目将冰岛语课程与一个企业网络结合起来，学习者可以在其中用冰岛语开展日常业务。她邀请我成为“冰岛村”项目的合作伙伴，从那以后，我为项目中的合作伙伴共同组织和促进了设计工作坊。迄今为止，在“冰岛村”的试点工作中，由3名不同的教师讲授的四门冰岛语课程将“冰岛村”网站的日常参与和利用互动内容进行的有组织的课堂活动结合起来。“冰岛村”已经成为一个测试平台，除了一个由感兴趣的参与者组成的国际网络之外，还提供了情境化的学习支持、进一步的设计探索和语言学习研究。

提供行动的机会

我建议，通过要求表演提供经验式答案，将候选项目过程和项目结果提升到公众领域。这为公众提供了机会。将各种输出整合到表演中的创举，不仅吸引了房间里的受众，也激发了他们传播的潜力，潜在地触发了房间外的行动。他们是目前所能设想的最好的候选人，他们的目的是考虑采取行动。他们无意保留个人的观点，而是展示实践的融合。他们表现不佳，需要全面研究。此外，他们还提供了如何展开协作工作的候选演示。这种关注与试图理解当地人的观点形成对比，或与多地点的民族志学者的角度形成对比，他们可能会努力调和相互矛盾的观点和利益。在这里，我将自己定位为一个有自己利益的促进者。然而，这恰恰是在理解人们的定位方面有所不同，他们对我自己的问题和我喜欢的问题有着不同的、经常变化的利益。正如杜威的公众一样，利害关系是通过与他人的互动产生的。项目的开始和形成都与那些愿意参与的人有关，他们以这样或那样的方式将个人资源投入当前的项目努力中。从这个意义上说，创造公众的工作发生在面对面活动的体验层面。

注释

该项目由瑞典创新系统政府机构VINNOVA资助（2009—2010）。

参考文献

Agar, M. H. (1996), *The Professional Stranger: An Informal Introduction to Ethnography*, San Diego, CA: Academic Press.

Bødker, S. (1996), "Creating Conditions for Participation: Confl icts and Resources in Systems Development," *Human-Computer Interaction*, 11(3): 215–236.

Clark, B., and Lahtivuori, M. (2011), " Project-in-a-Day: From Concept Mock-ups to Business at Play," in *Participatory Innovation Conference Proceedings*, Sønderborg: University of Southern Denmark, 151–157.

Dewey, J. (1954), *Public and Its Problems* , Athens, OH: Swallow Press.

DiSalvo, C. (2009), " Design and the Construction of Publics," *Design Issues* , 25(1): 48–63.

Dunne, A., and Raby, F. (2011), " Designer as Author," in *Design Act*, Stock- holm: Sternberg Press, 28–31.

Ehn, P. (1988), *Work-oriented Design of Computer Artifacts*, Stockholm: Arbetslivscentrum.

Euchner, J. (2004), *The Practice of Innovation: Customer-centered Innovation at Pitney Bowes,* Stamford, CT: Pitney Bowes Inc. Available at: http:// web.ics.purdue.edu/˜dsnethen/hdarticles/pitneybowesinnovation.pdf. Accessed October 21, 2012.

Firth, A., and Wagner, J. (1997), " On Discourse, Communication, and (Some) Fundamental Concepts," *Modern Language Journal* , 81(3): 285–300.

Firth, A., and Wagner, J. (2007), " Second/Foreign Language Learning as a Social Accomplishment: Elaborations on a Reconceptualized SLA," *Modern Language Journal*,

91(5): 800–819.

Geertz, C. (1973), *The Interpretation of Cultures (Selected Essays)* , London: Fountain Press.

Goffman, E. (1959), *The Presentation of Self in Everyday Life* , New York: Anchor Books.

Goffman, E. (1974), *Frame Analysis: An Essay on the Organization of Experience* , London: Harper & Row.

Greenbaum, J., and Kyng, M. (1991), *Design at Work: Cooperative Design of Computer Systems* , Hillsdale, NJ: Lawrence Erlbaum Associates.

Kyng, M. (1995), " Making Representations Work," *Communications of the ACM* , 38(9): 46–55.

Latour, B. (2004), " Why Has Critique Run out of Steam? From Matters of Fact to Matters of Concern," *Critical Inquiry* , 30(2): 225–248.

Lave, J., and Wenger, E. (1991), *Situated Learning: Legitimate Peripheral Participation* , Cambridge: Cambridge University Press.

Malinowski, B. (1932), *Argonauts of the Western Pacific: An Account of Native Enterprise and Adventure in the Archipelagoes of Melanesian New Guinea*, London and New York: Routledge.

Marcus, G. E., and Fischer, M.M.J. (1986), *Anthropology as Cultural Critique: An Experimental Moment in the Human Sciences*, Chicago, IL and London: University of Chicago Press.

Marcus, G. E. (1998), *Ethnography through Thick and Thin* , Princeton, NJ: Princeton University Press.

Mazé, R., and Redström, J. (2008), " Switch! Energy Ecologies in Everyday Life," *International Journal of Design* , 2(3): 55–70.

Muller, M. J. (2002), "Participatory Design: The Third Space in HCI," in J. Jacko and A. Sears (eds.), *The Human-Computer Interaction Handbook: Fundamentals, Evolving Technologies and Emerging Applications* , Hillsdale, NJ: Lawrence Erlbaum Associates, 1051–1068.

Otto, T. (1997), "Informed Participation and Participating Informants," *Canberra Anthropology*, 20(1–2): 96–108.

Powdermaker, H. (1966), *Stranger and Friend: The Way of an Anthropologist*, New York: W.W. Norton & Company Inc.

Rabinow, P. (1977), *Reflections on Fieldwork in Morocco*, Berkeley: University of California Press.

Schechner, R. (1985), *Between Theater and Anthropology*, Philadelphia: Uni- versity of Pennsylvania Press.

Strathern, M. (2005), "Experiments in Interdisciplinarity," *Social Anthropology*, 13(1): 75–90.

Suchman, L. (2002), "Located Accountabilities in Technology Production," *Scandinavian Journal of Information Systems*, 14(2): 91–105.

Turner, V. (1982), *From Ritual to Theatre: Human Seriousness of Play*, New York: PAJ Publisher.

Wolcott, H. F. (1995), *The Art of Fieldwork*, Walnut Creek, CA: AltaMira Press.

第12章　衔接学科和产业：设计人类学的校企合作关系

克里斯蒂娜·沃森　克里斯塔·梅特卡夫

正如本书引言中所讨论的，设计人类学跨越了两个目标、方向、认知假设和方法明显不同的领域或研究传统（参见本书的Otto和Smith）。将人类学和设计的实践通过校企合作结合起来，为成功的等式增加了另一层复杂性。本书的其他作者谈到人类学和设计相结合的挑战，然而在这一章我们将讨论人类学和设计跨组织结合的挑战。

就像设计师和人类学家一样，大学和营利性产业往往有着不同的、有时甚至是相互竞争的目标和目的。例如，产业和大学之间的合作可能面临障碍，因为这些组织由不同的激励系统和不同的目标驱动（Bruneel，D' Este和Salter 2010）。在某些方面，这些组织差异与设计师和人类学家之间的学科差异重叠。人类学关注的是现在和过去，其目标是发展知识体系；而设计关注的是未来，其目标是开发新产品、服务和政策。大学通常是为了教育目的而生产知识，而产业通常是为了利润而利用知识。大学强调公共知识的创造，但企业往往希望他们生产的知识保持私有。和设计一样，营利性组织的目标是创造产品，而学术研究的产物是知识。在任何合作性工作中，双方都有不同的目标和目的的事实，有时会显著降低任何一方将这段关系视为成功的可能性。此外，研究表明，跨组织的有效协作比跨学科的协作更具挑战性。例如，卡明斯（Cummings）和基斯勒（Kiesler）的一项研究发现，与来自一所大学但涉及多个学科的主研（主要研究员）合作的项目相比，"与来自多所大学的主研合作的项目协调效果明显较差，积极成果更少"（2005：703）。

有重要的证据表明，大学与产业的合作关系历来面临着相当高的失败率，至少美国的情况是这样（Baba 1988）。这促使了校企合作方式的改变。自20世纪80年代以来，人们更加注重创建制度结构，以帮助减轻这些挑战。根据弗雷塔斯、裘娜、罗西的说法，"产业界和学术界之间关系性质的这种质变一直都是伴随着明显的新组织形式的出现而产生的，例如大学—产业联络处、技术许可处、技术转让处、产业—大学研究中心、研究合资企业、大学附属机构和技术咨询公司（2010：3–4）。而且，尽管努力将大学研究的合作、咨询工作和付费渠道正式化，成功仍然是充满变数的，而且发生的频率低于所有参与者所希望的（Freitas等2010）。"

布鲁尼尔（Bruneel）和他的同事（2010）发现阻碍成功的两种主要障碍类型是定向相关障碍（orientation-related barriers）和交易相关障碍（transaction-related barriers）。高校和产业的不同目标导致了定向相关障碍。例如随着校企合作的新体制结构的出现，技术转让处和前面列出的其他机构，交易相关障碍开始产生影响。这些障碍来自行政和法律方面，比如谁将在何种条件下保留知识产权。技术许可办公室、技术转让办公室、技术咨询公司等的发展导致了交易相关障碍的增加。大学利用这些新的组织形式来把知识商业化变现，为大学创造经济利益。这样一来，在知识产权和研究合作关系的条款方面存在着越来越多的冲突（Bruneel等2010）。例如，合资企业和研究中心在试图构建协议以便大学和组织伙伴都能从版税中获利时，可能会遇到利益冲突。帕韦塞（Pavese）提出，成功的校企合作关系需要找到"正确的价值主张"（2009）。

在这些新的产学研合作模式发展之前，校企合作的先验模式是基于"大学研究人员与公司工程师和研究人员之间的个人契约合作"（Freitas等2010：16；原文中为斜体）。在这些情况下，这些关系本身并不是体制上的关系；而是基于研究人员的社交网络和相关各方之间的信任发展。契约一词是喻义，而非字面意思。我们认为，这个早期的模型实际上比新模型更有效，至少在设计人类学合作关系中是这样。

我们研究的是北德克萨斯大学（University of North Texas）教授和她的班级之间以及摩托罗拉移动公司研究科学家和她的团队之间成功进行的个人契约式合作研究的案例。我们的结论是，成功的校企设计人类学合作关系包含五个主要因素：①团队的多学科成员；②主要研究人员的兴趣和背景高度一致；③学生对这些项目的重视程度高；④主要研究人员的坚定承诺；⑤他们对个人契约模式的依赖。

我们合作的历史及其跨学科背景

从2005年到2011年，我们共开展了5个班级协作项目。在本节中，我们将概述我们合作的历史和实践，并将其置于跨学科实践的多种交叉形式的背景下。我们两人最初是在2004年春季的应用人类学协会年会上认识的。在第一次谈话中，我们就立即开始探讨合作的可能性，克里斯塔和她的摩托罗拉合作团队将成为北得克萨斯大学克里斯蒂娜设计人类学课程的客户。[1] 我们整个夏季都保持沟通，并计划我们2005年秋季的首次合作。之后，我们通常在每个秋季学期合作一个班级项目，由于课程安排的调整，项目会有一些变化。

以下是项目主题和项目开展时间的列表：

- 生态摩托（Eco-Moto，2005年秋季）。一项关于手机的物理设计如何向消费者传达这款手机是生态友好型的调查。
- 社交电视周边设备（2008年春季）。摩托罗拉已经为一款产品制定了设计指导方针，使地理上相距遥远的朋友和家人几乎可以一起看电视。课程研究了遥控器、输入设备和状态指示器的设计。
- 补充体验（2008年秋季）。一项关于人们如何通过提供更多的信息来补充现场活动从而在现场体验和屏幕体验之间来回移动的研究。
- 非侵入性通知（2009年秋季）。这是另一项与社交电视相关的研究，其重点是设计将出现在电视屏幕上的好友通知。研究旨在了解人们对休闲活动中的干扰的看法。

- 探索性厨房媒体研究（2011年秋季）。一项关于人们在烹饪前、烹饪中、烹饪后如何使用媒体的调查。

在2005年秋季的第一期项目中，我们进行了合作过程的实验，探索了有效合作的方法。最后，我们都觉得这个过程和结果满足了我们各自的需要，并有动力继续下去。摩托罗拉内部业务团队的负责人，也是我们的最终客户，对我们的工作非常满意，使我们在摩托罗拉内部和外部都获得了认可。随后，尽管我们继续改进我们的方法，并且每个项目都有独特的方面，但我们的协作过程在总体框架中保持相当一致。这是由我们对合作关系的共同承诺所加强的，我们在伙伴关系中发挥平等但不同的作用，我们愿意灵活变通并且准备在项目上投入相当多的时间和精力。当我们开始计划一个班级项目时，克里斯塔通常会提出一些潜在的研究主题，这些主题将有助于她所在组织中正在进行的活动，我们一起选择了一个似乎最适合这个班级的主题。我们都为研究设计、方法和协议做出了贡献，克里斯塔在整个研究设计中起主导作用，克里斯蒂娜则更了解如何使研究设计适应整个学期课程的背景和约束条件。

我们作为协作者的兼容性是由我们工作的组织的具体特征和我们在这些组织中的角色促成的。克里斯塔在摩托罗拉的一个研究实验室工作。尽管摩托罗拉在2012年春季之前经历了多次重组，但克里斯塔的团体被称为摩托罗拉移动公司的应用研究中心。作为企业研究实验室的管理者，克里斯塔的职责是领导研究项目，为新产品和服务提供创意。所以克里斯塔为这门课建议的研究项目适合于一个类似的正在进行的更大的研究项目群。

克里斯蒂娜是北得克萨斯大学（UNT）人类学系教授。该系提供应用人类学硕士学位，培养学生成为实践者而非学者。客户项目被认为是学生为此类职业做准备的重要方面。此外，该系的一个专业是商业人类学，其内容包括设计人类学和组织人类学。事实上，在撰写本章的时候，UNT是美国唯一一所在人类学院系开设设计人类学课程的大学。因此，硕士课程吸引了对设计人类学感兴趣的学生。此外，UNT的设计部门非常重视设计研究。学院鼓励学生选修设计人类学课程。

我们的合作是建立在多种交叉的伙伴关系中，包括跨机构部门、学科和人员的伙伴关系。这对于更详细地研究人类学和设计领域之间的相互作用是有成效的，因为它们在课堂项目的背景下发挥作用。两个领域的对话至少有四种方式：①通过研究项目的主题；②班级构成；③克里斯塔的团队组成；④我们之间的伙伴关系。

首先，虽然每个班级项目的研究主题都是独特的，但它们都有一个共同的总体目标，将人类学理论和方法与设计理论和方法结合起来，创造有形的产品创意。学生所带来的多元学科背景丰富了研究过程。本章后面的案例研究说明了这个过程。其次，克里斯蒂娜努力让每门课都由大约一半的人类学学生和一半的设计学生组成。其中一个教学目标是让设计和人类学的学生互相学习并学习如何相互协作。该课程主要面向人类学和设计专业的高年级本科生和硕士生（UNT不提供人类学博士学位）。克里斯蒂娜还接收了一些来自市场营销和信息科学等领域的博士生。班级总人数从13人到18人不等。再次，克里斯塔管理的团队是高度跨学科的，班级项目对他们正在进行的研究活动做出了贡献。除了一位人类学家和几位设计师外，这个团队还包括工程师、计算机科学家和人机交互专家。团队开发了一个高度协作的研究过程，小组所有成员，不论有没有受过培训，都参加其中。计算机科学家、设计师和其他团队成员进入实地，与受过培训的实地工作人员一起收集和分析数据；人类学家、工程师等与设计师共同参与设计过程；虽然原型制作通常是计算机科学家和工程师的工作范围，但他们会定期与整个团队协商，以确保研究原型按计划设计，并回答下一组研究问题。该团队开发了一个跨学科的辩证过程，作为一种催化剂，激发了工作关系的协作文化，并启发了对如何利用不同学科的优势的理解（Metcalf 2008）。

最后，虽然我们都接受过人类学的培训，但我们都有与设计师合作的丰富经验，并在被称为设计人类学的跨学科领域做出过贡献。从1996年到1997年，克里斯蒂娜在将民族志融入设计研究实践的先驱——E-Lab设计公司工作（Wasson 2000，2002；Wasson和Squires 2012）。随后，她与客户合作（从菲尔德博物馆到微软，再到达拉斯沃斯堡国际机场）教授设计人类学，并保持着适度的咨询业务。克里斯蒂娜也是产业民族志实践大会（Ethnographic Praxis in Industry Conference，EPIC）指导委员会的创始成员之一，是最初共同开发第一个EPIC活动的6人之一（Anderson and Lovejoy 2005；Wasson 2005）。她一直担任指导委员会成员，直到2010年；她的角色包括学术关系主席。克里斯塔自2000年以来一直在摩托罗拉工作，在那里她针对摩托罗拉产品和服务的特定环境，开创了一种整合民族志、设计和工程的方法（Metcalf 2011）。在摩托罗拉的整个职业生涯中，她都参与并领导跨学科团队，指导和教授其他人如何进行成功的跨学科研究和发展跨学科团队。

这四个领域的跨学科互动说明了人、学科和机构之间以多种方式重叠交叉的复杂联系。克里斯塔和克里斯蒂娜能够向学生们示范她们跨学科合作的经验；学生们在一个跨学科团队合作的项目中，从他们的同学那里了解其他学科。此外，人类学和设计领域并没有在真空包围中进行简单的一对一对话；相反，它们通过班级的组成以及克里斯塔团队的成员身份与其他学科建立了联系。

目标和激励措施

在本节中，我们将描述我们的合作如何处理克里斯蒂娜的班级和克里斯塔团队的目标、我们自己的工作事项和我们组织的目标。关于课程目标，对运作一个真正的客户端项目的应用硕士项目的学生来说，这是宝贵的经验；他们意识到他们的发现将会被运用，因此非常有动力。此外，他们在开展以客户为中心的研究项目中学习了重要技能。虽然他们中的一些人已经进行了学术民族志研究项目，但在对开发针对客户组织需求来开展研究设计，要求在实地工作过程中关注客户的优先级，并在分析过程中与客户进行持续的沟通，以确保分析结果符合客户的需求这些文化逻辑方面，他们还是新手。课程项目帮助我们将学生带入设计人类学/设计研究实践社区。在关系方面，它为我们提供了一种与学生形成指导关系的工具。

互动媒体用户研究（IMUR）团队，即摩托罗拉移动公司“应用研究中心”的克里斯塔团队的目标是开发一个知识体系，研究人们如何与媒体互动，如何在媒体周围彼此互动，以及如何通过媒体相互沟通。该团队的大部分研究集中在视频消费和策展体验方面的创新，但也包括对照片、音乐、博客和书籍的研究。为了创造和设计引人注目的消费体验，团队试图了解人们在专业创建内容和用户生成内容方面的行为。对于IMUR团队来说，与大学合作的价值包括三个方面。首先团队中人数是确定的，因此在任何给定年份完成的项目数量也是有限的。但是团队感兴趣的项目列表几乎是无限的。大学合作关系可以增强团队通过研究合作关系获取有关媒体行为的额外信息的能力。与大学合作获得的第二种价值形式是视角的多样性。尽管克里斯塔的团队是高度跨职能的，但大学教授和学生为项目定义、研究问题和分析带来了一个全新的视角，这对创新思维有很大贡献。最后这种合作还建立了在更大的研究机构中受到尊重的大学关系。

我们的合作也为克里斯蒂娜实现教学、研究和实践目标做出了贡献。开展应用研究项目是她对如何培养应用人类学硕士研究生的设想的核心。与此同时，她很高兴有机会对她以前可能没有接触过的、但符合她理论兴趣的社交和技术使用的特定方面进行研究。作为一名教授，克里斯蒂娜没有足够的时间从事她想从事的应用项目，所以课堂项目是她在接触实践世界的一种宝贵方式。此外，我们的合作为克里斯蒂娜所在系、学院和大学的目标做出了贡献。如前所述，UNT人类学系具有应用人类学和商业人类学专业；我们的课堂项目对这两个领域都有贡献（Jordan，Wasson和Squires 2013；Wasson 2008）。此外，该系设在一所独特的学院中，即公共事务和社区服务学院。本质上这是一个应用社会科学学院，但它包括其他部门，如刑事司法、公共行政和社会工作。因此，强调为学生提供应用体验被视为学院的一项荣誉，而客户是如此知名的公司则被视为额外的优势。最后，大学行政部门十分重视大学与外部组织之间的合作关系。UNT 2012年战略计划的四个目标之一是与可能会增强学院实力的“企业和社区团体合作，建立和深化有意义的关系”。[2]

虽然大学通常认为校企合作是出于财务利益，但我们的合作有些不同，因为它是在课堂上进行的，而不是在研究资助或咨询的背景下进行的。对学生和大学的有利之处在于学生获得的体验。经常有人问我们，摩托罗拉是否为这些课程项目付费。答案是否定的。学生上这门课的动力应该是为了学习体验，而不是为了赚钱。与其他那些客户是无法支付学费的非营利组织的班级，或者没有课堂项目的班级竞争是有失公平的。与此同时，摩托罗拉确实在这些班级项目上花了一些钱。它为克里斯塔支付了去得克萨斯州的旅行费用，并在学期结束时为学生们举办了披萨派对，如后面部分所述。此外，摩托罗拉还支付了数据收集的费用。例如，研究参与者总是得到奖励，以补偿他们花费的时间；在一些项目中，我们使用招聘公司来寻找研究参与者。

另一个经常出现的问题是，是否要求学生对研究结果保密。同样，答案是否定的，因为这项研究被设计为课堂项目，而不是教授提供咨询。在一些项目上，摩托罗拉和UNT之间有法律协议，但这保护了摩托罗拉从项目中产生的设计理念中获利的权利。所有的法律协议都明确保留了克里斯蒂娜和学生们发表论文的权利。从摩托罗拉的角度来看，建立我们所从事的这种校企合作关系给公司带来了很多好处。作为“应用研究中心”的一部分，克里斯塔的团队由于其在大公司中的地位而承担许多任务。除了开发摩托罗拉可以用于盈利的设计理念之外，团队的主要目标之一是生产可以为公司所用的生产专利或知识产权。团队经常将课堂的研究成果作为新产品创新的基础。这种创新行为没有包括课堂上的头脑风暴活动，因此，摩托罗拉保留了IMUR团队创造的所有知识产权的价值。

IMUR团队还将在其各自的实践社区中创建思想领导力。这提高了摩托罗拉的知名度，突出了该公司技术研究的严谨和前沿的性质，这反过来又吸引了人才加入公司。该小组的研究成果的传播受到鼓励，特别是出版物和在会议上发言等。这就解释了克里斯蒂娜或学生为何没有义务对研究结果保密；研究报告的发表也被视为对公司有价值。

此外，研究团队需要与公司内的其他团队协作，这样公司就可以在整个产品开发周期中利用他们的知识。校企合作项目的实施总是着眼于为组织中的其他群体提供利益。

案例研究：厨房媒体

考虑到我们各自的目标，以及我们成功合作的历史，我们决定在2011年秋季再次合作开展一个联合研究项目。这是一个研究人们如何在厨房中使用媒体的项目，也是我们一项成功的校企合作的案例研究。从克里斯塔的角度来看，IMUR团队多年来一直在研究人们如何参与电视观看体验（Basapur等2011；Harboe等2007）。这些研究主要集中在客厅或家庭娱乐室，以及人们在主要任务是看电视时如何与媒体和彼此进行互动。然而，研究团队知道，他们遗漏了大量关于人们的关注焦点并不是屏幕时如何参与媒体体验的信息。团队还想知道更多当媒体体验在家庭的其他环境中发生时以及当一种以上的媒体被用作活动的一部分时人们媒体行为的信息。IMUR团队认为，调查人们在烹饪过程中如何使用媒体，将是研究家庭中不同媒体消费环境的良好开端。克里斯塔的团队提出，在烹饪过程中使用媒体会很有趣，因为在美国，很多人的厨房里都有电视，人们在厨房里和烹饪过程中也会使用智能手机和平板电脑。厨房也是一个社交场所，烹饪的过程也是一个社交过程，这意味着如果人们参与媒体体验，他们很可能也会参与社交活动（Grimes和Harper 2008；Svensson，Hook和Coster 2005）。最后，IMUR团队选择烹饪体验是因为希望活动的主要焦点在过程中发生变化。他们希望在不同的任务和媒体之间来回切换，而不仅限于坐在客厅里看节目的任务。

克里斯塔和克里斯蒂娜讨论了民族志式研究探索厨房媒体使用的可能性，并一致认为这个项目将有利于大学合作，因为对于克里斯塔的团队和克里斯蒂娜的课堂来说，这都是一个新的研究领域。从克里斯塔的观点来看，这是一个很好的话题，因为学生们不需要对IMUR研究的空间和历史有深刻而细致的理解，就能得出对摩托罗拉来说新颖而有趣的发现。人们在烹饪过程中使用媒体的模式是什么？人们在厨房里使用不止一种设备来创建、管理和/或消费媒体吗？厨房里使用的是什么媒体——是饮食专用还是厨房专用的？这些问题的答案将帮助克里斯塔的团队更好地理解这个领域，并帮助他们进行后续研究。从克里斯蒂娜的角度来看，探索厨房媒体研究似乎是一个很好的话题，因为她相信学生们将能够很容易地与之联系起来，并热情地进行田野调查。毕竟，饮食的准备和食用是人类最基本的经验。在大多数文化中，当然在我们的文化中，它们唤起了强烈的情感和与家庭及社区联系的感觉（Mintz和Du Bois 2002）。

我们在2011年夏天制订了厨房媒体项目的计划。克里斯塔撰写了研究设计草案和采访指南；克里斯蒂娜建议做些小修改。克里斯蒂娜制定了课程大纲，将研究设计转化为一系列具体的学生作业。克里斯塔聘请了招聘公司来寻找参与者，并掌握了参与者激励机制。课程一开始，克里斯蒂娜就和学生们一起为博客系统（WordPress）上的田野调查数据创建了一个有密码保护的网站。克里斯塔在这学期的课程中曾3次亲自到这个课堂拜访。第一次是第二周的介绍性访问。第二次是第九周的期中签到。最后一次是在期末考试周；学生口头陈述他们的研究结果，并提交书面报告。克里斯塔事后在克里斯蒂娜家举办了一个披萨派对，以此表达她对全班同学的感激之情。这个班的学生包括：

- 五名人类学专业本科生。
- 两名通信设计专业本科生。
- 一名艺术与设计/人类学跨学科双学位本科生。
- 三名人类学硕士生。
- 两名艺术硕士生和一名通信设计硕士生。
- 一名市场营销专业博士生。

- 一名教育学博士研究生。

因此，这门课主要由人类学和设计专业的学生组成，也包括一些其他领域的学生，以求多元化和更多见解。这种混合产生了富有成效的跨学科合作。该项目受益于每个学科的专门知识。

这个班每周有一个晚上有3个小时的课程。每次课的前半部分是讨论设计人类学的历史、理论和实践的阅读材料，以确保学生得到相关文献的介绍。课的后半部分都集中在项目活动上。克里斯塔几乎参加了所有的课。由于她在芝加哥地区，而学生们在达拉斯附近上课，所以当她不在UNT时，我们使用虚拟通信技术联络。学生们围成一圈，中间放着一个免提电话，我们使用桌面共享功能，让克里斯塔可以看到教室里电脑上显示的内容（学生则通过LCD投影仪看到）。

克里斯蒂娜教会学生们遵循E-Lab人类学家和设计师合作的模式。E-Lab是20世纪90年代主导将民族志研究和设计结合在一起的开创性设计公司。克里斯蒂娜布置了两篇描述E-Lab工作实践的文章，并让全班同学详细讨论（Wasson 2000，2002）。

在这些课堂讨论中，一个有用的工具是一个被称为“领结模型”（bow tie model）的图像，它描述了一个协作的、跨学科的工作过程（Wasson 2002）。根据这个模型，工作过程的前半部分更多地集中在民族志研究上。它从实例的集合—数据位—通过跨数据的模式—转移到解释性框架的开发。框架是工作流程的中心点或轴心。随后是更多以设计为中心的活动，首先是开发高级设计概念，然后是实际的原型。克里斯蒂娜解释说，由于时间的限制，这门课不会在设计的道路上走得太远；它的工作过程将以设计思想的可视化为结束。克里斯蒂娜还强调，E-Lab工作实践的一个核心原则是，研究人员和设计师都应该自始至终是项目团队的成员。虽然研究人员可能在上半场发挥主导作用，但设计师亲自参与实地工作是重要的。虽然设计师可能在下半场发挥主导作用，但研究人员要根据研究结果继续评估新出现的设计理念是重要的。

课程持续16周，前15周全班上课，然后是期末考试周（这是美国大学的标准学期长度）。前4周的时间用于指导学生，并训练他们使用民族志领域的方法。然后学生们花了5周时间进行田野调查。有8名经常使用媒体来提高烹饪体验的参与者也被招募进来。他们被要求拍摄记录媒体使用情况的照片，并绘制一张厨房地图，以显示在特定烹饪活动中使用的所有媒体设备的位置。然后，学生研究人员对研究参与者进行了开放式的深入访谈，以了解他们对烹饪相关媒体的使用情况。学生们两人一组，用视频记录了采访过程，整个采访持续了一个半小时到两个小时。学生研究人员将每次采访的照片、地图、详细的现场记录和大量采访视频剪辑放在他们为班级创建的博客系统（WordPress）网站上。这使得现场数据可供整个小组进行比较和分析。

所有的学生以小组的形式一起工作，在克里斯蒂娜的指导和推动下，在课堂上进行了大量的分析。学生们在四周的课程中展示了他们的研究结果。每个学生团队都口头讲述了他们的田野调查体验，并用照片和视频剪辑说明了关键时刻和重要见解。其他学生提出问题，并讨论了田野调查。在这个过程中，克里斯蒂娜在一个全班都能通过液晶投影仪看到的Word文档中列举了一些例子和一些新见解。最初，Word文档的功能有点像更复杂、更深入的挂图。随着Word文档变长，学生们开始让克里斯蒂娜剪切粘贴文本来将这些想法分组。信息被组织到实例、模式和设计理念的类别中。这个过程在某种程度上类似于创建一个亲和关系图（affinity diagram），移动到一个分析日益复杂和抽象的级别。这门课需要一个便携式的分析空间，因为上课的教室在每周的课程中都被很多其他班级使用，所以不能在房间里存储任何数据或分析材料。随着时间的推移，一个个主题呈现为书面报告的章节。学期快结束时，学生们被要求选择一个章节主题；章节作者通常包括人类学和设计专业的学生。他们对课题的数据进行了进一步的分析，并根据研究结果提出了设计思路。此外，小组中的一名学生承担了准备PowerPoint演示文稿的任务。

虽然本章没有篇幅描述该项目的所有发现，但其中的一些例子可能具有启发性（Aiken等2011）。首先，我们发现社交、媒体使用和烹饪之间有很强的联系。例如，人们通过分享他们准备的食谱和图片来建立社区。其次，我们开发了一个关于烹饪时间周期的整体框架。烹饪体验可以理解为三个阶段：烹饪前、烹饪中、烹饪后；或者，计划、执行和庆祝。与预期相反，媒体的使用在烹饪前和烹饪后最为普遍。烹饪前阶段的特点是最丰富的媒体使用，因为它包括导致浏览和信息搜索的各种探索活动。此外，无论是对同一个人还是对另一个人来说，一次烹饪的后阶段往往是下一次烹饪的前阶段。图30显示了我们为研究参与者迈克而绘制的一条轨迹。最后，我们确定了使用媒体的人对烹饪的三个共同取向：美食家取向、效率取向（通常见于大家庭的父母）和健康取向。我们将这些称为取向，而不是片段或角色，因为同一个人可能根据不同的环境显示不同的取向或取向组合（Aiken等2011）。

基于这些研究结果，学生们发展了许多有趣的设计理念。例如，为了支持社交，他们设计了一种媒体设备，可以鼓励和促进烹饪前、烹饪中、烹饪后的物理和虚拟社交互动。具体来说，他们开发了一种具有如下功能的固定式厨房计算机，如图31所示：

- 能够将屏幕安装在任何平面上（橱柜门、冰箱、墙壁等），并将屏幕旋转到不同的方向。
- 触摸屏界面系统。
- 可选配无线防水键盘。
- 电脑屏幕上的内置摄像头。
- 语音命令选项。
- 将固定式或“主”计算机与其他媒体（手机、平板电脑、笔记本电脑、台式机）同步功能（Aiken等2011）。

结论

从克里斯塔和克里斯蒂娜二人的角度来看，这个项目都非常成功。克里斯塔的团队利用这项研究的结果，极大地加深了他们对媒体在情境中使用的理解，并将这项研究传播给了公司里正在生产适应厨房情境的产品的其他小组。研究项目一结束，摩托罗拉移动应用研究中心的其他人就要求得到结果，另一个团队的一名成员也参与了最终的演示。从UNT的角度来看，项目成功的标志包括学生对课程的积极评价；有机会让几名学生在美国人类学协会下次会议上就该项目发表论文；他们还受到全国人类学实践协会（NAPA）领导的鼓励，申请纳帕学生成就奖（NAPA Student Achievement Award）。

我们认为有很多因素促成了这次和之前由UNT和摩托罗拉联合进行的设计人类学项目的成功。我们还认为，考虑到以下五个因素，合作的成功是可以复制的。首先，项目里的两个团队都是多学科的。班级和IMUR团队都有设计师、社会科学家和其他人，他们的观点和目标需要被作为团队合作过程的一部分来理解和适应。如引言所述，这种在视角和目标上的差异与UNT和摩托罗拉在视角和目标上的差异类似。因此，学生和研究人员已经熟悉了产品导向和知识生产导向之间的差异，因为他们必须在团队建设中适应这种差异。到了要适应不同机构在观点和目标上的差异时，这已经是一个他们熟悉的领域。其次，作为项目负责人，我们两个人有着共同的兴趣和背景。如前所述，我们的合作关系与我们的专业优先事项和其他工作活动，以及效力的组织的活动非常吻合。我们都在人类学、商业、设计和技术的交叉领域工作多年。此外，我们的专业领域有相当多的重叠。例如，克里斯塔的论文导师玛丽埃塔·巴巴多年来也非正式地指导克里斯蒂娜。我们合作成功的第三个因素是，学生非常重视参与以客户为导向的课堂项目的体验。他们看到了在设计研究中获得适销对路的技能的好处，即能够在个人简历中列出项目，而对于设计专业的学生来说，则可以将自己设计的作品添加到作品集中。他们还欣赏自己在团队合作、跨学科合作、衔接研究见解与设计理念，以及围绕客户需求的组织研究过程等方面学到的技能。因此，学生们都非常有动力做好这个项目。此外，我们两人之间的互动为有效和建设性的客户—咨询关系树立了典范。许多学生之前很少接触过这种关系，或者遇到的主要都是客户与顾问之间的负面互动。第四个使我们合作关系成功的因素是我们愿意为合作投入相当多的时间和精力。我们都展示了对项目的高度承诺，这是彼此可见的。例如，克里斯塔表现出奉献精神，她愿意每周放弃一个晚上的私人时间，连续16周参加课程。克里斯蒂娜在项目管理上投入了大量的精力，她确保学生按时完成研究任务，为他们指导分析过程并鼓励学生之间进行建设性的团队合作。

最后，我们断言，由于我们基于个人契约模型，协作研究工作是成功的。弗雷塔斯（Freitas）等人认为，使用制度结构进行知识转移的基于交易的方法存在的问题是“它忽略了社会经济制度背景和研究领域的特殊性”（2010：13）。我们不依赖于制度化的结构和以基于市场的知识来转让合同，而是依靠我们自己长期的个人关系，这种关系建立在信任和义务的感觉之上，这种感觉部分源于相同的社会和专业网络。我们的合作关系过去是、现在仍然是一种个人的、社会定位的合同，而不是一种带有相关行政和法律挑战的市场合同。心理学和经济学上众所周知的观点是，当人们从市场的角度看待互动时，他们愿意为不履行义务而付出（字面上的）代价，也更愿意结束任务（Frey和Jegen 2001；Gneezy和Rustichini 2000）。然而，当人们把他们的互动视为个人契约的一部分，是与他人建立关系的一部分时，他们的行为就会受到社会规范的约束——不履行义务或终止研究合作会产生社会后果。在这种情况下，我们不想违反我们的个人契约，让对方失望。因此，作为我们个人对彼此义务的一部分，我们更积极地投入更多的努力，以使组织间的联合研究项目取得成功。

我们希望这篇简短的合作关系描述能够对其他寻求在设计人类学领域开展学术产业合作的人有所帮助。我们认识到，每一个合作关系都有其独特的方面，并在提供设计人类学专业的各种计划之间，已经发展出不同的行业合作模式，比如南丹麦大学的SPIRE项目、斯文本理工学院（Swinburne Institute of Technology）的设计项目以及邓迪大学（University of Dundee）的设计民族志项目。这些项目在强调为申请职业做准备的程度、在所处的不同学科背景，以及在所处的国家教育传统等方面各不相同。尽管如此，我们仍期望他们认为最成功的产业合作与我们自己的经历有明显的相似之处。

注释

[1] 设计人类学课程的最新教学大纲，以及其他课程材料，可在http://courses.unt.edu/cwasson/courses /design-anthropology查看。

[2] 参见http://www.unt.edu/features/four-bold-goals/。

参考文献

Aiken, J., Burns, M., Brazell, B., Carranza, R., Dennis, R., Dubois, J., Hicks, J., Lomelin, M., Maxwell, M. L., Orange, E., Paquette, A., Reed, S., Roswinanto, W., Schlieder, V., Wilson, S. K., and Yang, X. H. (2011), "Exploratory Kitchen Media Research," Report for Crysta Metcalf, Applied Research Center, Motorola Mobility Inc., by Design Anthropology Class, University of North Texas.

Anderson, K., and Lovejoy, T. (eds.) (2005), *Proceedings of the Ethnographic Praxis in Industry Conference* , Redmond, WA, November 14–16 .

Baba, M. L. (1988), "Innovation in University-industry Linkages:University Organizations and Environmental Change," *Human Organization*, 47(3): 260–269.

Basapur, S., Harboe, G., Mandalia, H., Novak, A., Vuong, V., and Metcalf, C. (2011), "Field Trial of a Dual Device User Experience for iTV," in *Proceedings of EuroITV* , Lisbon, Portugal, June 29–July 1, 127–136.

Bruneel, J., D'Este, P., and Salter, A. (2010), "Investigating the Factors that Diminish the Barriers to University-industry Collaboration," *Research Policy* , 39(7):858–868.

Cummings, J. N., and Kiesler, S. (2005), "Collaborative Research across Disciplinary and Organizational Boundaries," *Social Studies of Science* , 35(5): 703–722.

Freitas, I.M.B., Geuna, A., and Rossi, F. (2010), "University-industry Interactions:The Unresolved Puzzle," Working Paper Series, Department of Economics, University of

Torino.

Frey, B. S., and Jegen, R. (2001), "Motivation Crowding Theory," *Journal of Economic Surveys*, 15(5):589–612.

Gneezy, U., and Rustichini, A. (2000), " A Fine Is a Price," *Journal of Legal Studies*, 29(1): 1–17.

Grimes, A., and Harper, R. (2008), "Celebratory Technology:New Directions for Food Research in HCI," in *CHI 2008*, Florence, Italy, April 5–10, 467–476.

Harboe, G., Massey, N., Metcalf, C., Wheatley, D., and Romano, G. (2007), "Perceptions of Value:The Uses of Social Television," in *The 5th European Interactive TV Conference, 2007*, Amsterdam, May 24–25, 116–125.

Jordan, A., Wasson, C., and Squires, S. (2013), " Business Anthropology at the University of North Texas," in P. Sunderland and R. Denny (eds.), *Handbook of Anthropology in Business*, Walnut Creek, CA:Left Coast Press.

Metcalf, C. (2008), "Interdisciplinary Research, Anthropological Theory and Software Innovation:Bringing It All Together," paper presented at the Society for Applied Anthropology Meeting, Memphis, TN , March 28.

Metcalf, C. (2011), "Circulation of Transdisciplinary Knowledge and Culture in a High Tech Organization," *Anthropology News*, 52(2):28.

Mintz, S. W., and Du Bois, C. M. (2002), "Anthropology of Food and Eating," *Annual Review of Anthropology*, 31:99–119.

Pavese, K. E. (2009), *Introduction to The New York Academy of Sciences Webseminar Academic-industry Collaboration:Best Practices*.Available at: www. nyas.org/Events/WebinarDetail.aspx?cid=d774f799-36cf-4982-87faed2d9f6c9896.Accessed October 26, 2012.

Svensson, M., Hook, K., and Coster, R. (2005), " Designing and Evaluating Kalas:A Social Navigation System for Food Recipes," *ACM Transactions on Computer-Human Interaction*, 12(3):374–400.

Wasson, C. (2000), " Ethnography in the Field of Design," *Human Organization* , 59(4):377–388.

Wasson, C. (2002), " Collaborative Work:Integrating the Roles of Ethnographers and Designers," in S. Squires and B. Byrne (eds.), *Creating Breakthrough Ideas:The Collaboration of Anthropologists and Designers in the Product Development Industry* , Westport, CT:Bergin and Garvey, 71–90.

Wasson, C. (2005), " Celebrating the Cutting Edge," in *Ethnographic Praxis in Industry Conference* , Redmond, WA, November 14–16, 140–145.

Wasson, C. (2008), " A ' Dreamcatcher' Design for Partnerships," in E. K. Briody and R. T. Trotter (eds.), *Partnering for Organizational Performance:Collaboration and Culture in the Global Workplace*, Lanham, MD:Rowman and Littlefield, 57–73.

Wasson, C., and Squires, S. (2012), "Localizing the Global in Technology Design," in C. Wasson, M. O. Butler, and J. Copeland-Carson (eds.), *Applying Anthropology in the Global Village*, Walnut Creek, CA:Left Coast Press, 251–284.

第13章　去殖民化的设计创新：设计人类学、批判人类学和本土知识

伊丽莎白·多丽·汤斯顿

本章提出设计人类学的方法论，以回答如何创造去殖民化的设计和人类学的参与过程。我首先阐述了需要去殖民化人类学和设计创新的背景（例如，使用设计原则和框架来产生新的或改进的商业结果）。然后我继续探索何为设计人类学，它的知识基础和原则是什么，并将“原住民智能艺术”（Aboriginal Smart Art）项目的第一阶段作为实践原则的案例研究进行了描述。

去殖民化的背景

1991年，费伊·哈里森（Faye Harrison）出版了她编辑的《去殖民化人类学》，她和一群“第三世界人民及其盟友”在书中寻求：“鼓励更多的人类学家接受这一挑战，努力将人类研究从全球不平等和非人性化的主流力量中解放出来，并将其坚定地置于真正变革的复杂斗争中”（Harrison 2010：10）。

1991年，我在美国布林莫尔学院上了第一节人类学课程。在那里，我了解到体质人类学的奠基人并不认为我有足够的智慧来上课，他认为我是非裔美国人，所以智商很低。尽管我第一次接触到人类学是这样的经历，但我还是坚持了下来，因为这个领域有一种强大的力量，它致力于研究对人类意义概念的扩展。但是经典人类学框架将我的民族、非洲人和非裔美国人，作为

人类学研究对象，这要求我认真对待人类学在殖民主义项目中的作用，以及设计创新在新殖民主义和帝国主义的后续项目中的作用。

将人类学描述为“殖民主义的侍女”的说法出自人类学家克劳德·列维·斯特劳斯（Asad 1973）。《斯坦福哲学百科全书》（*Stanford Encyclopedia of Philosophy*）（Kohn 2011）将殖民主义定义为“一个宽泛的概念，指的是16世纪至20世纪欧洲政治统治的项目，该项目以20世纪60年代的民族解放运动告终”。它把殖民主义和帝国主义区分开来：殖民主义在理论上与殖民和直接控制相一致，而帝国主义则与经济剥削和间接控制相一致。20世纪六七十年代，许多人类学家开始直接探讨人类学在殖民主义和帝国主义中的含义。虽然对这部文献的综述超出了我这一章的范围（Uddin 2005；Restrepo和Escobar 2005），但是针对人类学的批评可以总结为：

- 对人民种族进行分类，从而过度确定了他们的性格，并消除了他们的自我定义（Deloria Jr. 1988 [1969]；Hall 1992；Said 1978；Smith 1999）；
- 将其他种族构建或描述为处于时代、文明和理性之外的，被贬低的“他人”（Fabian 1983；Smith 1999；Wolf 1982）；
- 对种族进行等级制度评估，以欧洲白种人为人类之首，其他人种处于不同程度的次等性（Blakey 2010；Smith 1999）；
- 其产出（以文本为基础的民族志或电影形式）缺乏效用，无法改善作为其人类学对象/主体的种族的生活质量（Deloria 1988 [1969]；Smith 1999，Tax 1975）。

这四种批判代表了将许多土著、少数民族、移民和其他边缘群落“编入西方知识体系”的殖民主义、帝国主义和新殖民主义人类学的特征（Smith 1999：43）。这与设计创新和设计人类学有什么关系？正如我之前所说，我个人从事人类学领域的工作就是要根据该学科的历史为去殖民化人类学创造空间。现在也已经成为确保去殖民化设计创新实践的空间。

《奥斯陆手册》（*The Oslo Manual*）将创新定义为“实现一个新的或显著提高的产品（商品或服务）或过程，一种新的营销方法，或商业实践、工作场所组织或外部关系的一种新的组织方法”（OECD 2005：6）。在创新的这一定义中嵌入了三种与文化相关的假设范式，我认为该定义体现了这一领域的霸权主义。首先，个人精英或公司产生创新（Brown和Ulijn 2004；Jostingmeier和Boeddrich 2005；Light 2008）。关于将可持续消费与社区行动联系起来的创新的讨论越来越多（Seyfang和Smith 2007），但这仅代表了创新话语中出现的新兴话题。第二，创新弘扬现代主义价值观。西班牙哲学家罗莎·玛丽亚·罗德里格斯·麦格达（Rosa Maria Rodriguez Magda 2004）认为创新是“现代性的驱动力”，它试图取代旧的认知方式。第三，创新使个体公司、个体企业家和发明家或社会的普通大众受益。甚至在社会领域，设计创新都反映了经合组织（OECD）对“创新”定义的现代主义意图。

2010年，布鲁斯·努斯鲍姆（Bruce Nussbaum ）在他的《快速公司》博客上向设计界提出了一个从未被如此直接提及的问题，即《人道主义设计是新帝国主义吗?》这篇文章中，他对人道主义设计项目的伦理观提出了挑衅的问题，比如“H项目”、印度的“聪明人基金水资源项目”和“每个孩子一台笔记本电脑”项目：“设计师是新的人类学家还是传教士？他们来这里是为了深入乡村生活，了解乡村生活，并使之变得更好——以他们的现代方式来改变吗?”（Nussbaum 2010a：1）。对此，设计界的不同领域迅速作出了反应，比如“H项目”的艾米莉·皮洛顿（Emily Pilloton 2010）认为努斯鲍姆的文章过于简化他们对社区做的实际工作。唯一一位在《设计观察》（2010年编辑版）杂志上发表了非西方言论的评论员尼蒂·布汉提醒来自经合组织的人们的文章，换句话说，相互尊重、互惠互利、政治历史与现实并没有在所提出的问题中得到承认。怎么可能不是这样？创新的创造者是谁？创新的潜在价值是什么？创新的受益者是谁？这些都是设计创新作为创新话语的子集需要回答的问题。努斯鲍姆的两篇后续文章在一定程度上揭示了这些问题。第一篇通过探究社会部门设计创新的潜在价值和真正受益者，提出了人道主义设计的“意外后果”（Nussbaum 2010b）。第二篇通过展示人道主义设计师如何与当地精英建立关系来挑衅地开启了关于创新的起源的话题

(Nussbaum 2010c)。这种对当地精英的关注很重要，因为决定设计创新是殖民主义还是帝国主义的代名词的人正是他们，而不是来自经合组织国家的精英。他们是怎么说的？他们对设计创新有什么看法？

令人惊讶的是，在主要的设计学术期刊上，例如《设计问题》(*Design Issues*)和《设计研究》(*Design Studies*)，亚洲、非洲、中东或拉丁美洲的学者对设计与帝国主义或殖民主义的讨论有限。对帝国主义和殖民主义的主要批判是由澳大利亚（Fry 1989）和南非前殖民地周边的高加索学者（Van Eaden 2004）撰写的。例外情况出现在1989年的《设计问题》特刊"亚洲和澳大利亚的设计"中，这期有王受之（1989）谈现代中国设计的文章以及拉杰什瓦里·高斯（Rajeshwari Ghose 1989）以印度为焦点谈亚洲的设计和发展的文章。高斯的文章特别概述了对设计和开发的意识形态偏见的批判，这些偏见是如何对印度民族和人民进行分类、代表、建模和评估的。她写道：

> 设计和发展这两个术语都带有第一世界的联想、抱负和辩论的所有意识形态基础，因此二者在大多数亚洲语言传统中都没有天然的对等物也就不足为奇了。这一认识，以及最近从意识形态/文化以及实用主义观点上对这一认识所产生的深刻不满，导致了近年来亚洲的有思想的设计师进行了一些非常严肃的自我反省。(1989：39)

在学术期刊之外，我们还可以从印度的阿尔温德·罗达亚（Arvind Lodaya）、M. P. 兰詹（M.P. Ranjan）和尼蒂·班（Niti Bhan）、南非的拉维·奈杜（Ravi Naidoo）、巴西的阿德利亚·博尔赫斯（Adelia Borges）和中国的梁町（Benny Ding Leong）等设计学者和实践者的博客和会议报告中找到对设计和发展的强烈批评。在设计与创新的霸权话语方面，他们的批判观点与反对人类学的观点相似：

- 将传统工艺与现代设计区分开来，不包括第三世界人民（以及他们的盟友，尤其是他们对殖民主义、帝国主义和新殖民主义的反应）

的设计创新的历史和实践（Borges 2007；Ghose 1989；Lodaya 2003；Ranjan和Ranjan 2005）；

- 将设计思维放置于一种全球救赎的渐进叙事框架中，忽视了第三世界人民及其盟友的其他思维方式和认知方式（Leong和Clark 2003；Lodaya 2007）；
- 将欧洲、北美和日本的设计和创新评估为设计创新等级的顶层（Jepchumba 2009；Leong和Clark 2003；Lodaya 2006；Ranjan 2006）；
- 因为许多设计创新都是尚未完全实现的原型，因此产出效用对社区的积极影响有限。

艾迪欧公司（IDEO）和洛克菲勒基金会（Rockefeller Foundation）的“社会影响设计”计划是设计创新如何以帝国主义方式行事的一个引人注目的例子。下一节将简要介绍该项目，以及它如何与前面概述的批判观点相关联。

设计的帝国主义

2008年，洛克菲勒基金会邀请全球设计咨询公司艾迪欧公司（IDEO）探讨“设计以及设计行业如何在社会领域发挥更大的作用”（IDEO and Rockefeller Foundation 2008a：5）。该研究的第一项成果是《社会影响设计指南》（以下简称《指南》）（2008a）和《社会影响设计手册》（2008b）。这两篇文章都试图证明设计思维作为一个以人为本的设计过程如何有助于“社区的转型变化”（IDEO and Rockefeller Foundation 2008a：2）。尽管该倡议侧重于社区，但它在谁产生创新、其基本价值和谁受益的框架方面遵循了创新的霸权范式。

在“社会影响设计”计划中，西方设计公司产生了创新，这使他们处于设计创新过程的顶端。这些文本“适用于任何规模或类型的设计公司”，以指导它们向非政府组织（NGOs）和在社会创新领域（主要在印度和南非）开展业务的初创企业出售服务（IDEO and Rockefeller Foundation 2008a：4）。通过对《社会影响设计指南》的摄影图像、插图和文本的内容分析，我发现西方设计公司被描述为积极代理人，引导、服务、介入、构建整个工作，并为设计过程支付费用和配备人员。然而，印度和非洲的机构被描述为被引导和指导的机构，或者像休假胜地的房东、能力建设的场所、慈善旅游目的地以及项目的支持人员（IDEO and Rockefeller Foundation 2008a）。印度和非洲（更不用说中国、巴西、墨西哥和其他非经合组织国家）的设计公司也不是《指南》的受众，这为什么很重要？高斯讨论了亚洲设计如何被直接关联到"来自第一世界的技术/设计转移问题，以及使新的或正在变化的技术适应不同的经济、社会、文化和政治条件的问题"（1989：32）。通过将非西方的设计公司置于《社会影响设计》的话语之外，IDEO公司文件将西方的设计公司置于一个独特的等级地位，使它们能够指导非西方的机构如何解决问题。这忽略了非西方设计创新的历史。印度和非洲的设计师曾经创造性地应对了他们的社区所面临的挑战，这些挑战往往与帝国主义、殖民主义和新殖民主义进程有关。

在"社会影响设计"计划中，设计思维的价值观源自对全球拯救的渐进叙事。它忽视了根植于工艺实践的非西方思维方式。这些实践的产生早于现代制造技术，但与之共存。《指南》普遍缺乏关于印度人、非洲人、亚洲人、中东人或任何其他非西方知识，仅在末尾处，C. K.普拉哈拉德列出的20多个参考文献和互联网资源中反映了对本土知识的漠视，以及以西方设计思维为主导的方法论取代本土知识的意图（IDEO and Rockefeller Foundation 2008a）。在世界银行研究所的一篇题为"社会创新的设计思维：IDE"的文章中，蒂姆·布朗（Tim Brown）和乔斯林·怀亚特描述了设计思维对社会挑战的具体贡献。

"作为一种方法，设计思维利用了我们所有人都有的但是被更传统的解决问题的实践所忽视的能力……［它］依赖于我们的直觉能力，识别模式的能力，构建具有情感意义和功能的想法的能力，以及用文字或符号以外的媒介表达自己的能力"（2010：30）。布朗和怀亚特（Brown和Wyatt 2010）假设设计思维是解决问题的线性、理性和传统方法的替代品。设计思维被认为是以人为本，通过收集用户需求和通过迭代原型进行协作设计过程的方法来尊重本地知识。然而，后殖民主义和女权主义对西方线性和理性主义思维模式的批判早于IDEO的设计思维，在20世纪60年代早已确立。事实上，设计思维听起来很像20世纪80年代末拉杰什瓦里·高斯（Rajeshwari Ghose）所说的亚洲设计师的任务："这里也是一样，[亚洲]设计师肩负着记录和理解种族和地域文化的双重任务，因为只有迈出这根本性的第一步去理解它们，才能发展视觉交流媒介，才能在一个传统制度正在快速瓦解而工业化的好处尚未开始显现的时代恢复当地的信心。"（1989：40-41）

虽然设计思维代表了西方商业思维的进步，但将设计思维带到那些既有自己的本土思维形式，又批判线性和理性模型的地方，这又意味着什么呢？萨基·马方迪瓦（Saki Mafundiwa）在描述主显节时提出了这个问题，正是主显节启发他创建了津巴布韦维吉特艺术学院（ZIVA）：

> 他们都是在南非洲受训练的设计师——不像我，一个在西方受训练的南非洲人。不久我就意识到，给非洲人强制灌输在欧洲诞生的，作为欧洲经验的产物的设计原则，是不起作用的……非洲人有他们自己的调色板，这些调色板与包豪斯等学派所设计的色彩原则毫无关系。为什么我们要忽略这些呢？全世界的人都想了解这种非洲人的颜色感!由"未受学校教育"的手工艺人编织的挂毯装饰着世界上一些主要的博物馆和私人收藏——这是对非洲裔创作天才的绝妙证明。（Jepchumba 2009：第1节，第10段）

萨基以非洲人的认知方式训练他的非洲学生的努力揭示了，尽管IDEO带有善意，但将设计思维和其他非本地原则带到印度、非洲或中国等地，这种尝试有可能成为另一种形式的文化帝国主义，动摇和破坏来自其他创造性传统所产生的本土方法。最后一点，拉杰什瓦里·高斯做出一项重要的声明："如果设计被认为是一种已经存在了几个世纪的古老活动，而不是一种全新的职业，那么我们对亚洲设计构成的整体理解就开始改变，从那时起，与亚洲设计相关的问题会呈现出不同的形式。"（1989：36）

前面介绍的“社会影响设计”计划中，创新的主要受益者是参与其中的公司和个人以及整个社会，然而缺乏可持续的设计原型的实施则限制了社区成为受益者。正如《指南》中概述的，每种战略方法都是根据“对公司的利益”和“社会影响”进行评估的（IDEO and Rockefeller Foundation 2008a：41）。通过列出每种策略（对公司）有效时发生了什么，利弊是什么，清楚地阐述了公司的利益。尽管他们将社会影响定义为“这种类型的工作对社区和个人产生积极的社会变化的能力”，但它只是一个抽象的表达，没有描述这种社会影响可能是什么（IDEO and Rockefeller Foundation 2008a：41）。更重要的是，“社会影响设计”计划明确寻求将慈善基金会和当地非政府组织的资源转移到西方设计公司。这使得计划与当地设计公司直接竞争，其程度意味着，尽管其意图可能是好的，但其结果可能是帝国主义的。它类似于琳达·史密斯（Linda Smith）所说的帝国主义进程新浪潮，“进入时前兜装着善意，后兜拥有了专利”（1999：24）。因此，IDEO的“社会影响设计”计划表明，即使是一个善意的设计创新项目，也可能牵涉到帝国主义的持续实践。虽然IDEO是一个代表善意的以人为本的设计过程的好公司，但它没有尊重它意图帮助的社区的价值体系。设计人类学是作为一种方法论被提出的，它将人类学和设计创新重构为文化参与的去殖民化实践。

设计人类学：一种去殖民化的方法论

在过去的7年里，我把设计人类学作为一个领域进行定义、推广和教授，该领域旨在了解设计的过程和工件如何帮助定义什么是人类，以及关注设计如何将价值转换为有形的体验（Tunstall 2006；2007；2008 a，b）。我提出设计人类学作为一种方法论而不是方法，因为对我来说，规范设计和人类学学科的原则和规则，以避免迫在眉睫的新殖民主义和帝国主义。去殖民化，我指的是“自治或独立”的状态（Dictionary.com）。因此，我所说的去殖民化方法论是一套不受过去5个世纪殖民主义和帝国主义偏见影响的方法、原则和规则，有助于那些曾经被殖民的人的自定义和自决。我想说的是，设计人类学有很大的潜力成为一种去殖民化的方法论来处理社会问题。

当然，这并不是设计人类学的唯一定义。斯皮尔斯施耐德（Sperschneider）、克亚斯高（Kjaersgaard）和彼得森（Peterson）将它定义为一种“改造现有事物，让它变得有意义”的综合能力（2001：1）。阿伯丁大学的科学硕士（设计人类学）项目将其定义为“一个新奇而令人兴奋的界面，在这里，对可能的未来的推想与对人类生活和认知方式的比较研究相结合”（Leach 2011：第1部分）。约阿希姆·哈尔瑟认为设计人类学是一种挑衅，“它从设计文化的角度描述了使用的文化”（2008：31）。葆拉·格雷（Paula Gray）将其定义为“面向消费者和企业的新产品、新服务和新系统的民族志意义上的设计”（2010：1）。我对设计人类学的定义与其他定义有两个不同之处。首先，我的定义不仅仅是将人类学理论和方法应用于更好地设计产品、服务和系统。正如我在其他地方说过的，当参与的伦理观受到质疑时，“它带来停止设计过程的可能性”（Tunstall 2008a：28）。第二，“设计人类学的成果包括提供对人性以及设计沟通、产品和体验的更深层次的理解”（Tunstall 2008b：第1部分，第2段）我对设计人类学的定义来自核心的理论视角——“第三世界人民及其盟友”的、原住民的和斯堪的纳维亚合作/参与式设计传统的批判人类学，以及原住民的、批判的、女权主义的、本体论的和现象学的知识传统。在接下来的几节中，我将讨论这种特殊的方法论定位如何影响设计人类学的原则。

价值体系和文化的去殖民化理解原则

在为《奥多比智库》（*Adobe Think Tank*）撰写的一篇文章中，我认为“设计人类学并不单独强调价值观、设计或经验，它们分属哲学、设计学术研究和心理学三个领域。相反，设计人类学关注的是三者之间相互联系的线索，需要混合实践”（Tunstall 2008b：第5部分，第2段）。我提出了设计人类学是方法论，它坚持一套关于如何理解和积极影响：①人类价值体系；②使价值体系具体化的设计过程和产物；③在权力关系不平等的条件下，将人们的经历与他们所偏好的价值观相一致。弗雷德里克·巴思（Fredrik Barth）一直批评人类学家在没有创造“明确的价值观理论和分析”的情况下如何使用价值观这个术语（1993：31）。我在解释设计人类学时使用了价值观一词，因为它突出了人类学家在与设计产业的交往中所带来的不同视角（Tunstall 2006），并阐明了去殖民化进程中决定成败的问题（Smith 1999：74）。E-Lab和Sapient公司的玛丽亚·贝扎伊提斯（Maria Bezaitis）和里克·罗宾逊（RickRobinson 2011）在他们编写的《设计人类学：21世纪的客体文化》（*Design Anthropology*：*Object Culture in the 21st Century*）一书中指出，用户研究需要回到对价值观的强调上，而不是仅仅被视为对产业有价值。因此，贝扎伊提斯和罗宾逊对比了大卫·格雷伯（David Graeber）提到的三种谈论价值观的方式中的两种。他们提倡格雷伯所描述的社会学意义上的价值观，即“人类生活中归根结底是好的、适当的或可取的东西”（Graeber 2001：2），而不是经济学意义上的衡量标准。我发现人类学在设计中最强大的作用是，它揭示了人们在力图创造生活意义并将其传递给后代的过程中进行的价值体系的斗争。在这一点上，我赞同巴思的观点，即研究价值本身并不是“一种有效的策略……但是（作为社会行动的一部分）把我们的注意力引向集体机构和表现形式与个人行为相联系的领域”（1993：44）。托恩·奥特（Ton Otto 2006）关于价值观和规范的工作就是一个例子。关于价值观的斗争影响着人们的身份，它也直接影响着他们将这些价值观传递给后代的能力。集体创造意义并传递给后代可以被称之为文化。设计人类学作为一种去殖民化的方法论，借鉴了价值体系的概念。价值体系可以通过共识成为文化，并传播到未来。古巴人类学家费尔南多·奥尔蒂斯（Fernando Ortiz）的跨文化理论表达了这一概念：

> 我认为“文化嫁接”（transculturation）一词很好地表达了从一种文化向另一种文化过渡的不同阶段，因为它不仅仅包括获得另一种文化（文化适应）……但这一过程也必然包括先前文化的丧失或根除……它承载着新文化现象（新文化适应）的思想。（1995［1945］：102–103）

跨文化理论帮助定义了我认为在涉及理解和对价值体系产生积极影响时，最终应该指导设计人类学实践的七个关键原则中的三个原则：

- 价值体系和文化必须被认为是动态的，而不是静态的。每一代人都经历着与构成其价值体系和文化的要素达成协议的过程。
- 人们需要认识到价值体系和文化之间的相互借鉴，并设法减轻或消除这种借鉴产生的不平等情况。
- 人们必须同时看到，在一群人重新组合价值体系和文化的过程中，获得、失去和创造的东西是什么。

坚持这三个原则可以处理法耶·哈里森（Faye Harrison）描述的通过“揭开霸权意识形态的神秘面纱并创造/共同创造对世界上被剥夺和被压迫的人来说有用的和可能带来解放的知识形式”开展的去殖民化人类学项目（2010：8）。我正在从事的“原住民智能艺术”（The Aboriginal Smart Art）项目就是这些原则付诸实践的一个例子。

原住民智能艺术项目

2011年，雅玛特吉原住民文化团体（Yamatji Aboriginal cultural group）的科林·麦金农·多德（Colin McKinnon Dodd）和原住民艺术家发展基金（AADF）的创始人邀请我组织一个项目，这个项目将使用技术来支持澳大利亚原住民艺术。库利遗产信托基金（he Koorie Heritage Trust）是维多利亚州最出色的原住民机构，它同意与AADF和斯文本科技大学（Swinburne University）开展合作项目，聚焦于如何利用属于澳大利亚原住民文化的原住民知识来创建维多利亚原住民艺术品市场的社会、技术和业务创新，增加澳大利亚原住民艺术制造的整体可持续发展的社区。该项目于2012年5月完成了三个阶段中的第一个阶段，重点研究文化价值和协同设计创新场景。随后是执行阶段，然后是推出和评价阶段。项目的主要目的是通过接受澳大利亚原住民文化的动态特征，体现设计人类学的第一原则。琳内特·拉塞尔（Lynnette Russell 2001）在她的《野蛮的想象》一书中讨论了澳大利亚主流社会是如何将原住民文化构建成一个僵化的、位于久远的过去的文化，因此这个文化如果涉及现代性，就显得不真实。原住民智能艺术（ASA）项目将文化多样性和混杂性作为原住民文化动态本质的一部分。澳大利亚原住民讲故事和他们的梦幻时光（换句话说，传说引导着过去和现在所有事物之间的相互联系）的当代生活价值观，并没有被视为对现代技术的诅咒。ASA项目利用了不断增长的关于原住民社区和数字技术的文献。这些文献表明，在原住民文化中，代际间对技术的反应存在巨大的差异（McCallum和Papandrea 2009；Samaras 2005；Verran和Christie 2007）。以2010年AIATSIS“信息技术和原住民社区”研讨会为例，原住民社区越来越多地使用信息和通信技术来支持：①文化测绘、管理和存档；②文化创新、传播、交流；③语言复兴（AIATSIS 2010）。ASA项目将这些数字实践延伸到原住民艺术市场，也体现了设计人类学的第二个原则。

原住民社区对数字技术的借用，以及原住民艺术市场上的商人、买家和观众对原住民视觉表现的借用，代表了在不平等的环境下文化和价值观的相互借用。ASA项目面临的主要挑战是原住民艺术品的商品化和对原住民艺术家的剥削。套用人类学家阿尔琼·阿帕杜莱（Arjun Appadurai 2005：34）的说法，我将商品化理解为一个过程，在这个物品交换的过程中，社会纽带和群体的形成微乎其微。媒体对肆无忌惮的经纪人、交易商和画廊老板继续剥削原住民艺术家的报道，促成2007年《原住民艺术规范》的制定。然而，原住民艺术市场的剥削仍在继续，其表现为艺术品被视为出售对象，与艺术家、他们的家庭、社区和土地毫无关联。ASA项目力图透过协作设计创新科技、商业与服务模式，将故事融入原住民艺术作品中，以消除对原住民艺术家的剥削与商品化。当人们通过了解艺术作品对艺术家和他们的社区的更深层次的意义而建立了深厚的联系时，他们不太可能再剥削他人。如果一幅画对下一代人还带有故事和仪式，艺术家们也不太可能在路边出售。该项目试图利用原住民讲故事的价值观，通过将这些价值观主流化，改变市场的商业模式，来减少原住民艺术家参与西方艺术市场的不平等状况。

“原住民智能艺术”项目透过原住民艺术中嵌入的故事，来检视得到、失去、创新，以体现设计人类学的第三条原则。通过对艺术家、艺术协调员、画廊老板、批发商和技术专家的采访，ASA团队的研究人员、学生和客户合作伙伴了解到了很多关于原住民社区的收入损失，包括讲故事在内的文化传统的损失，以及原住民艺术家和他们的社区由于帝国主义的延续而被剥削所导致的身份损失。团队了解到，在使用这些技术来记录艺术创作的过程中，社区认为他们必须或不必获得一些信息，以及城市艺术家和农村艺术家具有不同之处。然而，通过将原住民讲故事的价值观和西方的技术价值观结合在一起，团队了解到什么是可以创造的新东西。这种结合通过三个设计概念和相关的商业模型和技术需求来表现。身份概念（ID concept）（见图32）表明学生们理解社区是鉴定原住民艺术家在艺术和故事中使用特定图案的第一个点。学生们探索了原住民社区现有的技术，如智能手机如何捕捉他们艺术和故事制作过程，并将其存储在一个通用数据库中，并通过RFID芯片和GPS图像跟踪嵌入艺术品本身。在销售点，观众和买家可以通过智能手机应用程序了解故事。

去殖民化设计创新原则

《设计人类学的设计》的理论源自设计理论和设计实践两个方面。首先是本土/第三世界学者/实践者如印度M.P. 兰詹（M. P. Ranjan）、津巴布韦的萨基·马夫恩迪柯瓦（Saki Mafundikwa）和夏威夷本土的赫尔曼·派艾吉亚·克拉克（Herman Pi’ikea Clark）等的作品中体现的设计思维。M.P. 兰詹明确表达了设计人类学试图直接表达的设计观点：

> 我们提议，设计行动考虑社会结构及其宏观的愿望，以他们的历史和文化偏好作为起点，从这里构建包括元系统，基础设施，硬件，软件和工艺制品在内的产品，服务和系统富有想象力的方法，以确保完全符合特定情境下的情况和需求。（2011：第1部分，第4段）

这些学者和其他第三世界的学者所提倡的方法，通过展示这些社区悠久的制造历史，为把设计视为一种现代西方现象的分类和表述提供了替代方法。这为设计人类学提供了另一个原则：

人们应该努力消除艺术、工艺和设计之间的错误区别，以便更好地认识到所有具有重要文化意义的制造形式，人们通过这种方式使价值体系对自己和他人切实可见。

设计思考和实践的第二个领域是北欧合作参与式设计（Bødker，Ehn，Sjögren和Sundblad 2000；Buur和Bagger 1999）。如伯德克尔等人所述，1980年代“乌托邦”项目的结果宣告设计人类学的重点是“进行积极的设计活动。例如组织工具箱、使用模型和原型作为终端用户参与设计的一种方式”（2000：3）。雅各布·布乌尔的SPIRE研究小组的工作提出了这些概念，以定义参与式创新的实践。它为设计人类学提供的原则是：

研究人员和设计师应该创造出一种过程，使相互尊重的对话和关系互动成为可能，这样每个人都能平等地为设计过程贡献自己的专业知识，而这些贡献也会得到适当的认可和回报。

这两个原则可以解释为确保过程包含设计概念、原型和实现的形成，这样设计的好处就是设计产生并结束于相关的群体，特别是最脆弱的群体成员。在这里，ASA项目再次证明了这一点。

ASA项目试图将原住民视觉文化的价值观，也就是讲故事的方式，融入设计项目中，打破艺术、设计与工艺（设计人类学的第四条原则）之间的界限。赫尔曼·派艾吉亚·克拉克（Herman Pi’ikea Clark）表示，通过创建艺术的概念，“世界上没有其他前工业社会或文化像西欧社会那样，为审美对象建立了一个独立的类别”（2006：3）。ASA项目虽然仍在使用“艺术”这个术语，但它试图将美学对象转换回克拉克所描述的它们所扮演的前工业时代的角色，即在探索和构建知识的过程中的存储器、传送器和载体（2006：4）。根据设计人类学的第五项原则，该项目的两个演示和场景协同设计工作坊创建了包容的互动论坛，原住民艺术家、艺术协调员、艺术收藏家、商业、技术和设计专家可以在其中贡献他们的知识，为"原住民智能艺术"过程如何运行提供多个场景。在案头研究的期中报告中，研究小组使用了在便利贴和横幅海报上书写的方法，以促进进一步研究方向的讨论，并为情景规划提供信息。场景映射和评估工作坊向学生团队、参与的客户和技术专家展示了项目挑战的解决方案是多么复杂和多样化。在最后的学期报告中，包括原住民艺术家在内的参与者帮助选择了三个概念中的哪一个概念将在项目的第二阶段继续发展。这样的选择过程将贯穿整个项目的第二和第三阶段。

对经历的去殖民化尊重原则

正如我所定义的，设计人类学直接来自我作为一名非裔美国女性的经历。我接受过批判人类学的训练，并将这些知识应用到专业设计和设计教育的环境中。批判人类学道出了西方殖民主义和帝国主义暴行的核心，主要是对他人经历的不敬和漠视。设计人类学通过将社会影响的问题领域重新定义为帝国主义的价值体系，对第三世界学者、原住民学者、第二次和第三次浪潮的女权主义者所阐述的地位和权力进行批判。由此产生的设计人类学原则是：

项目应该使用设计过程和产物来实现群体合作，以改变对弱势群体、占主导地位的群体及其扩展环境的整体福祉有害的霸权价值体系。

最后，设计人类学要求从单一的同情升华到悲悯的行动。在国际平面设计协会联合会（ICOGRADA）设计教育宣言十周年的一篇文章中，我将理查德·森奈特（Richard Sennett 2003）对尊重的定义与赫伯特·西门（Herbert Simon 1969）对设计的定义相结合，提出了尊重设计的定义"根据所有人、动物、矿物、动植物的内在价值，制定优先行动方针，并以尊严和尊重对待它们”（Tunstall 2011：133）。接受一切事物的内在价值，并以尊严和尊重对待它们，这是同情心的特征，这是一种比设计思维所倡导的移情的共同感受更高的美德。设计人类学的最终原则是让学生、学者和实践者都具有同情心：

> 任何设计人类学项目成功的最终标准都是在项目参与者之间创造同情心的条件，并与他们更广阔的环境相协调。

这似乎是乌托邦式的，但它确保了设计人类学将其目的理解为精神体系的一部分，而不仅仅是经济和社会体系的一部分。最后两个原则要求设计人类学的实践有更长的时间框架和更大的范围，以便建立案例研究。然而当我在世界各地发表演讲时，我发现在设计创新和人类学的终极目标方面，已经发生了与这些观点密切相关的转变。因此，我预计只要5年左右的时间我们就会有这些明确的案例研究。

结论

通过提出设计人类学作为一种去殖民化的方法论，我回到我和法耶·哈里森一起开始的地方。我们倡导将设计人类学的两个母领域从“全球不平等和非人性化的主流力量中解放出来，并将它坚定地定位在为真正的转变而进行的复杂斗争中”（2010：10）。设计创新和人类学可以为对抗全球不平等做出许多贡献，但首先，它应该坚持尊重他人价值观的明确原则，坚持通过包容性的协同设计过程将它们表达出来，以及坚持从最弱势群体的角度出发来评估它们对人们经历的影响。设计人类学的7个原则可以帮助评估人们的文化互动，以确保他们避免在人类学和设计创新理论和实践中，都受到批评的4种帝国主义的结果。在确立了这些原则之后，我试图通过我的项目以及我的同事和学生的项目，将重点放在设计人类学作为一种去殖民化方法论的实施上。我现在需要的是明确的案例研究，这些案例将证明创造同情心的条件是任何设计人类学参与的真正目标。

参考文献

AIATSIS (2010), *Program of 2010 Information Technologies and Indigenous Communities Research Symposium* , AIATSIS, Canberra, July 13–16. Available at: www.aiatsis.gov.au/research/docs/iticPrelimProg.pdf. Accessed June 10, 2012.

Appadurai, A. (2005), " Commodities and the Politics of Value," in M. M. Ertman and J. C. Williams (eds.), *Rethinking Commodification: Cases and Readings in Law and Culture* , New York: New York University Press, 34–44.

Asad, T. (ed.) (1973), *Anthropology and the Colonial Encounter*, Ithaca, NY: Ithaca Press.

Barth, F. (1993), "Are Values Real? The Enigma of Naturalism in the Anthropological Imputation of Values," in M. Hechter, L. Nadel, and R. Michod (eds.), *The Origin of Values* , Hawthorn, NY: Aldine de Gruyter, 31–46.

Bezaitis, M., and Robinson, R. (2011), " Valuable to Values: How ' User Research' Ought to Change," in A. Clarke (ed.), *Design Anthropology: Object Culture in the 21st Century* , New York: Springer Wien, 184–201.

Blakey, M. (2010), "Man, Nature, White and Other," in F. Harrison (ed.), *Decolonizing Anthropology* , 3rd edition, Arlington, VA: Association for Black Anthropologists, American Anthropological Association, 16–24.

Bødker, S., Ehn, P., Sjögren, D., and Sundblad, Y. (2000), *Co-operative Design: Perspectives on 20 Years with 'the Scandinavian Design Model*, Stockholm, Sweden: Centre for User Oriented IT Design (CID). Available at: http://cid.nada.kth.se/pdf/cid_104.pdf. Accessed May 6, 2012.

Borges, A. (2007), *Design for a World of Solidarity* . Available at: www.adeliaborges.com/wp-content/uploads/2011/02/12–17–2007-forming-ideas-designsolidario1.pdf. Accessed May 10, 2012.

Brown, T., and Ulijn, J. (2004), *Innovation, Entrepreneurship and Culture: The*

Interaction between Technology, Progress, and Economic Growth, Chelten- ham, UK: Edward Elgar Publishing.

Brown, T., and Wyatt, J. (2010), "Design Thinking for Social Innovation: IDE," World Bank Institute, beta , July 12. Available at: http://wbi.worldbank.org/ wbi/devoutreach/ article/366/design-thinking-social-innovation-ideo. Accessed March 27, 2011.

Buur, J., and Bagger, K. (1999), "Replacing Usability with User Dialogue," *Communications of the ACM* , 42(5): 63–66.

Clark, H. P. (2006), "E Kûkulu Kauhale O Limaloa: Kanaka Maoli Education through Visual Studies," Paper presented at the Imaginative Education Research Symposium, Vancouver, BC. Available at: www.ierg.net/confs/ viewabstract.php?id=254&cf=3. Accessed October 6, 2012.

Deloria Jr., V. (1988 [1969]), *Custer Died for Your Sins: An Indian Manifesto*, Oklahoma City: University of Oklahoma Press.

Editors (2010), "Humanitarian Design vs. Design Imperialism: Debate Summary," *Design Observer/Change Observer*, July 16. Available at: http://changeobserver. designobserver.com/feature/humanitariandesign-vs-design-imperialism-debate-summary/14498/. Accessed March 15, 2011.

Fabian, J. (1983), *Time and the Other: How Anthropology Makes Its Object*, New York: Columbia University Press.

Fry, T. (1989), "A Geography of Power: Design History and Marginality," *Design Issues*, 6(1): 15–30.

Ghose, R. (1989), "Design, Development, Culture, and Cultural Legacies in Asia," *Design Issues* , 6(1): 31–48.

Graeber, D. (2001), *Toward an Anthropological Theory of Value* , New York: Palgrave.

Gray, P. (2010), "Business Anthropology and the Culture of Product Managers," *AIPMM Product Management Library of Knowledge*, August 8. Available at: www. aipmm.com/html/newsletter/archives/000437.php. Accessed May 6, 2012.

Hall, S. (1992), "The West and the Rest," in S. Hall and B. Gielben (eds.), *Formations of Modernity*, Cambridge, UK: Polity Press and Open University, 276–320.
Halse, J. (2008), " Design Anthropology: Borderland Experiments with Participation, Performance and Situated Intervention," PhD dissertation, IT University, Copenhagen.
Harrison, F. (2010), " Anthropology as an Agent of Transformation," in F. Harrison (ed.), *Decolonizing Anthropology: Moving Further toward an Anthropology for Liberation*, third edition, Arlington, VA: Association of Black Anthropologists, American Anthropological Association, 1–14.
IDEO and Rockefeller Foundation (2008a), *Design for Social Impact How-to Guide* , New York, NY: IDEO and Rockefeller Foundation.
IDEO and Rockefeller Foundation (2008b), *Design for Social Impact: Workbook*, New York, NY: IDEO and Rockefeller Foundation.
Jepchumba (2009), "Saki Mafundikwa," *African Digital Art*, September. Avail- able at: www.africandigitalart.com/2009/09/saki-mafundikwa/. Accessed October 6, 2012.
Jostingmeier, B. and Boeddrich, H. J. (eds.) (2005), *Cross-cultural Innovation: Results of the 8th European Conference on Creativity and Innovation* , Wiesbaden, Germany: DUV.
Kohn, M. (2011), " Colonialism," *The Stanford Encyclopedia of Philosophy* , Fall. Available at: http://plato.stanford.edu/archives/fall2011/entries/colonialism/. Accessed October 6, 2012.
Leach, J. (2011), " MSc Design Anthropology," Department of Anthropology, University of Aberdeen. Available at: www.abdn.ac.uk/anthropology/postgrad/MScdesignanthropology.php. Accessed October 6, 2012.
Leong, B. D., and Clark, H. (2003), " Culture-based Knowledge towards New Design Thinking and Practice—A Dialogue," *Design Issues* , 19(3): 48–58.
Light, P. (2008), *The Search for Social Entrepreneurship* , Washington, DC: Brookings Institute Press.
Lodaya, A. (2002), " Reality Check," *Lodaya.Webs.Com* . Available at: http:// lodaya.

webs.com/paper_rchk.htm. Accessed March 29, 2011.

Lodaya, A. (2003), " The Crisis of Traditional Craft in India," *Lodaya.Webs.Com* . Available at: http://lodaya.webs.com/paper_craft.htm. Accessed May 10, 2012.

Lodaya, A. (2006), "Conserving Culture as a Strategy for Sustainability," *Lodaya.Webs.Com* . Available at: http://lodaya.webs.com/paper_ccss.htm. Accessed May 10, 2012.

Lodaya, A. (2007), "Catching up; Letting Go," *Lodaya.Webs.Com* . Available at: http://lodaya.webs.com/paper_culg.htm. Accessed May 10, 2012.

Magda, R.M.R. (2004), *Transmodernidad,* Barcelona: Anthropos. Available at: http://transmoderntheory.blogspot.com/2008/12/globalization-as-transmodern-totality.html. Accessed October 15, 2010.

McCallum, K., and Papandrea, F. (2009), " Community Business: The Internet in Remote Australian Indigenous Communities," *New Media & Society,* 11(7): 1230–1251.

Nussbaum, B. (2010a), " Is Humanitarian Design the New Imperialism?" *Co.Design* , July 7. Available at: www.fastcodesign.com/1661859/is-humanitariandesign-the-new-imperialism. Accessed March 27, 2011.

Nussbaum, B. (2010b), " Do-gooder Design and Imperialism, Round 3: Nussbaum Responds," *Co.Design* , July 13. Available at: www.fastcodesign. com/1661894/do-gooder-design-and-imperialism-round-3-nussbaumresponds. Accessed March 27, 2011.

Nussbaum, B. (2010c), " Should Humanitarians Press on, If Locals Resist?" *Co. Design* , August 3. Available at: www.fastcodesign.com/1662021/nussbaumshould-humanitarians-press-on-if-locals-resist. Accessed March 27, 2011.

OECD and Eurostat (2005), *Oslo Manual: Guidelines for Collected and Interpreting Innovation Data* , 3rd edition, Oslo: OECD.

Ortiz, F. (1995 [1945]), *Cuban Counterpoint: Tobacco and Sugar*, Durham, NC: Duke University Press.

Otto, T. (2006), "Concerns, Norms and Social Action," *Folk* , 46/47: 143–157.

Pilloton, E. (2010), "Are Humanitarian Designers Imperialists? Project H Responds,"

Co.Design , July 12. Available at: www.fastcodesign.com/ 1661885/are-humanitarian-designers-imperialists-project-h-responds. Accessed March 27, 2011.

Ranjan, A., and Ranjan, M. P. (eds.) (2005), *Handmade in India*, New Delhi: National Institute of Design (NID), Ahmedabad, Council of Handicraft Development Corporations (COHANDS), New Delhi Development Commissioner (Handicrafts), New Delhi, and Mapin Publishing Pvt. Ltd.

Ranjan, M. P. (ed.) (2006), " Giving Back to Society: Towards a Post-mining Era," *IDSA Annual Conference* , Austin, TX, September 17–20.

Ranjan, M. P. (2011), " Design for Good Governance: A Call for Change," *Design for India Blog*, August 11. Available at: http://design-for-india.blogspot. com/2011/08/design-for-good-governance-call-for.html. Accessed November 14, 2011.

Restrepo, E., and Escobar, A. (2005), "Other Anthropologies and Anthropology Otherwise: Steps to a World Anthropologies Framework," *Critique of Anthropology* , 25(2): 99–129.

Russell, L. (2001), *Savage Imaginings*, Melbourne: Australian Scholarly Publishing.

Said, E. (1978), *Orientalism* , New York: Vintage Books.

Samaras, K. (2005), "Indigenous Australians and the 'Digital Divide,' " *Libri* , 55: 84–95.

Sennett, R. (2003), *Respect: The Formation of Character in an Age of Inequality* , New York: Norton.

Seyfang, G., and Smith, A. (2007), " Grassroots Innovation for Sustainable Development," *Environmental Politics* , 16(4): 584–603.

Simon, H. (1969), *The Sciences of the Artificial* , Cambridge, MA: MIT Press.

Smith, L. T. (1999), *Decolonizing Methodologies: Research and Indigenous Peoples* , London: Zed Books and Dunedin: University of Otago Press.

Sperschnieder, W., Kjaersgaard, M., and Petersen, G. (2001), "Design Anthropology—When Opposites Attract," First Danish HCI Research Symposium, PB-555, University of Aarhus, SIGCHI Denmark and Human Machine Interaction. Available at: www.daimi.au.dk/PB/555/PB-555. pdf. Accessed October 6, 2012.

Tax, S. (1975), "Action Anthropology," *Current Anthropology,* 16(4) : 514–517.

Tunstall, E. (2006), " The Yin Yang of Ethnographic Praxis in Industry," in Ethnographic Praxis in Industry Conference Proceedings, Portland, OR: National Association for the Practice of Anthropology and Berkeley: University of California Press, 125–137.

Tunstall, E. (2007), " Yin Yang of Design and Anthropology," Unpublished paper presented at NEXT: AIGA 2007 Annual Conference , Denver, CO.

Tunstall, E. (2008a), " Design and Anthropological Theory: Trans-disciplinary Intersections in Ethical Design Praxis," in *Proceedings of the 96th Annual Conference of the College Arts Association* [CD], Dallas, TX: College Arts Association.

Tunstall, E. (2008b) " Design Anthropology: What Does It Mean to Your Design Practice?" *Adobe Design Center Think Tank*, May 13. Available at: www. adobe.com/designcenter/thinktank/tt_tunstall.html. Accessed August 5, 2008.

Tunstall, E. (2011), "Respectful Design: a Proposed Journey of Design Education" in A. Bennett and O. Vulpinari (eds.), ICOGRADA Education Manifesto 2011, Montreal: ICOGRADA.

Uddin, N. (2005), "Facts and Fantasy of Knowledge Retrospective of Ethnography for the Future of Anthropology," *Pakistan Journal of Social Science,* 3(7) : 978–985.

Van Eeden, J. (2004), " The Colonial Gaze: Imperialism, Myths, and South African Popular Culture," *Design Issues* , 20(2): 18–33.

Verran, H., and Christie, M. (2007), " Using/designing Digital Technologies of Representation in Aboriginal Australian Knowledge Practices," *Human Technology* , 3(2): 214–227.

Wang, S. Z. (1989), " Chinese Modern Design: A Retrospective," *Design Issues* , 6(1): 49–78.

Wolf, E. (1982), *Europe and the People without History* , Berkeley: University of California Press.

第14章　结语：民族志和设计，设计中的民族志……借助于设计的民族志

基思·M. 墨菲　乔治·E. 马库斯

在过去的几十年里，人类学家和设计师在合作项目上形成不同类型的伙伴关系已经变得司空见惯。这样做通常是为了提升设计师在创造新事物时所做的工作——关于新事物的定义应该是具有普世意义的——或者是为了将世界改造得至少比以前有所改善。然而，直到最近，才有很多人试图将这种关系正式化，使其成为一个具有凝聚力的领域，拥有为志同道合的实践者社区所共享的共同的知识体系、方法和研究假设。本书的章节为设计人类学这一新兴领域做出了雄心勃勃的、开创性的贡献。单独来看，它们揭示了一系列的方法去构想和实施人类学方法和关注对象与设计的整合，所有这些都是为了创造一些新的东西，一些既能增强其原始来源，又能对其提出严峻挑战的东西。从艾瓦特对设计作出一系列相关实践的深思熟虑的挖掘（在非传统环境中看起来几乎不像设计）到德拉津将设计概念视为社会事实，再到哈勒姆对由解剖学模型设计特征所提供的认知结果的探索，本书的章节提供了一系列在实践和概念层面上建立人类学和设计之间的深层联系的可能性。

然而，尽管这里所表达的方法可能各不相同，但在它们之间仍然编织了一条有约束力的主线，以保持它们作为更广泛的集体努力的完整性。虽然所述项目的具体目标和理论框架各不相同，但人类学和设计的研究人员的一般

构成和工作轨迹有相当大的重叠，至少表面上如此。呈现的许多作品是由人类学家、设计师、工程师、终端用户和其他各种利益相关者组成的团队完成的，他们经常从事一些带有特定身份标签的项目，比如“数字原住民”“身体游戏”“室内气候和生活质量”等，这只是其中的一部分。这些项目的资金往往来自私人行业、政府，或者两者兼而有之。一些明确的结果是该项目存在的保证——即使该结果从开始时在细节上模糊不清。因此，虽然可能没有规范的方式来进行设计人类学研究，但对于设计人类学的基本工作如何安排，似乎存在着某种默契。

设计人类学最核心，同时也持久的特征之一就是直接强调实用性。实际上，民族志方法对于以人文主义形式进行设计的必要性，就是要考虑到设计的事物及其用户居住的文化世界。早期人类学家和设计师之间的合作可以证明，民族志可以为设计提供很多东西（参见Suchman［2011］对她在施乐帕托阿尔托研究中心工作的批判性反思）。在这种参与的主导下，以用户为导向的民族志为设计提供了一种能够接触到现实的各个方面的方法。这些方面通常是设计师无法臆测到的，它们从一系列相关文化实践的实际使用中提取数据，然后作为设计过程中的关键原材料被投入使用。民族志对设计的另一个好处是一种大多数设计师都不习惯的理论参与。我们在这本书中可以看到类似案例，如克拉克在一个关于第二语言学习的项目中使用了戈夫曼的理论，哈尔瑟对设计和人类学交叉点的思辨和想象，加特和英戈尔德呼吁以一种更有希望的方式来协调设计。最后，通过在一种已经成熟的参与式设计导向中，特别是在参与式设计的特定传统中，注入一种更强的人类学对社会性的敏感性，民族志还可以改变设计工作中协作的性质，正如史密斯在博物馆展览设计工作中所展示的那样。

然而，尽管人类学与设计之间的关系已经变得至关重要，但我们不得不注意到，这种关系在历史上基本上是片面的，主要强调人类学对设计的好处，而没有过多考虑设计对人类学的任何潜在贡献。在这种安排中，设计——或者说得更确切一点，设计行为——通常被赋予主体地位，而人类学——通常被简化为它的标志性方法，民族志——被作为整体以目标为本的设计过程中一个重要的，但仍然是补充性的组成部分。换句话说，在大多数情况下，人类学与设计的关系是不对称的，人类学几乎完全服从于设计的需要。从某种意义上说，这种情况与人类学观点在20世纪后期的发展项目中通过民族志的见解发挥的经典作用并无不同，但也有重要的区别。内部评论家至少总是有一种古怪的味道，如果不是颠覆性的味道的话。尽管他以人类学家在发展项目中所扮演的角色进行协作，但通常以实证主义的知识方法和明确的规范性进步思想为主导（Mosse 2011）。然而，在设计项目中，人类学家与那些负责制造物品或解决问题的人一起工作，他们至少有共同的思想和视野，鼓励对社会进行细致入微的、有探索精神的、以人为本的想象，即使通过非常不同的媒体和感官技能（例如，绘画胜于写作；想象胜于倾听）。虽然在某些情况下，对于设计协作中的人类学家来说，一起工作式的交流对话可能更有新奇感。这种情况在经典开发阶段比较少见，在不可预测的头脑风暴时刻尤为常见。但是技术需求、可解决的应用问题和市场需求仍然需要协调。这就是协作本身。人类学家群体仍然是关于协作的元批判民族志的主要受众，大多数参与其中的人类学家往往通过反思，为他们在设计项目中所扮演的角色增加更多的价值。虽然没有人要求人类学家对她所参与的合作作出反思性批判，但作为项目所影响的用户和环境方面的文化专家，她通常会展开反思，以各种方式，正式或非正式地向她的同行作报告，以满足对包括设计项目本身在内的所有社会事物的无限的民族志好奇心。本书收入的哈尔瑟，克拉克和史密斯，以及梅特·季思乐·基耶斯卡德（2011）的几篇最新论文，都有效地证明了这种双重角色（并且捆绑在一起）。这种双重角色源于一位民族志学者参与一个设计项目内的合作，随后她对该设计不断增加批判性民族志视角，而后一个行为本身完全出于自发性的。

本书所呈现充满活力的当代设计人类学最重要的一点是，它们为设计与人类学之间历来不平衡的关系提供了一个非常必要的再平衡，而且它们这样做并没有破坏现有联盟的完整性。看起来，设计确实对人类学有很大的帮助。所有这些章节都以各自的方式表明，人类学家和设计师之间持续的伙伴与合作关系，正在时轻时猛地推动构成人类学事业的一些基本定义。实际上，它的所有方面都存在修订的可能性，其中包括它的概念基础及其运作方式（加特和英戈尔德，德拉津），相遇的政治（汤斯顿），用于处理知识和知识生产的工具（库伯恩），人类学家形成的伙伴关系的种类和特征（沃森和梅特卡夫），以及人类学工作对世界的影响（史密斯）。最令人叹服的是，这些主题并不是孤立存在的：尽管作者可能会特别强调其中的一两个，所有章节也是源于不同的项目框架和背景，但所有主题都贯穿每个章节并产生共鸣。就设计人类学的发展方向和可能性的结构而言，这种趋同性是其最有力的品质之一。

在我们看来，设计和人类学之间最重要的支点是民族志本身。它是居于人类学核心的复杂的参与模式，已经被证明对设计的许多领域都很有用。无论从人类学作为学术领域的意义上来说，还是从人类学作为方法论建构的意义上来说，民族志都是这一领域的必要条件。它是研究人员与其研究对象和调查对象之间的主要接触点，是有意义的研究关系首先形成、转变和受到挑战的地方。民族志开辟了一个转换的空间，生活的材料和实践在这里被普遍地重新构成一种新的、对知识生产有用的能量。可以肯定的是，知识的生产在许多人类学领域中都在进行，但它往往是由民族志时刻隐含的偶发事件所启动和制约的。虽然民族志不局限于从实践、事物、话语、眼神和其他现场工作人员遇到的设计数据中获得的数据，但民族志的推测可能性使其总是以某种方式与它们联系在一起。因为设计本质上是与社会世界缝合在一起，并深植于事物的联系中的（即存在于社会世界中并支撑着社会世界的各种物质的事物之间的联系），因为它就像民族志一样，是一个接触点，一个转换的空间。在我们看来，把两者放在一起，追踪它们的相似和不同之处，是开始探索设计如何帮助重塑人类学的好场所。

这就是我们在加州大学欧文分校的民族志研究中心（Center for Ethnography at the University of California，Irvine）所做的工作。[1] 该中心成立于2005年，

在那10年里，对于如何在复杂的安排中、在新的治理形式中、在以协作和社会影响为主题的组织中建立独立设想和产生实地研究项目的新挑战，人类学家有越来越多，越来越清晰的认识。人类学是如何在这些框架中——无论是课程论文还是更高级的学位论文——产生研究和学术成果的呢？除了对跨学科的旧理解之外，它们如何影响学科权威和计划？设计与人类学的关系一直是思考合作条件的最有成效的场所之一，而合作条件反过来又决定了大量民族志研究所依赖的田野调查的条件。通过将设计作为一种在传统的田野调查概念中来生产当代民族志的一种实验手段、一种技术、特点和形式的来源，可以将民族志的含义看得更加清楚。

在尾声章节剩下的部分，受本书中提出的观点和我们在民族志研究中心的工作的启发，我们想要探索一种新的民族志研究的可能性。它历来随着人类学的学科野心而演变，由设计的洞察力、实践和教学法所塑造。

过去和现在的民族志

民族志田野调查不再是过去的样子（Faubion和Marcus 2009）。民族志学者现在访问的地点与人类学最初作为一门学科出现时不同。即使是人类学家的传统目的地（当然，理想化的），即小规模社会，今天也与全球流动和跨国力量深深交织在一起，这些流动和力量远远超出村庄和区域边界。虽然许多高质量的研究仍然在这样的传统环境中进行，然而，如果没有直接从实地参与观察中获得的各种现象的描述，而期望得到一幅有力的民族志肖像，这是不可能的，是完全站不住脚的。这就解释了田野调查的“田野”的实际构成，它不仅仅是民族志学者到持续调查的地点的旅行。今天，当一个人阅读民族志时，他往往想要在预先设定好的环境、背景和设置中更多地了解调查过程本身在过程中产生的东西，而不是去了解田野调查的主要背景。这就需要介入的空间，积极地为为实验性的、甚至是思辨性的思考以及对概念进行集体化和材料化处理提供场合——换句话说，就是工作室不同形式的工作，是设计师用自己的方法打造的活动。

尽管人们认识到这个领域在过去几十年里经历了巨大而复杂的变化，但是民族志学者现在认为民族志的理所当然的主要研究方法仍然以它们最基本的轮廓存在，基本上没有发生变化。其中大多数最初来自早期田野调查的思想和物质上的特定意外事件。例如，无论在人类学学术圈内部还是外部，通过笔记孜孜不倦地记录日常生活仍然是当代民族志方法论的核心。尽管在造访外国时仔细地记录意外发现的普遍做法远远早于民族志学科的发展，但在19世纪晚期，对于那些对记录先前未知的社会文化现象感兴趣的社会科学家来说，记笔记是最好、最准确的记录形式。弗朗茨·博阿斯（Franz Boas）和他的学生爱德华·萨皮尔（Edward Sapir）在美国倡导的一种做法是通过采访母语人士来精确地记录当地语言，这不仅是出于了解文化和语言多样性的愿望，也是出于挽救许多美洲印第安人群体迅速消失的语言遗产的需要。也许最著名的是，布罗尼斯瓦夫·马林诺夫斯基（Bronislaw Malinowski）对长期参与观察的发展所做的贡献。他的这种参与观察既受到第一次世界大战期间国际政治的推动，也受到他在特罗布里扬群岛提出的研究问题的推动。

除了记笔记、抄写和参与观察之外，还有更多的民族志研究方法，当然，有些是时有时无的，有些是最近才出现的。此外，与更坚定地扎根于学术界的人类学家相比，与设计师和工程师一起工作的人类学家历来更愿意在田野调查中创新新方法，因此，在进行民族志工作的人员的一般背景中，会存在一些显著的差异。尽管如此，当代民族志实践的田野调查的基因这一基本组成部分，自正式的人类学努力开始以来，仍然被广泛共享，而且在很大程度上没有改变。

但正如我们所说，时代已经改变了。大多数民族志学家仍然远离家乡，但也有许多人在自己的社区工作。随着音频和视频技术的进步，录音设备变得更小、更便宜，而且功能极其强大，这反过来又让民族志学者能够获得的新数据的数量是以前难以想象的。不断改进的计算机硬件和软件，使我们能够创新地分析这些数据的方法，不仅可以发现新颖的研究问题，而且可以发现研究问题的新颖类型。与此同时，参与民族志实践的本质已经发生了重大转变，不仅包括许多传统被调查者之外的新合作者，而且还包括一个比民族志先驱们想象的——或者至少选择承认的——更为复杂的道德纠缠网络。我们工作的地点和对象似乎比我们工作的方式变化得更快。这意味着传统的民族志研究形式所处的研究环境与它们当初所产生时的环境大不相同。虽然这绝不是一个致命的缺陷，但在我们看来，它实际上可能会阻碍民族志作为一种与社会现实细节相协调的独特研究方法的持续发展。在人类学具有象征意义的方法专业文化中，存在着一种根深蒂固的保守主义（但相当活跃，而且在很大程度上是自我承认的），它将使创新的速度变得极其缓慢。改变会发生，但它通常来自内部，并通过对现状的微调和小规模调整而展现出来。我们想做的是超越人类学，超越民族志本身，寻找其他发达的思想和实践体系，当其与民族志工作并置或被置于民族志工作内部时，可以帮助我们重新建立民族志学者工作的基本结构，以便更好地与我们现在所处的研究环境的条件相匹配。在我们看来，设计就是这样一种思想和实践体系，这不仅因为设计和人类学之间已经存在着一种工作关系，更具体的原因是民族志作为模式和实践之间以及设计作为模式和实践之间的重叠。在我们看来，设计似乎是民族志研究的一个关键领域，可以批判性地探索，或许还可以将它吸收到自己的探索过程中。

民族志和设计

当谈到设计时，我们意识到我们的方案在很大程度上依赖于许多相关但常常迥然不同的领域的理想化融合。这可能导致调用特定的设计原则和设计实践，但与任何单一设计原则的细节相比，这些原则和实践可能看起来过于抽象，甚至不适用。建筑学、工业设计、平面设计、交互设计、信息建筑学、软件工程、家具设计、城市规划，以及其他几十个以设计为导向的领域都以不同的材料、不同的规模开展工作，学生们在某些方面接受了独特的训练。尽管如此，在这些不同的设计领域中有足够多的共同点来以一种理想化的笼统的形式来讨论设计，既不扭曲设计作为统一的努力的整体性，也不扭曲任何具体的以设计为导向的领域。

从广义上讲，设计实际上与民族志有许多共同的特点。借用加特和英戈尔德（本书）的措辞，两者之间有一个对应关系。当然，它们并不是以不同方式处理的同一件事，甚至也不是同类事物的变体。相反，它们是彼此不完美的类比，以不同的速度穿越重叠的领域，并受到自身动机的驱使。这里是系列的类比案例，一个用来思考民族志对设计实践的吸收或影响的指南。

设计和民族志都是作为产品和过程存在的。“设计”和“民族志”这两个术语在被它们的实践者使用时，都具有双重含义，即同时表示他们所制作的和所做的。例如，设计经常被用来描述世界上的一件事，或者更准确地说是一组属于一个单一范围的事物。我们说“设计是”“设计使得”“设计有”，就好像设计是一个独立的实体，在它的各种不同实例中拥有一致的特质。所以，我们也要讨论民族志。就像设计一样，它也更准确地包括个体的民族志，个体构成更大的整体。在实践中，设计师和民族志学者在他们的工作中精心制作一个设计或一个民族志，通过行动把原则或方法变成有形产品。

与此同时，设计和民族志不仅指的是设计师和民族志学家的作品，而且还指制作这些作品的复杂过程——这些过程几乎完全被他们作品的形式所掩盖。在这两种情况下，这些过程都依赖于一组特定的（或多或少）不可侵犯的，学生一入门就接触到的原则和核心方法。此外，虽然消费者往往关注的是设计和民族志的终端产品，但从业人员明白，设计对象和民族志文本形成的过程和实践是他们工作的必要条件，即使这些过程对于公众在很大程度上是不可见的。

设计和民族志都注重研究。设计和民族志的训练很大程度上是基于培养对过去的了解，其中包括那些以某种方式影响了他们所在领域的前辈的名字和他们的作品——尽管二者的传统都使用一定的方法来缩小对相关范畴的界定。对于二者来说，找出“已经说了什么”和“已经做了什么”不仅对产生创新作品至关重要，而且还标志着对与同行相关的知识体系的熟悉。设计师和民族志学者也被要求对他们周围的世界进行仔细的观察，并对他们观察到的事物进行有目的的记录。这显然是民族志实践的一个核心方面，但设计师也通常从事观察性研究。这类研究通常涉及对新材料和技术的研究，或者其他设计师的作品，或者在某些情况下，正如本书的许多文章所展示的，也涉及人们如何在特定的环境中使用、思考和感受对象事物。因此，我们可能会说，无论设计师还是民族志学者都不会认为周围世界的细微活动是理所当然的，这些活动对他们构思和开展工作很重要。然而，事实上，民族志学者和设计师都经常忽略或错识社会现实的细节，兴许这两个领域的持续合作可以解决这种令人不快的情况。

设计和民族志都渴望以人为本。设计和民族志以不同的方式与社会保持着一种名义上的（如果不总是实质性的）关系。即使对于那些把人——通常是被重新贴上标签的用户——仅仅当作复杂系统的一个组成部分的设计师来说，也难以否认几乎所有的设计都会以某种方式直接或间接地影响和重组人们之间的互动。然而，尽管人对设计和民族志至关重要，这两个领域也常常成为抽象趋势的牺牲品——在设计过程中，在民族志的产品中——常常脱离物质现实，尽管对现实世界的观察看似是不证自明的需要。

设计和民族志都不仅仅是为事物本身服务。尽管设计和民族志在实践中都常常以相对较小的目标运作——创造一把舒适的椅子或解释一个特定的仪式——但是它们总是与更大的、不那么直接的象征性过程相联系，而且它们在这些过程中的位置常常产生一系列不同的、不可预测的结果。例如，设计深深扎根于资本主义的生产体系中，大多数设计师（也许最著名的和精英除外）都专注于创造能够以某种方式销售的设计。这意味着某些成功的概念在设计想象中占有重要的地位，一些设计成功了，而另一些设计却被忽视或遗忘了。衡量这种成功的方法不同——金钱显然占主导地位，但不同的设计领域也以其他形式的象征资本进行物物交换。传统上，民族志并不像设计那样关注成功。虽然一些民族志文本比其他的更有影响力，而且只有一小部分研究得到资助，但成功并不是作为民族志愿景中一个值得注意的方面而加以强调的。相反，诸如伦理纠葛这样的问题更加突出，而民族志产品往往是根据进行伦理研究的普遍标准和群体标准来判断的。我们这里的观点是，这两种情况——设计的成功和民族志的伦理——揭示了设计和民族志从一开始就以不同的方式嵌入超越事物和过程本身的因果语境（consequential contexts）中。

设计和民族志都是自反的；或者，更好的说法是，它们都对自反性持开放态度。自20世纪80年代以来，人类学家开始在他们的民族志田野调查和写作中融入强烈的自反立场。这包括公开承认民族志学家在所描述的事件中所扮演的角色，反思特定方法的局限性，以及在研究框架上通常公开的政治立场。因此，民族志学者花了相当多的时间，不仅描述他们所观察到的，而且描述他们在进行田野调查时做出这种选择的原因。虽然大多数设计领域通常不把自反性作为其核心品质之一，但许多设计师确实花了大量时间谈论、思考和写作他们所做的事情。像《设计研究》和《设计问题》这样的期刊，以及其他许多专业领域的期刊，都投入了大量的精力，从多个角度探索设计（尤其是设计过程），而设计思维的最新趋势是基于对设计的最基本实践的精确识别、重新包装和商品化。可以肯定的是，民族志学者和设计师所参与的自反性是不一样的，它们是以不同的方式实现的。尽管如此，这两个领域至少都显示出一些批判性自我评价的倾向。

在设计和民族志之间还有许多其他的对应点（例如，两者都同时在概念上发生了变化，同时又基于物质现实；两者都沉浸在浪漫主义中），我们在这里不再详细阐述。我们希望我们所提出的几个相似之处至少能开始证明民族志和设计之间的关系并不像人们通常认为的那样是单向的。我们正在通过强调设计和民族志之间的整体家族的相似性来建立一个框架，而不仅仅强调基于有利于设计的民族志特征。我们将它们之间的联系视为动态的，比设计人类学中通常情况下更充分的互惠关系。

但是，为了平衡，我们也应该勾画出民族志和设计之间的一些相关的不同点和分歧。如前所述，设计师和民族志学者在工作中面临着不同的经济偶发事件，这影响了工作的进行方式。他们的伦理纠葛——以及这些纠葛在各自过程中的存在——也有着不同的顺序。设计更注重目标，而民族志则更开放。带着一个特定的结果开始一个项目是大多数设计项目的默认立场，但是对于一个民族志学者来说，这样做会违反一个最基本的基于实地的研究前提。事实上，开展田野调查而不是进行实验室实验的根本原因是要揭示关于真实世界如何运作的未知信息。设计师和民族志学者都做好了充分的准备来完成他们各自的过程，但设计师往往更清楚他们最终会在哪里结束。

描述这种差异的另一种方式是，设计具有更明显的创造性，而民族志具有更明显的纪实性。事实上，正如我们后来讨论的那样，民族志（尤其是它被教授的方式）对大多数创造力都过敏，宁愿坚持自己的经验主义风格。目前还不清楚为什么会出现这种情况，但一种可能的解释是，人们认为制造东西与编造东西惊人地接近，再加上田野调查的性质，这让民族志学者对那些特别吝啬的读者就编造的数据可能提出的批评持开放态度。不管是什么原因，创造力的想法在当代民族志中通常得不到奖励。

在他们理想化的形式中，设计在本质上是更具合作性的，而民族志工作通常是相当孤立的。正如这本书的大部分章节所证明的那样，这种民族志的观点当然不是在所有的情况下都是正确的，而且在实践中，所有种类的民族志田野调查都是在许多方面深度协作的。然而，在学术人类学中，民族志研究项目，尤其是作为论文研究的第一个项目，基本上仍被视为个别民族志学者的专有工作。即使是目前在非学术环境中工作的民族志学者，也很可能在加入一个合作团队之前，就已经制定并实施了他们自己的自主项目。

最后，设计和民族志是建立在不同的教学基础结构上并获其帮助的。设计教育是高度结构化的，通常围绕完成特定的项目来组织，尤其是在学生的毕业设计年。许多设计传统还包括来自教授、外部评论家和同学的大量批评。相比之下，至少在美国的人类学院系中，还没有公认的教授民族志的方法。一些研究生课程要求学生选修多门民族志方法课程，而另一些则不要求。由于这些课程都是以实践为基础的，所以很少有分配给学生的项目与学生的实际研究兴趣或中心项目有效地联系在一起——通常情况下，它们只是一些练习，目的是让学生感觉自己在做结果性的、以问题为导向的田野调查。而有意义的批判在当代民族志训练中几乎是缺乏的。[2]

教学基础结构的另一个显著对比是学习环境和实践环境之间的关系。设计教育通常在工作室环境中进行，这种环境通常配置了正确的设备来支持学生进行设计工作。此外，这些工作室的构建是为了预测学生最终工作的专业工作室类型，从而保持学习环境和实践环境之间的连续流动。同样，在大多数民族志培训中，几乎没有这样的安排。学习民族志和学习做民族志的方法通常遵循传统的研讨会格式，这在许多学科中都很常见。设立研讨室是为了方便讨论和演讲，因此作为研究民族志问题细节的环境，其功能往往很差。

为什么要用设计作为重塑民族志的模板

通过从设计与民族志的对应关系中汲取灵感，并克服它们之间基本差异所引起的摩擦，我们希望利用设计的某些优势来提升或改造民族志教学法与实践。我们的目的很简单，就是拆除民族志老化的框架，把它拆成最基本的元素，然后利用从设计中毫不掩饰地“捡来”的零件和装配技术来重建新事物，以期重建人类学的核心引擎——这样就为人类学仪器的进一步改造留出了空间。只要可以被简化为单一的实体，设计过程通常是以转换为中心的，将“原始的”信息转化（烹饪）为“有用的知识”，引导“简单的想法”突变为“可行的概念”或“可行的设计”，然后成为世界上的“物品”。设计过程本质上由“加工”和“完成”不同材料的工艺组成。设计过程不是以严格和可预测的线性形式展开，而是在活动和行动方式之间不断地来回移动。这些活动和行动方式能够激发创造力，并提供一种很少通过简单讨论而实现的批判性思维。在我们看来，民族志可以受益于设计师处理材料的方式，以及他们为工作带来的创造力。正如哈尔瑟（本书）所指出的，民族志中也有注入更多推测性参与的空间。

这个项目的动机是相信通过设计方法和思维的应用，民族志的各个方面——从研究设计到研究方法、写作和表达等——都可以被前瞻性地、富有成效地重新塑造，以更好地适应当代人类学研究不断变化的偶然性。我们希望通过将设计元素小心地整合到民族志中，为民族志注入新的创造力、新的思维方式、新的合作方式、新的教学技术、新的原材料和新的产出。

这个项目的最终结果还不清楚，但我们有几个雄心勃勃的目标。最普遍的是在传统民族志实践中寻求调整规范与技术实际范围的更新与现代化，使民族志更适应当代世界。尽管仅将设计应用于民族志本身并不能实现这种现代化，但也许可以在他们不断发展的工作关系中的某个地方找到解决方案。这种现代化的一部分包括认识到当代民族志对于许多不同的目的都是有用的，因此它总体上应该更加灵活，以便更好地适应它所伴随的实现。此外，这种整合还可能帮助民族志学者不仅重新构建他们进行田野调查的方式，而且重新构建真正被视为“田野”的东西。只要“田野”存在，就首先被定义为“不在这里”的东西。这甚至可能包括重新配置被调查者在帮助制定、执行和分析田野调查中所扮演的角色。最重要的是，我们希望以这种方式将设计和民族志结合起来，将有助于产生新的、以前无法预见的知识形式。

民族志专家研讨会：民族志参与的实验

为了将这些想法付诸行动，在加州大学欧文分校民族志研究中心的支持下，我们开展了一系列名为“民族志专家研讨会”的持续进行的活动。在设计中，专家研讨会（*charrette*）是一段有组织且高度集中的时间，专门用来进行快速而不保证质量的设计。专家研讨会在建筑设计、工业设计和城市规划等许多设计领域中都很常见。从某种意义上说，一个专家研讨会（可以持续几个小时或几天）是一个长期设计过程的精简版本。它通常是高度协作的，将一组人聚集在一起，在某些情况下涉及用户和其他非设计人员，以解决特定的设计问题，目的是为最初的问题设计一个或多个解决方案。尽管为了最高效地工作，专家研讨会应该在结构和灵活性之间保持良好的平衡，并提供合理的结构来培养专注的创造力，但它还没有一种方法来运行。从某种程度上说，专家研讨会就像一个精心设计的头脑风暴会议，但需要再多一点规则和期望。

民族志专家研讨会（*ethnocharrette*）是根据民族志学者的需要而定制的专家研讨会形式的扩展。发起民族志专家研讨会背后的想法非常简单：如果我们让民族志学者通过设计工作室的流程来运行民族志材料，会发生什么？他们会怎么想？他们会生产什么？在我们最初的活动中，我们决定使用已出版的民族志文本作为我们的刺激材料，以熟悉的文本格式包含的内容作为讨论、思考和转换的基本信息。我们的参与者都是研究生，他们中的大多数人都在攻读人类学博士学位，并且所有人都接受过一定程度的民族志田野调查培训。

我们最初的两次民族志专家研讨会都是一个为期一天的活动，都分为三个阶段，每个阶段持续几个小时，然后是一个讨论期。对于每一个民族志专家研讨会，我们都要求参与者在到达时已经阅读指定的民族志书籍，并准备像在传统研讨会环境中一样讨论它。对于第二次活动（虽然第一次没有），我们在几天前提供了提示，并提供供参与者考虑的挑战清单，包括“重塑或改造民族志——探索未走过的道路，或者它如何可能以不同的方式被激活或重新激活”，以及“将民族志与其他事物并置，以作为从不同角度参与民族志的探索”。

参与者到达之后，3到4人被分为一组，并得到指示。在第一个阶段，参与者被要求将分配的文本分解成他们个人或集体认为值得注意的任何元素，方法是将它们以小的语块的形式写下来，以便于贴在便利贴上，然后贴在白板上。这就产生了一大堆看似草草记下的随机想法、笔记和短语，并随意地排列在全组人面前。这个练习的目的是迫使参与者以一种新的，甚至是不舒服的方式来面对传统的民族志产品，让他们操纵文本来揭示——或者也许是想象——民族志的潜在组成。在这个阶段，参与者被鼓励不要想太多，相反，他们被告知务必把所有的想法都写在墙上，把大大小小的细节都表现得同等重要。这些都是有形的东西，之后可以仔细检查。

如果第一个阶段是关于提取和编纂民族志中呈现的原始信息，第二个阶段则要求参与者开始更认真地进行推测、比较和综合的思考。尽管第一阶段创作的便利贴拼贴是以一种新的、原子化的形式呈现出来，但代表了每一组对民族志的集体理解。这些小组现在被要求在他们的拼贴画中识别出可能形成新的和潜在的意想不到的民族志分类和概念的概念群。我们的期望是，这些分类和概念不会复制已知的内容，而是通过小组讨论的方式出现——而且它们不会（理想情况下，不应该）符合该书作者对项目的设计。我们希望这个实验能让参与者找到他们初次阅读民族志时可能看不到的联系。在这一阶段结束时，参与者被要求选择他们（单独或集体）认为对产生可能的新思考途径有用的集群。

最后一个阶段致力于创新。这些小组被要求使用他们认为有趣且对推测有用的概念群来开发一种新的民族志形式、方法或模式的“快速原型”。他们被告知要相对接近原始材料，但他们的讨论可以朝着他们希望的方向发展。他们的原型不需要以任何方式具体化，也不要求在美学上令人愉悦，但他们必须对民族志材料如何被分析、辩论、收集、展现出深刻的思考，而不仅仅是口头描述。参与者被要求以幻灯片的形式展示他们的原型，并在演示之后进行小组讨论。我们不会在这里花时间讨论这些团体在最初的活动中所产生的具体内容（在互联网上搜索“ethnocharrette”将会找到这个项目的网站，上面有详细的信息），然而，参加这两项活动的小组努力产生了一些非常激动人心的初步想法。如果这些想法在其他论坛上得到发扬和发展，可能会对推进民族志研究产生有趣的影响。

在设计和实施这些最初的民族志专家研讨会时，我们有两个的目标，一个是形成范围更广的概念，另一个是形成教学法。我们曾经并且一直希望，随着时间的推移，这些事件将有助于产生新的民族志形式的种子，推动民族志研究向新的和有用的方向发展。到目前为止，我们已经构思了民族志专家研讨会，我们把参与者聚集在一起，批判性地评估目前在进行的民族志研究中活跃和至关重要的各种民族志形式。我们的首要目标是确定是否可能通过微调或重写这些形式，开发新的实践、概念框架和方法。从一开始，我们就没有期望任何单一的事件会产生一些新的民族志的灵丹妙药。相反，我们研究的想法是把已经建立的民族志文献作为思考民族志的可能性的跳板，或者，如果民族志学的可能性不是显而易见的，那么，至少可以作为在参与者开发自己的民族志项目并准备进入该领域时的参考。毕竟，所有民族志研究的未来将通过其实践者的工作展开。

在此基础上，我们的第二个目标是为我们的学生提供机会，使他们能够以新的、意想不到的方式学习和利用民族志材料。这包括一些传统学习经验的基本扩展，例如，放弃研讨会结构；依靠学生之间的合作；在开放的、可变换的空间中工作。

到目前为止对民族志中的设计的思考……

在我们试图将设计工作室的实践与民族志结合起来的过程中，出现了一些摩擦，其中很多都恰好在我们之前发现的非对应点上出现。这并不奇怪。虽然有从我们如何组织事件的微小实践到更广泛的概念不匹配等诸多原因，但至少有三个方面需要进一步改进。

首先，工作室的技术比民族志学者的工作更明显地以目标为导向。这并不意味着民族志田野调查不是以目标为导向的，而是最终的结果从一开始就没有像设计那样被清晰地定义。设计师（和设计专业的学生）倾向于使用设计简介，即客户（或教授）要求他们制作的最终产品的描述，而且大多数设计工作都是为了获得满足这些描述的结果。简介可能或多或少是具体的，但是无论其详细程度如何，它们都是组织设计过程轨迹的主要工具。因此，没有简介（或类似简介）的设计过程很少会产生任何有价值的东西。虽然简介的限制对于生产特定产品的实践来说是相当有力的，但在许多方面似乎没有必要限制，并且与作为传统研讨会互动基础的思想的自由探索背道而驰。将我们作为民族志学者的目标与设计过程所擅长的目标相结合是向前迈进所面临的重大挑战。与此相关的是设计和民族志之间的第二个不匹配，正如我们所说的，源于这两个学科中创造力的定位和价值的不同方式。很明显，创造力是设计实践的必要组成部分，大多数工作室技术不加批判地假定创造性工作——无论如何定义——是所有设计过程中最基本的组成部分。这在几个方面都与民族志教学尤其是人类学教学，大相径庭。首先，尽管民族志研究中几乎所有的工作都是创造性的——例如设计研究问题、起草拨款申请、安排田野调查、撰写研究结果——但这样的创造性很少被描述或视为创造性，也没有被明确地表述为对民族志的传统有价值。

其次，在更实际的层面上，平凡的设计工作主要与制造东西有关。虽然民族志学者在实践的某些阶段确实会进行创作，但创作方向是完全不同的，并且主要限于文字（在某些情况下为视听）形式。与研讨室或大多数家庭办公室不同，工作室里到处都是设计师用来构思创意的原材料——他们用记号笔和铅笔素描，他们在笔记本电脑上画，他们用泡沫和纸板做原型，与人类学中很少见的不同材料接触。我们可以总结一下，在大多数情况下，工作室技术需要在一个物质和意识形态上都支持并提供创造性项目的基础构架中工作，这种情况与当前大多数民族志训练的状况不相符。

最后，在某些最重要的方面，工作室教学法将批判作为设计教育的必要手段和生成元素，这是当代人类学研究生训练所缺乏的。在工作室实践中可以预期设计思想（或多或少）总是受到来自同行的评估和公开的批评，而在教育背景下的预期则是，想法会受到来自教师的评估和批评。学生们被训练得能够清晰地表达和解释他们在工作中所做的选择，并在他们的导师提供批判性评估时，对可能被视为坏消息的情况作出反应（当他们最终向付费客户做演示时，这是一项非常有用的技能）。事实上，教师在批评中发现学生工作中的问题（以及积极的细节），这是在设计教育中完成大量教学工作的地方。事实上，在这种制度背景下，批评是如此根深蒂固，而且是意料之中的，以至于如果一个学生得不到一些负面评价，很可能会被解读为对她能力的一种攻击。

很明显，这与人类学学术培训中学生和导师所期望的都是相反的。尽管批评在某些私人形式（例如纸质评论）或某些明显阶段（例如口试或论文答辩）中更容易被接受，但在公共场合进行有指导性的、个性化的批评，无论它可能多么有建设性，通常都不再是人类学中首选的教学实践。

结束语

在为设计人类学这一新兴领域丰富、具有参考性的案例文集写结语的时候，我们似乎在欣赏这些作品的同时，也为它做出了另一份贡献。我们的结语，其本质是回顾和预测，而不是一个综合的、程序化的元评论。我们的结语是根据我们自己的实际处境与这一领域进行了进一步的对话，这与每篇论文所表达的富有想象力的愿望有关，这些愿望一部分得到了实现，它们用自己的语言表达了人类学家、设计师以及我们与之互动的所有其他利益相关者之间不断发展的合作状态。对一部作品以及其所反映的工作领域，最合适的结语是“加入”其中，而非沉迷于“元”的追求。正如本书一样，它是对未来事物的期许。

注释

[1] 参见www.ethnography.uci.edu。

[2] 请注意，人类学的教学方式存在民族和地区差异。例如，丹麦的传统比我们更熟悉的美国模式，更注重合作和批评。考虑到这一点，设计人类学在斯堪的纳维亚比在世界其他地方更强烈地涌现就不足为奇了。

参考文献

Anonymous. (1967 [1951]), Notes and Queries on Anthropology , sixth edition, revised and rewritten by a committee of the Royal Anthropological Institute of Great Britain and Ireland, London: Kegan Paul.

Boellstorff, T., Nardi, B., Pearce, C., and Taylor, T. L. (2012), Ethnography and Virtual Worlds: A Handbook of Method, Princeton, NJ: Princeton University Press.

Faubion, J. and Marcus, G. E. (2009), Fieldwork Is Not What It Used to Be: Learning Anthropology's Method in a Time of Transition, Ithaca, NY: Cornell University Press.

Kjaersgaard, M. G. (2011), " Between the Actual and the Potential: The Challenges of Design Anthropology," PhD dissertation, Faculty of Arts, Department of Culture and Society, University of Aarhus.

Mosse, D. (2011), Adventures in Aidland: The Anthropology of Professionals in International Development , London: Berghahn Books.

Rabinow, P., and Marcus, G. E., with Faubion, J.D., and Rees, T. (2008), Designs for an Anthropology of the Contemporary, Durham, NC: Duke Univer sity Press.

Suchman, L. A. (2011), " Anthropological Relocations and the Limits of Design," Annual Review of Anthropology , 40(1): 1–18.

图片说明

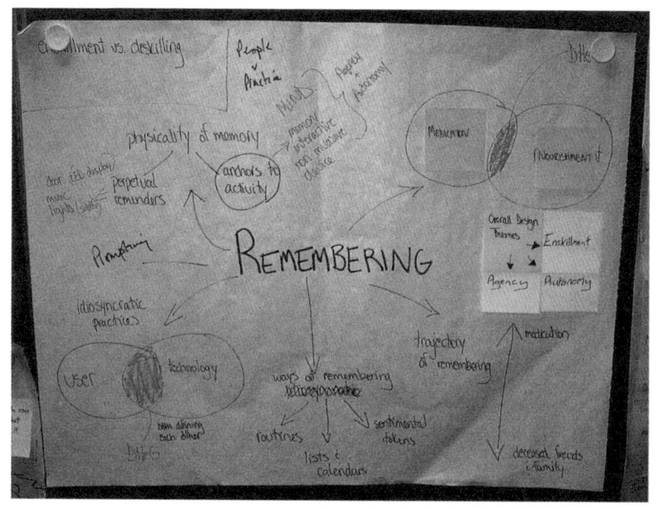

图1　利用纸上的拼贴表现出从民族志的主题观察到概念产生的过程。
资料来源：英特尔健康研究与创新中心。亚当·德拉津拍摄。

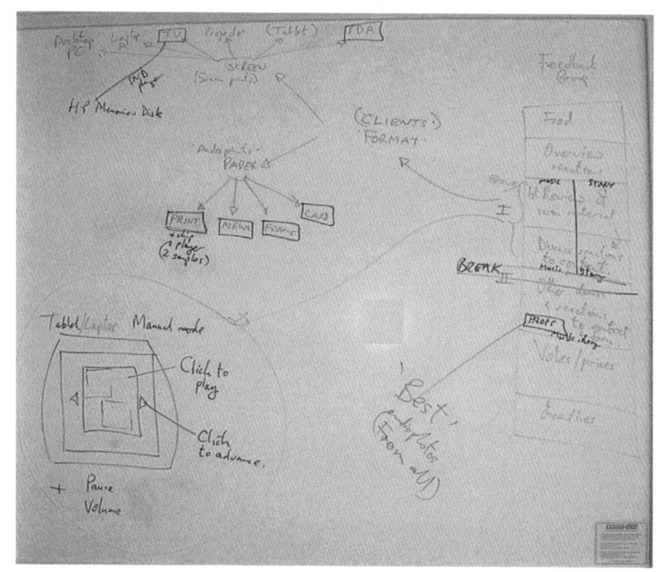

图2　浮现在白板上的概念（左下圈中，箭头从民族志的观察中指向有用的方向）。
资料来源：亚当·德拉津拍摄。

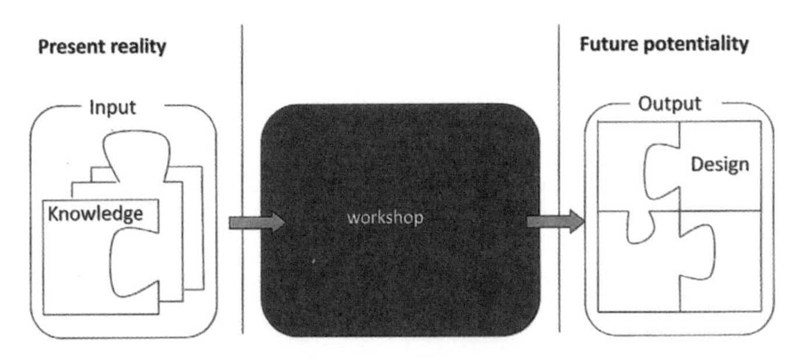

图3 工作坊就像一个黑盒子，不同的知识可以通过它被组装起来，形成未来的设计概念。
资料来源：作者图 ©梅泰·吉斯勒夫·基耶斯卡德2011。

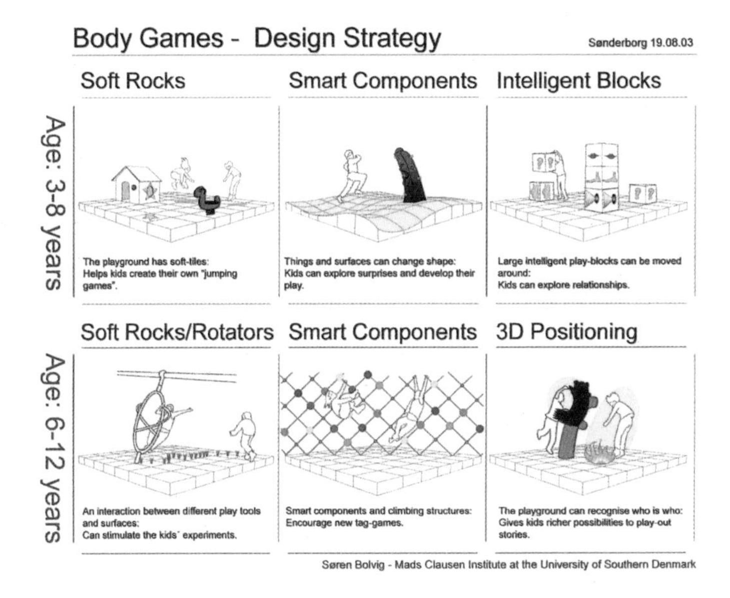

图4 最后一块。
资料来源：作者图 ©梅泰·吉斯勒夫·基耶斯卡德2011。

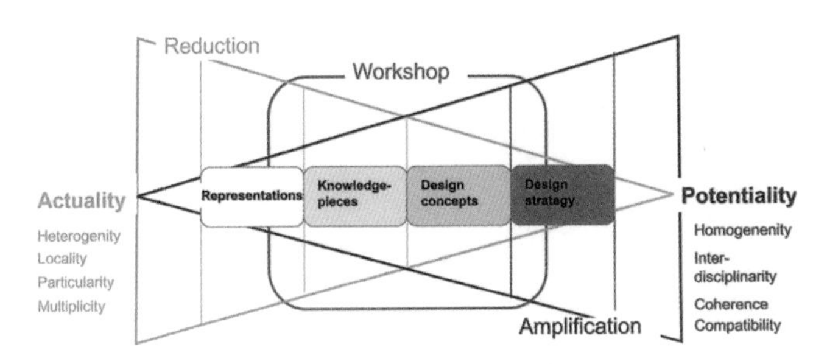

图5 将当前的本地化知识和材料转换为共享的设计概念和未来的策略。
资料来源：作者图 ©梅泰·吉斯勒夫·基耶斯卡德2011。

图6　田野调查拼贴——由初步访问医院消毒中心时收集的照片制成的田野调查拼贴画。这是项目启动会议的灵感来源。

资料来源：凯尔·基尔伯恩。

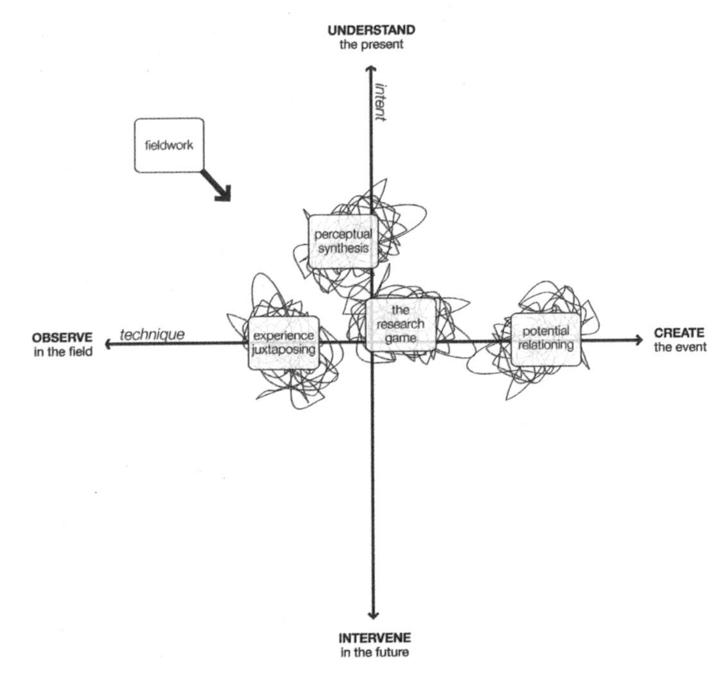

图7 设计人类学的矛盾——绘制我的设计人类学的方法。要依靠工具将领域和活动编织在一起，同时还要了解现在，以介入未来。
资料来源：凯尔·基尔伯恩。

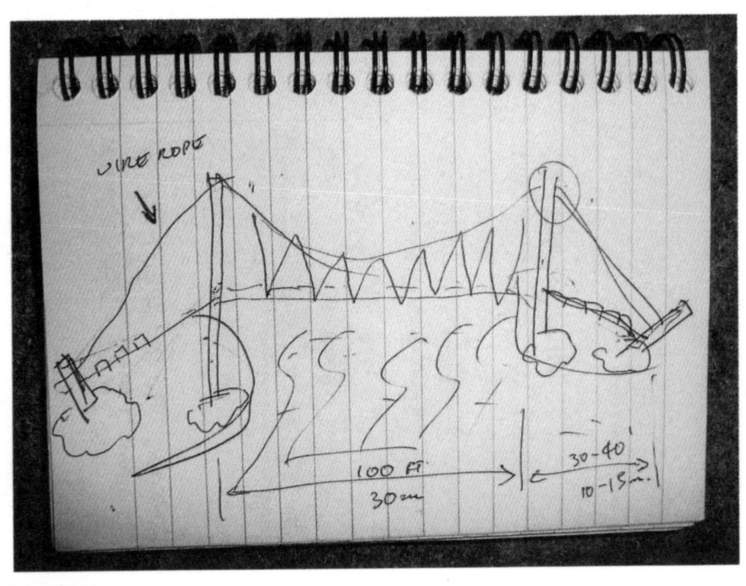

图8 甘南的计划图1。
资料来源：伊恩·尤尔特拍摄。

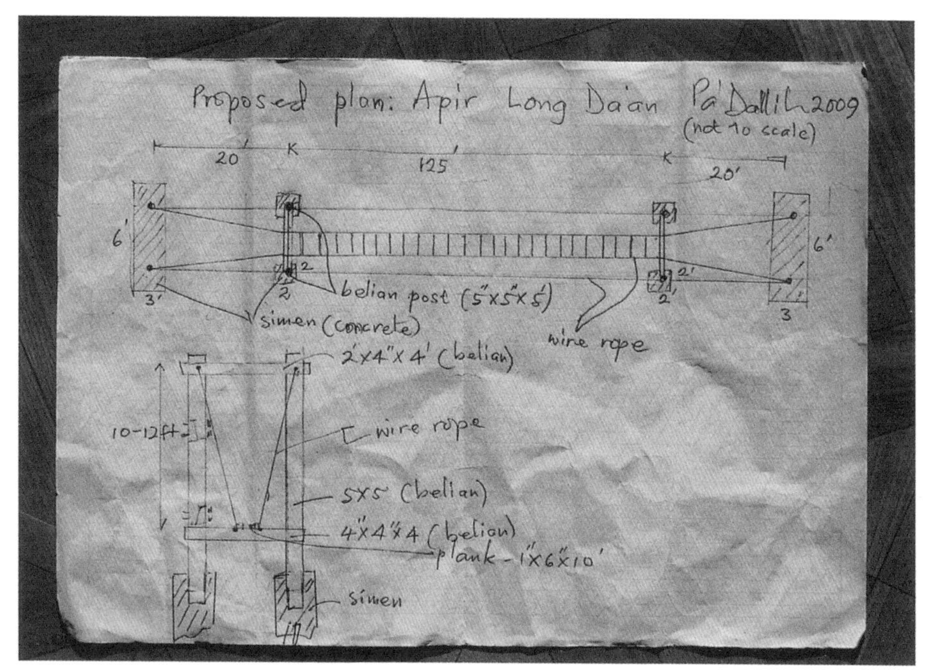

图9　甘南的计划图2。
资料来源：伊恩·尤尔特拍摄。

图10　帕玛达村附近典型的科拉比竹桥。
资料来源：伊恩·尤尔特拍摄。

图11 建成的阿皮尔龙大安悬索桥。
资料来源：伊恩·尤尔特拍摄。

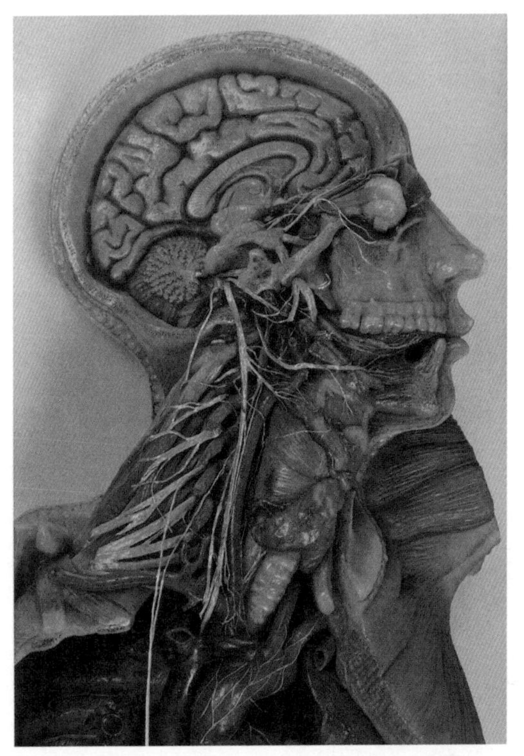

图12 《人体蜡制解剖：头部和躯干模型（男性）》，鲁道夫·威斯克博士作品，莱比锡，1879年。收藏于阿伯丁大学医学和牙科学院解剖实验室的历史模型。这张照片显示了头部和颈部神经的蜡包线建模。
资料来源：约翰·麦金托什摄于2005年。

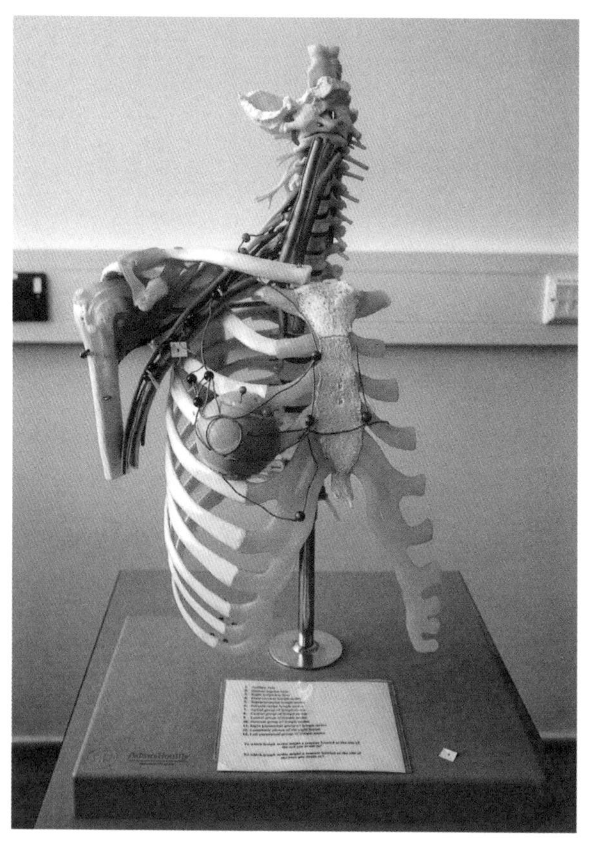

图13　阿伯丁大学医学和牙科学院解剖实验室的乳腺淋巴管的金属丝模型。这个特制模型是在“P081带肩胛带颈椎柱”（包括彩色塑料股的臂神经丛）表面建模的。模型来自Adam Rouilly公司的SOMSO®商业模型。
资料来源：伊丽莎白·哈勒姆摄于2010年。

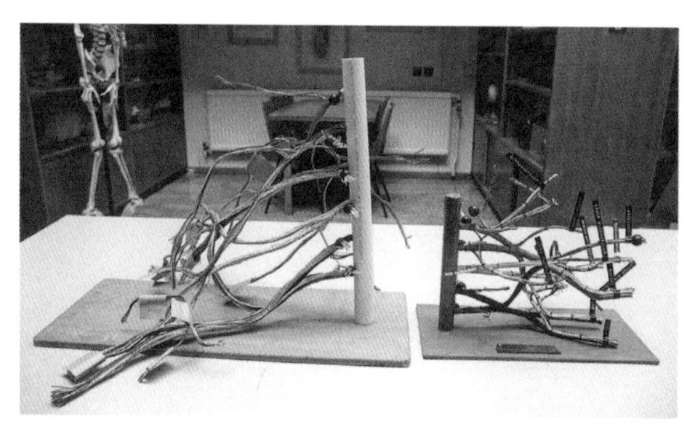

图14　阿伯丁大学马里斯卡尔学院解剖博物馆的特制臂丛神经模型（在解剖实验室搬迁到萨蒂中心之前）。这张照片显示了第一代模型（左）和第二代模型（右）。
资料来源：伊丽莎白·哈勒姆摄于2008年。

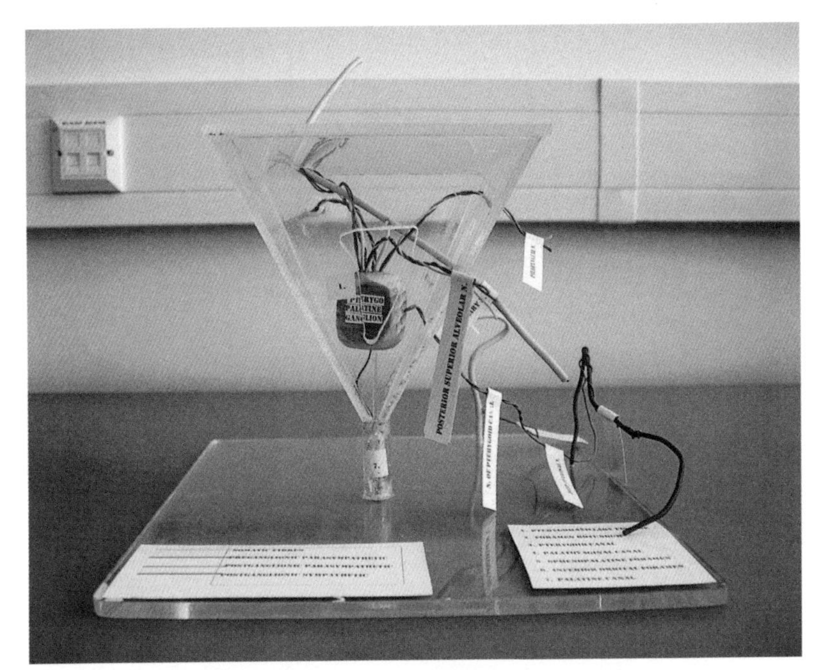

图15　阿伯丁大学医学和牙科学院的解剖学实验室的特制翼腭神经节模型。
资料来源：伊丽莎白·哈勒姆摄于2010年。

图16　李尔的数字海报。
资料来源：瑞秋·夏洛特·史密斯摄于©奥尔胡斯大学参与式IT中心数字城市生活。

图17　数字海洋装置，丹麦奥尔胡斯昆斯塔尔博物馆。
资料来源：斯汀·诺加德·安徒生摄于©奥尔胡斯大学参与式IT中心。

图18　“谷歌我的头像”装置，丹麦奥尔胡斯昆斯塔尔博物馆。
资料来源：斯汀·诺加德·安徒生摄于©奥尔胡斯大学参与式IT中心。

图19 DJ站的观众，丹麦奥尔胡斯昆斯塔尔博物馆。
资料来源：马修·查诺克摄于©奥尔胡斯大学参与式IT中心。

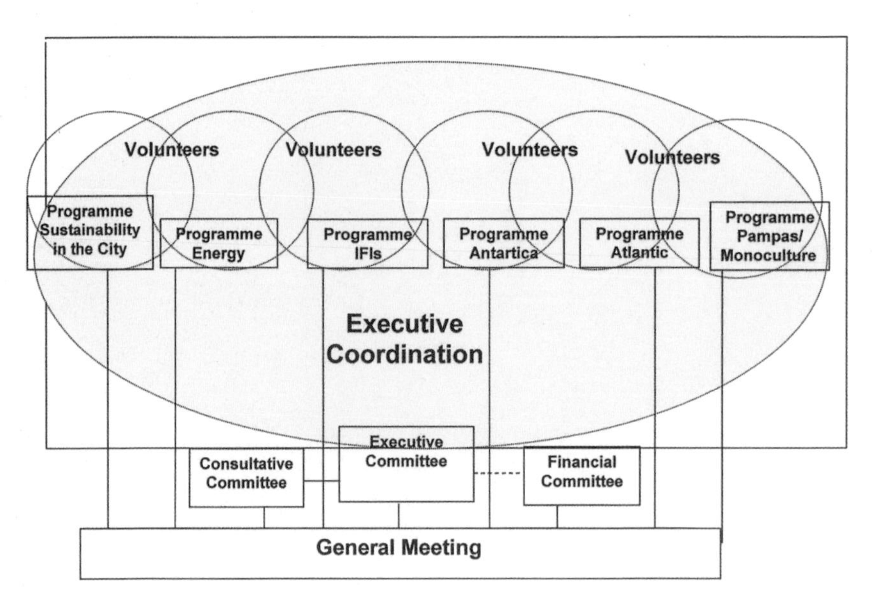

图20 有机语法树状图。
资料来源：卡罗琳·加特绘制的图表。

图21　跨地点设计的材料。
资料来源：雅各布·布乌尔摄于©SPIRE项目。

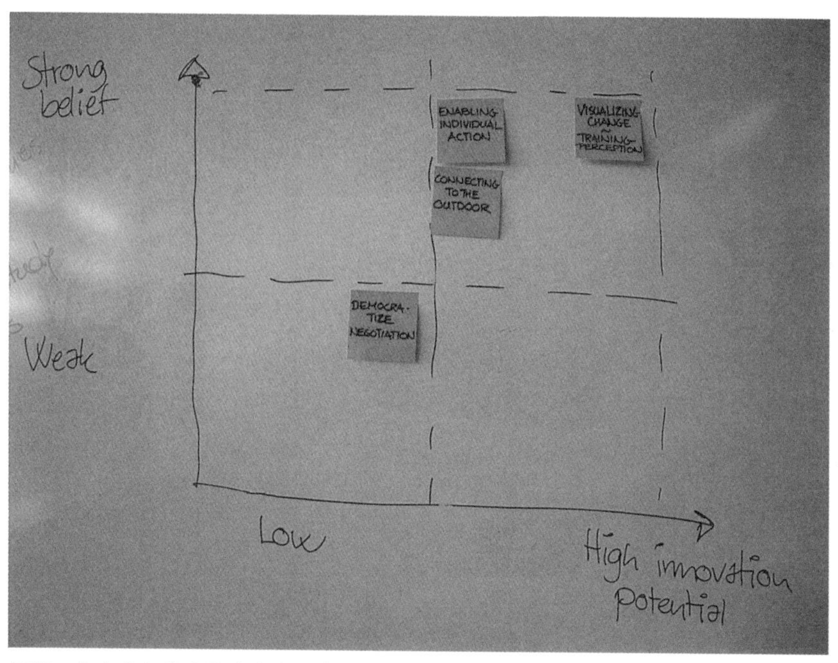

图22　你有多相信事情会变成现实？
资料来源：雅各布·布乌尔拍摄。

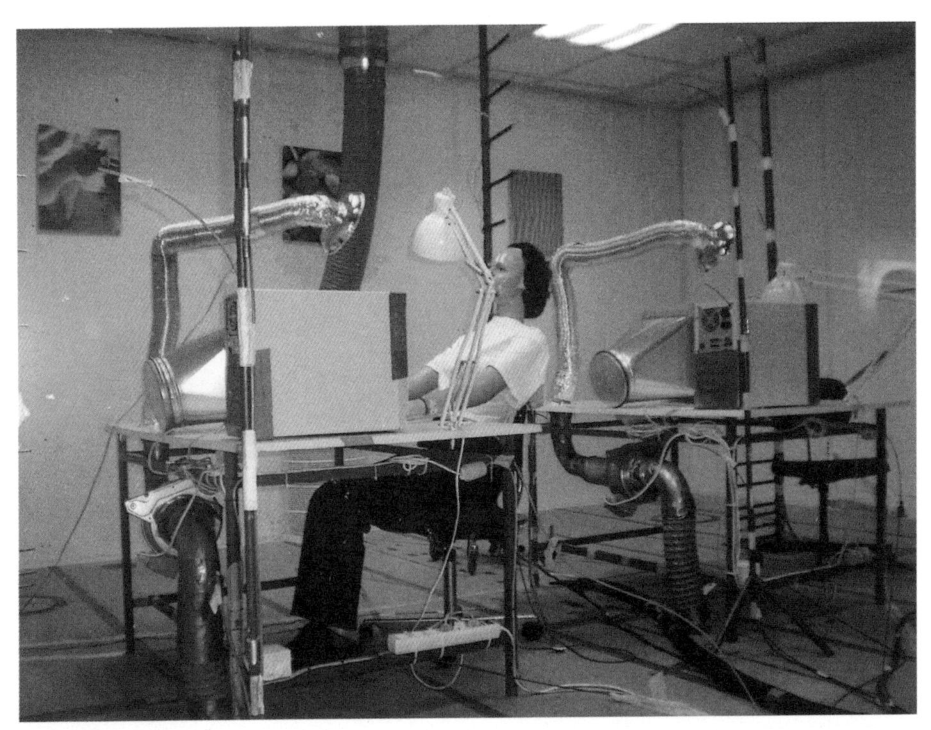

图23　室内气候室。
资料来源：丹麦技术大学室内气候研究小组。

图24　赫尔列夫市政厅的协作工作坊。
资料来源：丹麦皇家美术学院设计学院，T. 宾德尔。

图25 激发协作反思和想象的材料。
资料来源：丹麦皇家美术学院设计学院，T. 宾德尔。

图26 店主示范如何刷身份证来登记回收旧电池，以获得相关的全部好处。
资料来源：丹麦皇家美术学院设计学院，T. 宾德尔。

图27　一个临时使用的带有纸质标签的购物篮，让参与者能够亲身探索想象中的互动模式。
资料来源：丹麦皇家美术学院设计学院，T. 宾德尔。

图28　参与者聚集在一起不是因为他们同意，而是因为他们不同意。
资料来源：丹麦皇家美术学院设计学院，T. 宾德尔。

图29　纸和纸板做的信标模型。
资料来源：布兰登·克拉克拍摄。

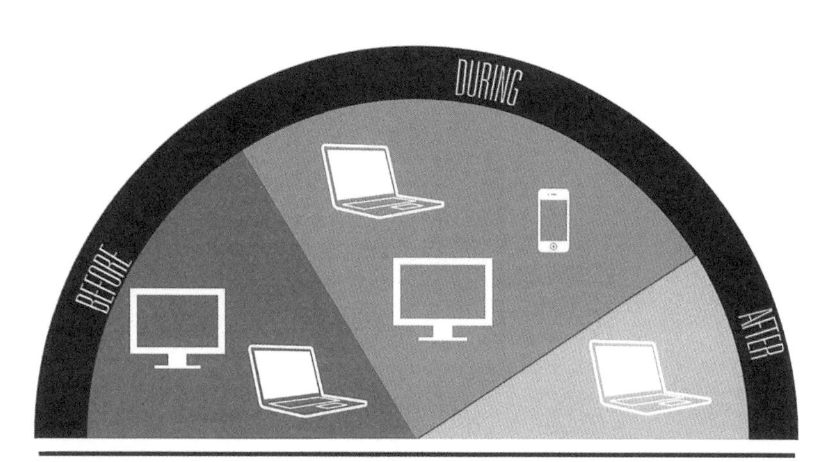

图30　迈克尔的煎蛋饼轨迹。
资料来源：©克里斯蒂娜·沃森和克里斯塔·梅特卡夫。

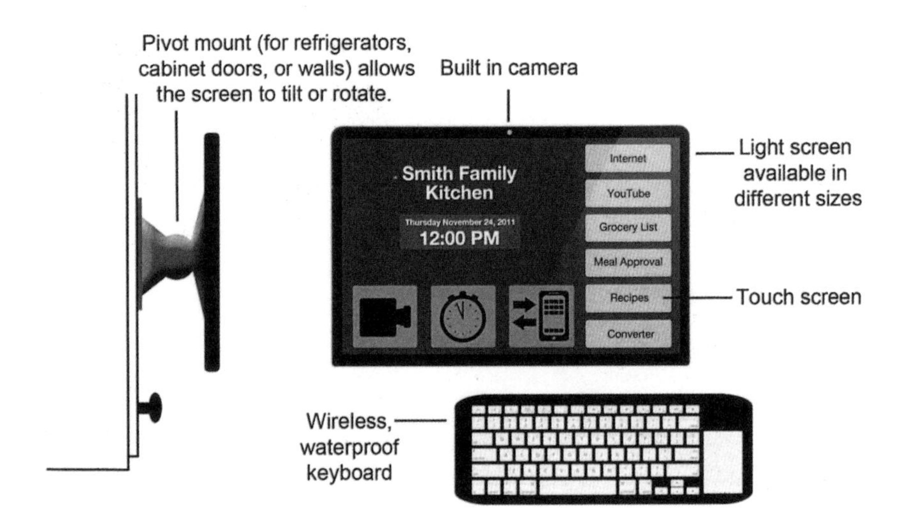

图31　支持社交的厨房媒体设备。
资料来源：©克里斯蒂娜·沃森和克里斯塔·梅特卡夫。

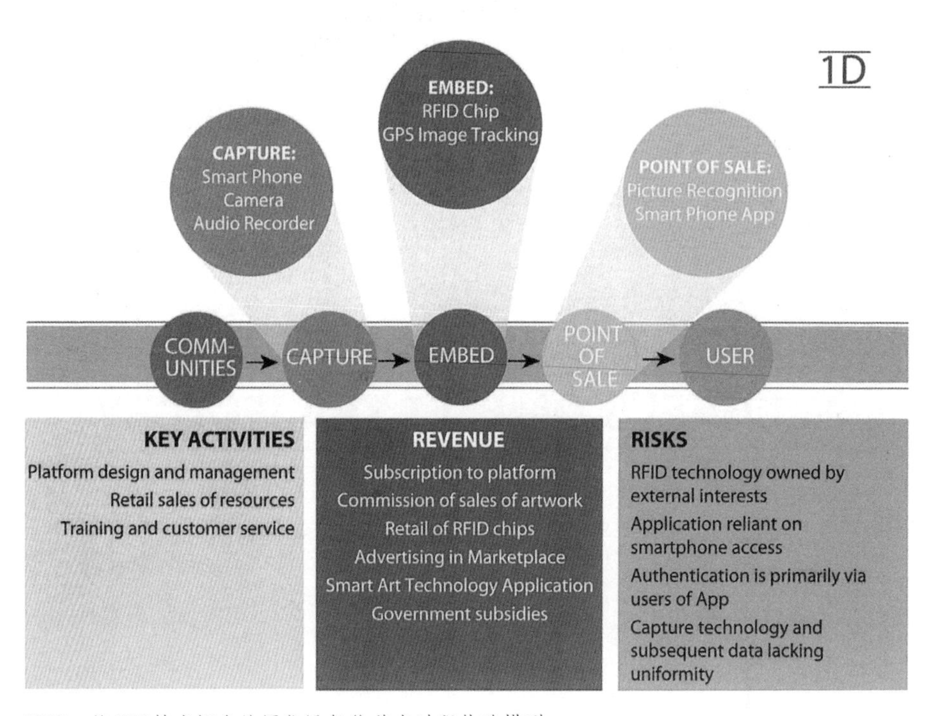

图32　基于ID技术概念的原住民智能艺术过程体验模型。
资料来源：伊丽莎白·多丽·汤斯顿和智能艺术学生团队的经验模型。